高等职业教育"十三五"规划教材

计算机基础项目式教程

（Windows 10+Office 2013）

石国河 朱 宇 张 洁 主编

朱世杰 翟文彬

王蒙柯 杨 瑾 副主编

科学出版社

北 京

内 容 简 介

本书是根据教育部颁布的《计算机应用基础教学大纲》的要求，按照基于工作过程导向的课程开发思路编写而成的。本书共分为 6 个单元，包括计算机基础知识、Windows 10 操作系统、Word 2013 的使用、Excel 2013 的使用、PowerPoint 2013 的使用和 Internet 的应用。

本书图文并茂、通俗易懂，重点突出动手能力和技能的培养，其最大的特点是采用了任务引导的方式，使学生带着目的学习，学习的同时完成既定任务，便于学生深入理解书中的知识和操作，对于初步接触计算机的读者来说具有很强的指导作用。

本书既可以作为高等职业院校计算机应用基础课程的教学用书，又可以作为各种计算机培训班的培训教材。

图书在版编目（CIP）数据

计算机基础项目式教程（Windows 10+Office 2013）/石国河，朱宇，张洁主编. —北京：科学出版社，2017.8

（高等职业教育"十三五"规划教材）

ISBN 978-7-03-053856-7

Ⅰ. ①计… Ⅱ. ①石… ②朱… ③张… Ⅲ. ①Windows 操作系统-高等职业教育-教材 ②办公自动化-应用软件-高等职业教育-教材 Ⅳ. ①TP316.7 ②TP317.1

中国版本图书馆 CIP 数据核字（2017）第 141134 号

责任编辑：戴 薇 袁星星 / 责任校对：陶丽荣
责任印制：吕春珉 / 封面设计：东方人华平面设计部

科 学 出 版 社 出版
北京东黄城根北街 16 号
邮政编码：100717
http://www.sciencep.com
天津翔远印刷有限公司 印刷
科学出版社发行 各地新华书店经销
*
2017 年 8 月第 一 版 开本：787×1092 1/16
2020 年 1 月第九次印刷 印张：20 3/4
字数：492 000
定价：46.00 元
（如有印装质量问题，我社负责调换〈翔远〉）
销售部电话 010-62136230 编辑部电话 010-62135763-2027

前　言

随着我国经济的快速发展，高级技术人才的需求量急剧增加，高等职业教育得到了前所未有的重视。做好高等职业院校计算机基础教学、培养技能型高职高专人才、提高毕业生的就业能力，是高等职业院校计算机教学工作者义不容辞的责任。

本书参照教育部对高等院校信息技术类课程的要求及高等职业教育的特点，由长期工作在一线的计算机公共基础课的教师们总结多年的教学实践经验编写而成。本书以能力培养为目标，以案例制作为主线，采取"任务驱动"教学法，使学生带着目的去主动学习，学习的同时完成既定任务，培养了学生分析问题和解决问题的能力。

本书共 6 个单元，包括计算机基础知识、Windows 10 操作系统、Word 2013 的使用、Excel 2013 的使用、PowerPoint 2013 的使用和 Internet 的应用。除单元 1 只有一个项目外，其他单元均包括若干个项目，每个项目又由若干个任务组成，将零散的知识点有机地结合在一起。为了保证知识的系统性、完整性，拓展知识面，在相关项目后增加了"知识链接"。其中，因为单元 1 及单元 6 的部分内容为纯理论内容，所以无"任务说明"和"任务实现"。

本书由石国河、朱宇、张洁担任主编，朱世杰、翟文彬、王蒙柯、杨瑾担任副主编，参加本书编写的还有李琳、李培、王珂、王桂凤。编者在编写本书的过程中得到了郑州旅游职业学院相关部门及同行、专家的支持和指导，在此对他们表示衷心的感谢。

由于时间仓促，加之编者水平有限，书中疏漏之处在所难免，恳请广大读者不吝施教。

目　录

单元4　Excel 2013 的使用

单元 1　计算机基础知识

　　计算机是人类伟大的科学发明之一。几十年来，计算机迅猛发展，已经成为人们使用最为广泛的现代化工具。它改变了人们的生活和工作方式，使人们迅速地进入信息时代。计算机知识和技术已经成为一种基础文化，学习和掌握计算机基础知识已经成为现代社会"新新人类"的必修课。

项目 认识计算机

◎ 项目背景 ◎

　　李明是一名大学生，他仅仅会使用计算机进行网上聊天、打游戏，而对于计算机的发展、功能、特点、应用、维护等方面的知识知之甚少。当前计算机已经深入工作、生活、学习的各个方面，成为人们必不可少的工具，因此，只有全面认识计算机，充分了解计算机的各项功能，才能更好地利用计算。针对这种情况，我们以本项目为统领，为后续知识的学习奠定良好的基础。

任务 1　初识计算机

■任务目标■

　　（1）了解计算机的起源。
　　（2）了解计算机的发展、特点、分类。
　　（3）了解未来计算机的发展趋势。

■知识链接■

　　1. 计算机的起源

　　1946 年 2 月 14 日，美国宾夕法尼亚大学摩尔学院教授 J. 莫契利（J. Mauchly）和博士 P. 埃克特（P. Eckert）共同研制成功了世界上第一台大型电子数字积分计算机——ENIAC（Electronic Numerical Integrator and Computer），如图 1-1 所示。这台计算机总共安装了 17468 只电子管，7200 个二极管，70000 多个电阻器，10000 多只电容器和 6000 只继电器，电路的焊接点多达 50 万个，机器被安装在一排 2.75m 高的金属柜里，占地面积为 170m^2 左右，总质量达到 30t，耗电 174kW，其运算速度达到每秒 5000 次加法，可以在 0.003s 时间内完成两个 10 位数的乘法运算。

　　世界上最先进的技术往往会首先被用于军事领域，ENIAC 也不例外。原来需要超过 20min 才能人工计算出来的一条弹道，使用 ENIAC 后，立刻缩短为 30s。这极大地缓解了当时计算速度远远落后于实际需求的紧张局面。

　　1946 年之后短短的几十年间，计算机的发展极为迅速，这一时期的杰出代表人物是美籍匈牙利数学家冯·诺依曼（J. von Neumann）和英国数学家阿兰·图灵（Alan

Turing），如图 1-2 所示。

图 1-1　世界上第一台电子管计算机——ENIAC

（a）冯·诺依曼　　　　　　　　　　　　　　　（b）阿兰·图灵

图 1-2　冯·诺依曼与阿兰·图灵

　　冯·诺依曼提出了现代计算机的体系结构，即：①计算机内部数据采用二进制表示；②计算机应具有运算器、控制器、存储器、输入设备、输出设备五个基本功能部件；③程序和数据预先存入存储器中，由程序控制计算机自动执行（存储器用来存储控制程序和所需数据）。今天计算机的基本结构仍采用冯·诺依曼提出的原理和思想，所以人们把符合这种体系结构的计算机通称为"冯·诺依曼机"。

　　1936 年，阿兰·图灵向伦敦权威的数学杂志投了一篇论文，题为"论数字计算在决断难题中的应用"。在这篇论文中，阿兰·图灵给"可计算性"下了一个严格的数学定义，并提出著名的"图灵机"（Turing Machine）的设想。"图灵机"不是一种具体的机器，而是一种思想模型，可制造一种十分简单但运算能力极强的计算装置，用来计算所有能想象得到的可计算函数。基本思想是用机器来模拟人们用纸笔进行数学运算的过程。根据阿兰·图灵提出的"自动计算机"的设计方案研制的新型计算机 ACE，被认为是当时世界上最快、最强有力的电子计算机，它大约使用了 800 个电子管，成本约为 4 万英镑。图灵在介绍它的存储装置时说："它可以十分容易地把一本小说中的 10 页内容记住。"它比 ENIAC 的存储器更先进。图灵最大的贡献在计算机理论方面，他因创立了通用计算机理论，与冯·诺依曼并称为"计算机之父"。

2. 计算机的发展

从第一台电子计算机问世至今，计算机的发展经历了以下几个时代。

1）大型主机时代

20 世纪 40～50 年代是第一代电子管计算机时代，经历了电子管数字计算机、晶体管数字计算机、集成电路数字计算机和大规模集成电路数字计算机的发展历程，计算机技术逐渐走向成熟。

2）小型计算机时代

20 世纪 60～70 年代，对大型主机进行了第一次"缩小化"，使其可以满足中小企业事业单位的信息处理要求，成本较低，价格可被接受。

3）微型计算机时代

20 世纪 70～80 年代，对大型主机进行了第二次"缩小化"。1976 年，美国苹果（Apple）公司成立，1977 年就推出了 Apple II 计算机，大获成功。1981 年，IBM 推出了 IBM-PC，此后其经历了若干代的演进，占领了个人计算机（PC）市场，使得个人计算机得到了很大的普及。

4）客户机/服务器时代

Client/Server 结构（C/S 结构）是大家熟知的客户机和服务器结构。1964 年，IBM 与美国航空公司建立了第一个全球联机订票系统，把美国当时 2000 多个订票的终端用电话线连接在了一起，这标志着计算机进入了客户机/服务器时代，这种模式至今仍在大量使用。在客户机/服务器网络中，服务器是网络的核心，而客户机是网络的基础，客户机依靠服务器获得所需要的网络资源，而服务器为客户机提供网络必需的资源。C/S 结构的优点是能充分发挥客户端计算机的处理能力，很多工作可以在客户端处理后再提交给服务器，大大减轻了服务器的压力。

5）Internet 时代

Internet 阶段也称互联网、因特网、网际网阶段。互联网即广域网、局域网及单机按照一定的通信协议组成的国际计算机网络。互联网始于 1969 年，是在 ARPA（美国国防部研究计划署）制定的协定下将美国西南部的大学〔UCLA（加利福尼亚大学洛杉矶分校）、Stanford Research Institute（斯坦福大学研究学院）、UCSB（加利福尼亚大学）和 University of Utah（犹他大学）〕的四台主要计算机连接了起来。此后经历了文本到图片，到现在语音、视频等阶段，宽带越来越快，功能越来越强。互联网的特征是全球性、海量性、匿名性、交互性、成长性、扁平性、即时性、多媒体性、成瘾性、喧哗性。互联网的意义不能低估，它的出现使人类向"地球村"迈出了坚实的一步。

6）云计算时代

从 2008 年起，云计算（Cloud Computing）概念逐渐流行起来，它正在成为一个通俗和大众化（Popular）的词语。云计算被视为"革命性的计算模型"，因为它使得超级计算能力通过互联网自由流通成为可能。云计算提供了以互联网为基础的一种基于Web 的服务平台，囊括了开发、架构、负载平衡和商业模式等概念，是软件业未来的发展模式，可使企业与个人用户无须再投入昂贵的硬件购置成本，只需要通过互联网来购买或租赁计算力。这样用户只用为自己需要的功能付钱，同时节省了传统软件在硬件、软件、专业技能方面的费用开销。云计算因使用户脱离了技术与部署上的复杂性而获得广泛应用。

3．Intel CPU 的发展历史

CPU（Central Processing Unit）是计算机的核心部件，负责计算机所有设备的正常运行，被称为中央处理器或者微处理器（MCU）。CPU 是计算机的核心，其重要性好比心脏对于人一样。CPU 的种类决定了所使用的操作系统和相应的软件，CPU 的速度决定了计算机性能的强大和优越。当然速度越快、型号越新的 CPU，价格也越昂贵。

Intel 公司是世界上最大的 CPU 研发和生产商，Intel 公司的历史就是一部 CPU 的发展史，而 CPU 更新换代的速度，可以用著名的摩尔定律来解释。

摩尔定律是由 Intel 公司创始人之一戈登·摩尔（Gordon Moore）提出来的。其内容为当价格不变时，集成电路上可容纳的晶体管数目，约每隔 18 个月便会增加一倍，性能也将提升一倍。换言之，同等价格所能买到的计算机，其性能将每隔 18 个月翻一倍以上。这一定律揭示了当前信息技术发展进步的速度。随着中国信息技术的长足发展，中国 IT 专业媒体上出现了"新摩尔定律"的提法，指的是中国 Internet 联网主机数和上网用户人数的递增速度，大约每 6 个月就要翻一番。而且专家们预言，这一趋势在未来若干年内仍将保持下去。表 1-1 展示了 Intel 公司不同时期生产的不同种类的 CPU。

表 1-1　Intel 公司生产的微处理器芯片发展简史

年份	芯片名称	位	简单说明
1971	4004/4040	4	2300 个晶体管，4 位微型计算机，时钟频率仅为 108kHz
1972	8008/8080	8	3500 个晶体管，45 条指令，时钟频率小于 2MHz
1978	8086/8088	16	29000 个晶体管，x86 指令集，时钟频率为 4.77MHz
1982	80286	16	13.4 万个晶体管，时钟频率 20MHz
1985	80386	32	27.5 万个晶体管，时钟频率为 12.5MHz/33MHz
1989	80486	32	120 万个晶体管，时钟频率为 20MHz/33MHz/50MHz
1993	Pentium	32	310 万个晶体管，时钟频率为 60MHz/75MHz
1997	Pentium II	32	750 万个晶体管，时钟频率为 233～450MHz
1999	Pentium III	32	950 万个晶体管，时钟频率为 450MHz～1GHz

续表

年份	芯片名称	位	简单说明
2000	Pentium 4	32	4200 万个晶体管，时钟频率为 1.7GHz
2002	Pentium 4F	64	5500 万个晶体管
2005	Pentium D	64	2.3 亿个晶体管
2006	Core 2 双核	64	2.9 亿多个晶体管
2007	Core 2 四核	64	5.8 亿多个晶体管
2010	Core i7 六核	64	11.7 亿多个晶体管
2016	Xeon 十八核	64	200 亿多个晶体管

　　1971 年，世界上第一块微处理器 4004（图 1-3）在 Intel 公司诞生了。比起现在的 CPU，4004 显得微不足道，它的字长只有 4 位，只有 2300 个晶体管，时钟频率仅为 108kHz。虽然在今天看来，它的功能是相当有限的，但它的出现有着划时代的意义，它的诞生标志着微处理器计算机时代的到来。

图 1-3　Intel 4004 CPU 芯片

　　1972 年 4 月 1 日，Intel 公司推出了第一片 8 位的微处理器 8008（图 1-4），其晶体管数量达到了 3500 个，使用 10μm 的制作工艺，其频率速度达到了 500 kHz（C8008-1：800 kHz），其总线宽度为 8 位（由于针脚数量的限制，地址总线和数据总线混合使用针脚），内存寻址能力可达 16KB。

图 1-4　Intel 8008 CPU 芯片

1978 年，Intel 公司首次生产出 16 位的微处理器，命名为 i8086（图 1-5），是 x86 架构的鼻祖，芯片上有 29000 万个晶体管，采用 HMOS 工艺制造，用单一的+5V 电源，时钟频率为 4.77MHz。同时还生产出与之相配合的数学协处理器 i8087，这两种芯片使用相互兼容的指令集。由于这些指令集应用于 i8086 和 i8087，所以人们也将这些指令集统一称为 x86 指令集，这就是 x86 指令集的来历。它在 IBM 计算机上得到应用，由此开始了个人计算机的 x86 时代。

1982 年，Intel 推出 80286 芯片（图 1-6），它比 8086 和 8088 都有了飞跃的发展。虽然它仍旧是 16 位结构，但在 CPU 的内部集成了 13.4 万个晶体管，时钟频率由最初的 6MHz 逐步提高到 20MHz；其内部和外部数据总线皆为 16 位，地址总线为 24 位，可寻址 16MB 的内存；可使用的工作方式有实模式和保护模式两种。80286 也是应用比较广泛的 CPU。

图 1-5　Intel i8086 CPU 芯片

图 1-6　Intel 80286 CPU 芯片

1985 年，Intel 推出了 80386 芯片（图 1-7），它是 x86 系列中的第一只 32 位微处理器芯片，而且制造工艺也有了很大的进步。80386 内部内含 27.5 万个晶体管，时钟频率从 12.5MHz 发展到 33MHz。80386 的内部和外部数据总线都是 32 位，地址总线也是 32 位，可寻址高达 4GB 的内存，可以使用 Windows 操作系统。

1989 年，Intel 推出 80486 芯片（图 1-8），它的特殊意义在于这块芯片首次突破了 100 万个晶体管的界限，集成了 120 万个晶体管。80486 是将 80386 和数学协处理器 80387 以及一个 8KB 的高速缓存集成在一个芯片内，并且在 80x86 系列中首次采用了 RISC（精简指令集）技术，可以在一个时钟周期内执行一条指令。它还采用了突发总线（Burst）方式，大大提高了与内存的数据交换速度。

图 1-7　Intel 80386 CPU 芯片

图 1-8　Intel 80486 CPU 芯片

1993 年 3 月 22 日，Intel 公司推出了微处理器 Pentium（图 1-9），它采用了 0.8μm 的制程技术，晶体管数量达到了 310 万个，总线宽度也达到了前所未有的 64 位，时钟频率为 60MHz/75MHz，地址总线为 32 位，可寻址内存高达 4GB。该处理器采用 Socket 4273 针脚 PGA 封装，CPU 内部集成了 16KB 的一级 Cache，使得 CPU 读取内存的速度加快，该 CPU 广泛应用于桌上型计算机。

1997 年 5 月 7 日，Intel 公司推出了微处理器 PentiumⅡ（图 1-10），命名为 Klamath，它采用了 0.35μm 制程技术，晶体管数量高达 750 万个，内部时钟频率为 233～450MHz，拥有 MMX 和改进 16 位效能的 Pentium Pro 242 针脚的 Slot 1（SEC）处理器封装，系统总线速度为 66MHz，CPU 内部集成了 32KB 的一级 Cache、512KB 的二级 Cache。

图 1-9　Intel Pentium CPU 芯片

图 1-10　Intel PentiumⅡCPU 芯片

1999 年 2 月 26 日，Intel 公司推出了微处理器 PentiumⅢ（图 1-11），命名为 Katmai，它采用了 0.25μm 制程技术，晶体管数量达到了史无前例的 950 万个，封装采用了 242 针脚 Slot-1 SECC2（Single Edge Contact Cartridge 2）处理器封装，时钟频率为 450MHz～1GHz，CPU 内部集成了 32KB 的一级 Cache（包括 16KB 数据 Cache 和 16KB 指令 Cache）和 256KB 的全速二级 Cache。

2000 年 11 月，Intel 公司发布了旗下第四代的 Pentium 处理器，称为 Pentium 4（图 1-12），其中一代 Pentium 4 的代号为 Willamette。Pentium 4 没有沿用上一代 PentiumⅢ的架构，而是采用了全新的 Socket 423 插座，以 0.18μm 的制程技术内建了 4200 万个晶体管，集成 256KB 的二级缓存，设计了等效于 400MHz 的前端总线（100×4），支持更为强大的 SSE2 指令集，多达 20 级的超标量流水线，搭配 i850/i845 系列芯片组，时钟频率为 1.7GHz。随着后来 0.13μm 制程技术的发展，2003 年内建超线程技术的 Pentium 4 处理器的频率达到了 3.2GHz。

图 1-11　Intel PentiumⅢ CPU 芯片

图 1-12　Intel Pentium 4 CPU 芯片

2005 年 5 月 26 日，Intel 公司推出了第一代双核心处理器 Pentium D（图 1-13），代号名为 Smithfield，这是 Intel 公司第一次在一块 CPU 芯片上集成了两个处理器，俗称双核。Smithfield 采用了 90nm 的制程工艺，集成了 2.3 亿个晶体管，两核心各拥有 1MB 的二级 Cache，使用 LGA 775 Land 插槽，以 2.8GHz、3.0GHz、3.2GHz 运作。

2006 年 1 月，Intel 公司推出了基于 Pentium M 的 Core 处理器，称为"酷睿"，但不久后即推出其升级版 Core 2，中文名为"酷睿 2"，逐渐代替该公司使用达 12 年之久的"奔腾"系列处理器，其中用于移动计算机应用的核心代号为"Merom"，用于桌面计算机应用的核心代号为"Conroe"，用于服务器应用的核心代号为"Woodcrest"。该系列 CPU 采用了 65nm 的制程工艺，Core 2 Duo 集成了约 2.9 亿多个晶体管，Core 2 Quad 集成了约 5.8 亿多个晶体管。图 1-14 所为 Intel Core 2 Duo CPU 芯片。

2008 年 11 月，基于全新 Nehalem 架构的 Core i7 发布，该芯片采用了更先进的 45nm 制程工艺，集成了 7.74 亿个晶体管，提供了 LGA1366 和 LGA1156 两种接口，处理器内部集成了三通道内存控制器，四核心共享 8MB 的三级 Cache，每个核心独立拥有 256KB 的二级高速 Cache，其 QPI 的总线速度达到了 4.8GT/s（千兆传输/秒）。图 1-15 所示为 Intel Core i7 CPU 芯片。

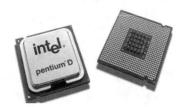

图 1-13　Intel Pentium D CPU 芯片　　图 1-14　Intel Core 2 Duo CPU 芯片　　图 1-15　Intel Core i7 CPU 芯片

但由于 Core i7 采用了先进的并行流水线技术和顶级的制程工艺，其应用主要是面向高端市场的，为了占领更为广阔的中低端市场，Intel 公司在发布 Core i7 的同时，还发布了更为精简版的 Core i5 和 Core i3 处理器。表 1-2 列出了 Core 不同系列的芯片参数。

表 1-2　Intel Core CPU 芯片

发布时间	核心架构	制程工艺/nm	核心数目/个	晶体管数目/亿个	插槽类型
2008.11	Nehalem	45	1～4	7.74	LGA1366、LGA1156
2011.1	Sandy Bridge	32	2～4	11.6	LGA1155、LGA2011
2012.4	Ivy Bridge	22	4	14.8	LGA1155
2013.11	Haswell	22（14）	8		LGA1150

Intel 公司于 2010 年发表 32nm 制程的产品——代号 Gulftown 的 i7，其拥有六个实体核心，同样支持超线程技术，并向下支持 X58。

2016 年，Xeon E5-4600、E7-x800 v3 系列都会和目前的 Xeon E5-2600 v3 系列具有相同的基本特性，并针对四路、八路并行优化，而核心数量还是最多 18 个。

4. 我国计算机的发展

中国电子计算机的科研、生产和应用是从 20 世纪 50 年代中后期开始的。1956 年，周恩来同志亲自主持制定的《十二年科学技术发展规划》中就把计算机列为发展科学技术的重点之一，并筹建了中国第一个计算技术研究所——中国科学院计算技术研究所（简称中科院计算所）。

1957 年，哈尔滨工业大学研制成功中国第一台模拟式电子计算机。

1958 年，中科院计算所研制成功我国第一台小型电子管通用计算机——103 机（八一型），标志着我国第一台电子计算机的诞生。

1965 年，中科院计算所研制成功第一台大型晶体管计算机——109 乙，之后推出 109 丙机，该机在两弹试验中发挥了重要作用。

1974 年，清华大学等单位联合设计、研制成功采用集成电路的 DJS-130 小型计算机，运算速度达每秒 100 万次。

1983 年，国防科技大学研制成功运算速度每秒上亿次的银河-I 巨型机，这是我国高速计算机研制的一个重要里程碑。

1985 年，电子工业部计算机管理局研制成功与 IBM-PC 兼容的长城 0520CH 微机。

1992 年，国防科技大学研究出银河-II 通用并行巨型机，峰值速度达每秒 4 亿次浮点运算（相当于每秒 10 亿次基本运算操作），为共享主存储器的四处理机向量机，其向量中央处理机是采用中小规模集成电路自行设计的，总体上达到 20 世纪 80 年代中后期国际先进水平，它主要用于中期天气预报。

1993 年，国家智能计算机研究开发中心（后成立北京市曙光计算机公司，以下简称曙光公司）研制成功曙光一号全对称共享存储多处理机，这是国内首次以基于超大规模集成电路的通用微处理器芯片和标准 UNIX 操作系统设计开发的并行计算机。

1995 年，曙光公司又推出了国内第一台具有大规模并行处理机（MPP）结构的并行机曙光 1000（含 36 个处理机），峰值速度为每秒 25 亿次浮点运算，实际运算速度上了每秒 10 亿次浮点运算这一高性能台阶。曙光 1000 与美国 Intel 公司 1990 年推出的大规模并行机体系结构与实现技术相近，与国外的差距缩小到 5 年左右。

1997 年，国防科技大学研制成功银河-III 百亿次并行巨型计算机系统，采用可扩展分布共享存储并行处理体系结构，由 130 多个处理结点组成，峰值性能为每秒 130 亿次浮点运算，系统综合技术达到 20 世纪 90 年代中期国际先进水平。

1997～1999 年，曙光公司先后在市场上推出具有机群结构（Cluster）的曙光 1000A、曙光 2000-I、曙光 2000-II 超级服务器，峰值计算速度已突破每秒 1000 亿次浮点运算，机器规模已超过 160 个处理机。

1999 年，国家并行计算机工程技术研究中心研制的神威 I 计算机通过了国家级验收，并在国家气象中心投入运行。该系统有 384 个运算处理单元，峰值运算速度达每秒 3840 亿次。

2000 年，由 1024 个 CPU 组成的"银河-IV"超级计算机在国防科技大学问世，峰值性能达到每秒 1.0647 万亿次浮点运算，其各项指标均达到当时国际先进水平，它使我国高端计算机系统的研制水平再上一个新台阶。

2001 年，中科院计算所研制成功我国第一款通用 CPU——"龙芯"芯片。

2002 年，曙光公司推出完全自主知识产权的龙腾服务器。龙腾服务器采用了"龙芯-1"CPU，采用了曙光公司和中科院计算所联合研发的服务器专用主板，采用了曙光 LINUX 操作系统。该服务器是国内第一台完全实现自有产权的产品，在国防、安全等部门将发挥重大作用。

2003 年，百万亿次数据处理超级服务器曙光 4000L 通过国家验收，再一次刷新国产超级服务器的历史纪录，使得国产高性能产业再上新台阶。

2004 年 6 月 21 日，美国能源部劳伦斯伯克利国家实验室公布了最新的全球计算机 500 强名单，曙光公司研制的超级计算机"曙光 4000A"排名第十，运算速度达 8.061 万亿次浮点运算。

2005 年 4 月 18 日，由中科院计算所研制的中国首个拥有自主知识产权的通用高性能 CPU"龙芯二号"正式亮相。

2009 年 10 月 29 日，中国第一台千万亿次超级计算机——天河一号，在国防科技大学亮相。天河一号由 103 个机柜组成，每个机柜 1.45m 宽、1.2m 深、2m 高，排成 13 排，这个方阵占地约 700m^2，总质量约 160t。

2010 年 10 月，升级后的天河一号二期系统（天河-1A）以峰值速度每秒 4700 万亿次浮点运算、持续速度每秒 2566 万亿次浮点运算，一举超越美国橡树岭国家实验室的"美洲虎超级计算机"（峰值速度为每秒 2331 万亿次浮点运算，持续速度为每秒 1759 万亿次浮点运算），成为当时世界上最快的超级计算机。但半年之后，日本超级计算机"京"以比天河一号快 3 倍、每秒 8162 万亿次浮点运算的运算速度，取得世界上最快的超级计算机的宝座，而天河一号则退居世界第二。

2013 年 6 月 17 日，国际 TOP500 组织公布了最新全球超级计算机 500 强排行榜榜单，中国国防科技大学研制的"天河二号"以每秒 33.86 千万亿次的浮点运算速度成为全球最快的超级计算机，比第二名美国的"泰坦"快了近一倍。其排行榜主要编撰人之一、美国田纳西大学计算机学院教授杰克·唐加拉对新华社记者说："'天河二号'是一个非常强大的计算系统，它在第一名的位置上再占据一年时间，我也不会感到惊讶。"相比之下，美国能源部下属橡树岭国家实验室的"泰坦"从上次第一名降至本次第二名，其运算速度为 17.59 千万亿次浮点运算。专家们表示，由于"天河二号"的速度比第二名快近一倍，中国有可能保持桂冠至少一年时间。今后，全球最快超级计算机的位置将可能出现由中、美、日三国计算机交替把持的局面。

5. 计算机的特点

计算机是一种能够存储程序和数据、自动执行程序指令，并能快速而精确地完成各种计算任务的电子设备。其通用性的特点表现在几乎能求解自然科学和社会科学中所有类型的问题，能广泛地应用于各个领域。它有以下五个方面的特点。

1）运算速度快

运算速度是计算机的一个重要性能指标，即单位时间内执行指令的条数。通常以百万条指令每秒（Million Instructions Per Second，MIPS）来进行衡量。现代的计算机运算速度在几十 MIPS 以上，巨型计算机的速度可达到上亿 MIPS。计算机的运算速度是其他任何计算工具无法比拟的。这正是计算机被广泛使用的主要原因之一。计算机高速运算的能力极大地提高了人们的工作效率，把人们从繁重的脑力劳动中解放出来。过去用人工旷日持久才能完成的计算，计算机"瞬间"即可完成。曾有许多数学问题，由于计算量太大，数学家们终其一生也无法完成，而使用计算机则可轻易地解决。

2）计算精度高

在科学研究和工程设计中，对计算的结果精度往往有很高的要求。一般的计算工具只能达到几位有效数字（如过去常用的 4 位数学用表、8 位数学用表等），而计算机对数据的结果精度可达到十几位、几十位有效数字，根据需要甚至可达到任意的精度。

3）存储容量大

计算机的存储器可以存储大量数据，这使计算机具有了"记忆"功能。目前计算机的存储容量越来越大，已高达千兆字节数量级的容量，海量的计算数据通常是存放在存储器中的。计算机具有"记忆"功能，是与传统计算工具的一个重要区别。

4）具有逻辑判断功能

计算机的运算器除了能够完成基本的算术运算外，还能够完成分类、合并、比较、排序、检索等数据处理工作，如信息检索、图像识别等，这种能力是计算机处理逻辑推理问题的前提。

5）自动化程度高，通用性强

由于计算机的工作方式是将程序和数据先存放在机内，工作时按程序规定的操作，一步一步地自动完成，一般无须人工干预，因而自动化程度高。这一特点正体现了冯·诺依曼计算机体系结构。

6. 计算机的分类

根据计算机的性能指标（计算机的字长、运算速度、存储量、功能、配套设备、软件系统）对计算机分类，可分为巨型机、大型机、小型机、微型机和工作站五大类。

1）巨型机

巨型机（Supercomputer）又称超级计算机，它是目前功能最强、速度最快、价格最昂贵的计算机。巨型机的运算速度每秒可达到万亿次以上，存储容量大，主要用于洲际导弹、天气预报、空间导航等方面。这一领域的竞争是世界计算机界的热点，它的主要用户是军事部门。因此，发达国家都非常重视巨型机的开发。我国自主研制的银河机就属于巨型机。

2）大型机

大型机（Mainframe）包括我们通常所说的大、中型计算机。这是在微型机出现之前最主要的计算模式。大型机在量级上、研制成本上都低于巨型机，但也有很高的运算速度和很大的存储容量，而且大型机允许相当多的用户同时使用。这类计算机通常用于商业或大型数据库管理。

3）小型机

小型机（Minicomputer）的规模比大型机小，能同时支持十几个用户使用，价格便宜，适用于中小型企、事业单位使用。

4）微型机

微型机（Microcomputer）也称个人计算机，它主要的特点是小巧、灵活、便宜，是目前发展最快的计算机。一般根据使用的 CPU 芯片而分为 286 机、386 机、486 机、Pentium机、Pentium II 机、Pentium III 机、Pentium 4 机、酷睿 2 等。

现在微型机已由桌面型向便携式发展，如膝上型、掌上型笔记本式计算机等，还能把光盘（音频、视频）、电话、传真、电视等融为一体，成为多媒体个人计算机。

5）工作站

工作站（Workstation）与高档微机之间的界限并不十分明确，而且高性能工作站正接近小型机，甚至接近低端主机。但是，工作站毕竟有它明显的特征：使用大屏幕、高分辨率的显示器，有大容量的内、外存储器，而且大多具有网络功能。它们的用途也比较特殊，如用于计算机辅助设计、图像处理、软件工程以及大型控制中心。

7. 未来计算机的发展趋势

随着现代信息社会的发展需要，计算机还要向以下四个方向发展：

1）量子计算机

量子计算机是一类遵循量子力学规律进行高速数学和逻辑运算、存储及处理的量子物理设备，当某个设备由量子元件组装，处理和计算的是量子信息，运行的是量子算法时，它就是量子计算机。

2）神经网络计算机

人脑总体运行速度相当于每秒 1000 万亿次的计算机的运行速度，可把生物大脑神经网络看作一个大规模并行处理的、紧密耦合的、能自行重组的计算网络。从大脑工作的模型中抽取计算机设计模型，用许多处理机模仿人脑的神经元机构，将信息存储在神经元之间的联络中，并采用大量的并行分布式网络就构成了神经网络计算机。

3）化学、生物计算机

在运行机理上，化学计算机以化学制品中的微观碳分子作为信息载体，来实现信息的传输与存储。DNA 分子在酶的作用下可以从某基因代码通过生物化学反应转变为另一种基因代码，转变前的基因代码可以作为输入数据，反应后的基因代码可以作为运算结果，利用这一过程可以制成新型的生物计算机。生物计算机最大的优点是生物芯片的蛋白质具有生物活性，能够跟人体的组织结合在一起，特别是可以与人的大脑和神经系统有机地连接，使人机接口自然吻合，免除了烦琐的人机对话，这样，生物计算机就可以听人指挥，成为人脑的外延或扩充部分，还能够从人体的细胞中吸收营养来补充能量，不需要任何外界的能源。由于生物计算机的蛋白质分子具有自我组合的能力，因此生物计算机具有自调节能力、自修复能力和自再生能力，更易于模拟人类大脑的功能。现今科学家已研制出了许多生物计算机的主要部件——生物芯片。

4）光计算机

光计算机是用光子代替半导体芯片中的电子，以光互连来代替导线制成的数字计算机。与电的特性相比，光具有电无法比拟的各种优点：光计算机是"光"导计算机，光在光介质中以多个波长不同或波长相同而振动方向不同的光波传输，不存在寄生电阻、电容、电感和电子相互作用的问题，光器件又无电位差，因此光计算机的信息在传输中畸变或失真小，可在同一条狭窄的通道中传输数量大得难以置信的数据。

任务 2　认识计算机的硬件和软件系统

■■任务目标■■

（1）掌握计算机系统的配置及主要技术指标。
（2）掌握计算机硬件系统的组成、各组成部分的功能和简单的工作原理。
（3）了解计算机软件系统的组成和功能。

■■知识链接■■

1. 计算机系统概述

计算机系统由硬件系统和软件系统两大部分组成，如图 1-16 所示。

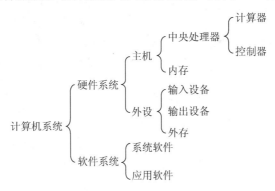

图 1-16　计算机系统组成

硬件系统是构成计算机的物理设备，即由机械、光、电、磁等元器件构成的具有计算、控制、存储、输入和输出功能的实体部件。软件系统是指能完成某一功能的计算机程序、这些程序所使用的数据以及相应的文档的集合。

2. 计算机硬件系统

1）计算机硬件的基本组成

遵循冯·诺依曼体系结构的计算机的硬件系统，都是由运算器、控制器、存储器、输入设备和输出设备五大部分组成的。

（1）运算器。运算器又称算术逻辑单元（Arithmetical and Logical Unit，ALU），是完成计算机对各种算术运算和逻辑运算的装置，能进行加、减、乘、除等数学运算，也能做比较、判断、查找、逻辑运算等。运算器的性能指标是衡量整个计算机性能的重要因素之一，相关的性能指标包括计算机的字长和速度。

（2）控制器（Control Unit，CU）。控制器是计算机指挥和控制其他各部分工作的中心，其工作过程和人的大脑指挥和控制人的各器官一样，负责决定执行程序的顺序，给出执行指令时机器各部件需要的操作控制命令。控制器由程序计数器、指令寄存器、指令译码器、时序产生器和操作控制器组成，它是发布命令的"决策机构"，即完成协调和指挥整个计算机系统的操作。

运算器和控制器合称为中央处理器（CPU），是计算机的核心部件。CPU 的性能直接决定了由它构成的计算机的性能。

（3）存储器（Memory）。存储器是将程序、原始数据、中间结果、最终结果等数据信息以二进制数据形式存放的部件。存储器分为内部存储器和外部存储器两大类。

内部存储器简称内存，用来存放当前正在运行的程序和所需的相关数据。CPU 可以随时直接对内存进行访问（读/写操作）。内存通常采用半导体存储单元，它的特点是速度快，但容量相对较小。

内存按其性能和特点又可分为随机存储器（Random Access Memory，RAM）、只读存储器（Read Only Memory，ROM），以及高速缓冲存储器（Cache）。

① 随机存储器。随机存储器指的是内容可读、可写的存储器。根据存储元件的结构分类可以把随机存储器（RAM）分为静态随机存储器（SRAM）和动态随机存储器（DRAM）两种。RAM 主要具有两个特点：一是可随机读写其中的数据，当写入新的数据时，旧的数据就会被冲掉；二是不能断电，一旦断电，存储的数据就会丢失。人们通常使用的内存（SIMM）就是指的 RAM。

② 只读存储器。只读存储器主要用来存放固定不变的、控制计算机的系统程序和参数表、汉字库等程序信息。ROM 是在制造的时候用专门的写入设备一次性写入的，即使关机或者断电也不会造成数据丢失。随着半导体技术的发展，ROM 的功能也日渐增多，出现了可多次写入程序数据的 ROM 器件，如可编程的只读存储器（PROM）、可擦除的只读存储器（EPROM）等。

③ 高速缓冲存储器。在计算机技术发展过程中，内存存取速度一直比中央处理器操作速度慢得多，使中央处理器的高速处理能力不能得到充分发挥，为了缓解高速的中央处理器与相对低速的内存之间速度不匹配的矛盾，出现了读写速度比内存更好的存储器——Cache。当 CPU 向内存中写入或读出数据时，这个数据也被存储进 Cache 中。当CPU 再次需要这些数据时，CPU 就从 Cache 中读取数据，而不是访问较慢的内存，当然，如果需要的数据在 Cache 中没有，CPU 再去读取内存中的数据。

内存的主要性能指标包括存储容量和存取周期。

① 存储容量：存储器能容纳二进制信息的数量称为存储容量，一般用 MB（兆字

节）、GB（千兆字节）表示。

② 存取时间：从启动一次存储器操作到完成该操作所经历的时间称为存储器的存取时间，一般用 ns（纳秒）表示。

外部存储器又称为辅助存储器，简称外存。与内存相比，外存的特点是存储量大、价格相对较低，而且在断电的情况下可以长期保存信息，但是外存中的信息必须调入内存，才能被 CPU 处理。目前常用的外存有硬盘、光盘、闪存等。

（4）输入设备（Input Devices）。输入设备是指向计算机输入程序、数据等信息的设备。它将人们可读的信息转换为计算机能识别的二进制代码。常用的输入设备有键盘、鼠标、扫描仪、条码枪、摄像头、手写笔等。

（5）输出设备（Output Devices）。输出设备是指将计算机处理过的信息转换为人们能识别的形式（如文字、图形、图像、声音等）并输出的设备。常用的输出设备有显示器、投影仪、打印机、绘图仪等。

2）计算机的工作原理

根据冯·诺依曼计算机原理，计算机在运行时，先从内存中取出第一条指令，通过控制器的译码，按指令的要求，从存储器中取出数据进行指定的运算或者逻辑操作；再按指定的地址把结果送到内存中去；然后取出第二条指令，在控制器的指挥下完成相应的操作，依此进行下去，直至遇到停止指令。流程图如图 1-17 所示。

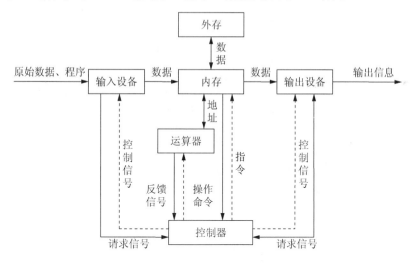

图 1-17　微型计算机五大部件工作原理

3. 计算机软件系统

软件系统是指能完成某一功能的计算机程序、这些程序所使用的数据以及相应的文档的集合。要想充分、高效地利用计算机，除配备优良的硬件系统外，还需装备优良的软件系统。根据软件系统的功能和作用，计算机软件系统可分为系统软件和应用软件两大类。

1）系统软件

系统软件负责管理计算机系统中各种独立的硬件，使它们可以相互协调工作。系统软件使得计算机使用者和其他应用软件将计算机当作一个整体而不需要关心底层每个硬件是如何工作的。其主要功能是启动计算机，存储、加载和执行应用程序，将程序语言翻译成机器语言等。系统软件是用户与计算机的接口，它为应用软件和用户提供了控制、访问硬件的手段。系统软件包括操作系统、语言处理程序、系统支撑和服务程序、数据库管理系统。

（1）操作系统。操作系统（Operating System，OS）是管理、控制和监督计算机软、硬件资源协调运行的程序系统，由一系列具有不同控制和管理功能的程序组成，它是直接运行在计算机硬件上的最基本的系统软件，是系统软件的核心。操作系统是计算机发展中的产物，它的主要目的有两个：一是方便用户使用计算机，是用户和计算机的接口。例如，用户输入一条简单的命令就能自动完成复杂的功能，这就是操作系统帮助的结果。二是统一管理计算机系统的全部资源，合理组织计算机的工作流程，以便充分、合理地发挥计算机的效率。目前使用的微机操作系统有 DOS、Windows、UNIX、Linux 等。

（2）语言处理程序。计算机能直接识别和执行的语言是机器语言，如果要在计算机上运行高级语言程序，就必须配备程序语言翻译程序。

对于高级语言来说，翻译的方法有两种：一种是"解释"，这种方式是对源程序语言边解释边执行，不保留目标程序代码，即不产生可执行文件，执行速度较慢，如 BASIC 语言；另一种是"编译"，它调用相应语言的编译程序，把源程序变成目标程序，再用连接程序把目标程序与库文件相连接，形成可执行文件（以.exe 为扩展名），可以反复执行，速度较快，如 Visual C++、C#、Java 等高级语言。

（3）系统支撑和服务程序。服务程序为计算机操作系统提供常用的服务功能。例如，Plug and Play（服务程序的一种）用于计算机硬件的添加或者移除检测服务；Remote Access Auto Connection Manager 用于计算机远程网络访问服务。

（4）数据库管理系统。数据库管理系统（Data base Management System，DBMS）是指对计算机中所存放的大量数据进行组织、管理、查询，并提供一定处理功能的大型系统软件。当时数据库管理系统可以划分为两类，一类是基于微机的小型数据库管理系统，如 FoxPro、Visual FoxPro；另一类是大型的数据库管理系统，如 SQL、Oracle、Sybase 等。

2）应用软件

应用软件是为了解决某个实际问题而编写的程序，可分为通用软件和专用软件两类。通用软件是为了解决某一类问题而设计的，如 Microsoft Office 2000/2003、Photoshop、Office 2010。专用软件是指为解决某行业或者某部门的具体问题而专门组织人力开发的专用程序，如用友财务软件、考勤管理系统、食堂一卡通管理系统等。

4. 微型计算机的硬件系统

1）微型计算机的基本结构

微型计算机硬件结构的最重要特点是总线（Bus）结构。它将负责数据传输的信号线分成三大类：地址总线（Address Bus）、数据总线（Date Bus）和控制总线（Control Bus）。

（1）地址总线：CPU 向内存和 I/O 接口传送地址信息的公共通路。它是 CPU 向外传输的单向总线，地址总线的位数决定了 CPU 可以直接寻址的内存范围。

（2）数据总线：用来在存储器、运算器、控制器和输入/输出设备之间传送数据信号的公共通路，是双向的总线。它体现了计算机传输数据的能力，通常与 CPU 的位数相对应。

（3）控制总线：计算机五大部件之间传送控制信号的公共通路。它既是 CPU 向内存、I/O 接口发出命令信号的通道，又是外界向 CPU 传送状态信息的通道。

计算机通过系统总线把 CPU、存储器、输入设备和输出设备连接起来，实现信息交换。微型计算机的总线化硬件结构如图 1-18 所示。

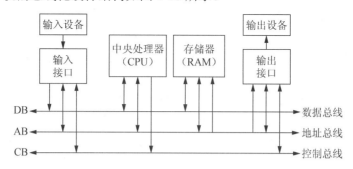

图 1-18　微型计算机的总线化硬件结构

2）微型计算机的硬件资源

微型计算机硬件的主要组成部件有主板、CPU、内存、硬盘、光驱、电源、显示器、键盘、鼠标、打印机等。

（1）主板。主板（Mainboard）固定安装在机箱内，是微机最基本的也是最重要的部件之一。它是计算机中最大的一块电路板，上面布满了用于连接声卡、显卡、Modem、内存等其他设备的各种插槽、接口（可连接鼠标、键盘等）、插座等，其核心控制部件是芯片组，具有支持 CPU、管理内存和 Cache 的作用。主板的类型和档次决定着整个微机系统的类型和档次，主板的性能影响着整个微机系统的性能。现在很多主板还集成了显示卡、声卡和网卡的功能，如图 1-19 所示。

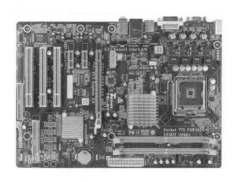

图 1-19　主板

（2）CPU。在微型计算机中运算器和控制器被集成在一块电路芯片上，称为微处理器，也称中央处理器。它是微机数据处理和控制的中枢。机型不同，选用的 CPU 型号不同，功能、速度、价格也不同。

（3）内存。内存即内存储器 RAM，微机处理信息时都是先将数据调入内存再进行处理的，内存存取信息的速度比外存快。计算机中所用的内存分为 SDRAM、DDR RAM 型。随着处理器前端总线的不断提高，DDR2 SDRAM 已经无法满足新型处理器的需求了，早已退出了主流市场。现在的计算机都采用 DDR3 SDRAM 内存。根据 DDR 内存的工作频率，目前较为主流的内存是工作频率为 1333MHz 的 DDR3 内存，以及更高频率的 1600MHz 的 DDR3 内存，如图 1-20 所示。

表示内存容量的单位有位（bit）、字节（B）、千字节（KB）、兆字节（MB）、吉字节（GB）。目前市场上常见的内存有 1GB、2GB、4GB 等。

（4）硬盘。硬盘简称 HDD（Hard Disc Drive），它是计算机主要的存储媒介之一，主要由盘片、磁头、盘片转轴及控制电动机、磁头控制器、数据转换器、接口、缓存等几个部分组成。硬盘存储器是由多个盘片组成的同轴盘片组构成的，每一张盘片都是上、下表面涂有金属氧化物磁性材料的金属圆盘，盘片之间是平行的。在每张盘片的存储面上有一个磁头，磁头与盘片之间的距离比头发丝的直径还小，所有的磁头连在一个磁头控制器上，由磁头控制器负责各个磁头的运动。磁头可沿盘片的半径方向运动，可以定位在盘片的指定位置上进行数据的读写操作。硬盘作为精密设备，加上盘片每分钟几千转的高速旋转，尘埃是其大敌，所以必须完全密封。图 1-21 所示为硬盘。

图 1-20　DDR3 内存　　　　　　　　图 1-21　硬盘

硬盘按数据接口不同，大致分为 ATA（IDE）和 SATA 以及 SCSI 和 SAS。接口速度不是实际硬盘数据传输的速度。目前非基于闪存技术的硬盘数据实际传输速度一般不会超过 300MB/s。

ATA 全称 Advanced Technology Attachment，是用传统的 40 针并口数据线连接主板与硬盘的，接口速度最大为 133MB/s。因为并口线的抗干扰性太差，且排线占用空间较大，不利于计算机的内部散热，已逐渐被 SATA 所取代。

SATA 全称 Serial ATA，也就是使用串口的 ATA 接口。其抗干扰性强，且对数据线的长度要求比 ATA 低很多，支持热插拔等功能。SATA-II 的接口速度为 375MB/s，而新的 SATA-III 标准可达到 750MB/s 的传输速度。SATA 的数据线也比 ATA 的细得多，有利于机箱内的空气流通，整理线材也比较方便。

SCSI 全称是 Small Computer System Interface（小型机系统接口），经历多代的发展，从早期的 SCSI-II 到目前的 Ultra320 SCSI 以及 Fiber-Channel（光纤通道），接口形式也多种多样。SCSI 硬盘广为工作站级个人计算机以及服务器所使用，因此会使用较为先进的技术，如碟片转速为 15000r/min 的高转速，且资料传输时 CPU 占用率较低，但是单价也比相同容量的 ATA 及 SATA 硬盘更加昂贵。

SAS（Serial Attached SCSI）是新一代的 SCSI 技术，和 SATA 硬盘相同，都是采取串行式技术以获得更高的传输速度的，可达到 6Gb/s。此外，也通过缩短连接线改善系统内部空间等。

图 1-22 展示了 SATA 接口电源线、并口数据线和串口数据线。硬盘常以 GB 为单位。目前常见的硬盘容量一般为 320～1500GB。

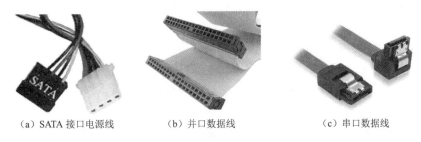

　　（a）SATA 接口电源线　　　　　（b）并口数据线　　　　　（c）串口数据线

图 1-22　SATA 接口电源线、并口数据线和串口数据线

（5）光盘驱动器。光盘驱动器是读取光盘信息的一种电子装置，如图 1-23 所示。光盘又称为光盘存储器，是一种利用激光技术存储信息的存储介质。光盘由于存储容量大、可靠性高、信息保存时间长，常被用于存储各种程序、数据及音频、视频信息。常见的光盘有 CD-ROM、CD-R、CD-RW、DVD 等。

图 1-23　光盘驱动器

① CD-ROM（Compact Disk-Read Only Memory，只读光盘）是一种小型光盘只读存储器，采用冲压设备把信息压制在光盘表面，信息以一系列的 0 和 1 存入光盘，在盘片上用平坦表示 0，凹坑端部表示 1，表面由一层保护涂层覆盖。光盘的容量是 650MB。

② CD-R（Compact Disk‐Recordable，一次性可写光盘），只能写入一次，写入后不可更改，写入操作需一种专用的写入设备——刻录机来记录。

③ CD-RW（CD ReWritable，可读写型光盘）是一种可以重复写入的光盘，可随机写入和读出信息，在写入新内容的同时就将原来存储的内容擦去。

④ DVD（Digital Versatile Disc，数字多用途的光盘）是一种光盘存储器，通常用来播放标准电视机清晰度的电影、高质量的音乐并作大容量存储数据用。DVD 与 CD 的外观极为相似，它们的直径都是 120mm 左右。最常见的 DVD（即单面单层 DVD）的资料容量约为 VCD 的 7 倍，这是因为 DVD 和 VCD 虽然是使用相同的技术来读取刻录于光盘中的资料（光学读取技术）的，但是由于 DVD 的光学读取头所产生的光点较小（将原本 0.85μm 的读取光点大小缩小到 0.55μm），因此在同样大小的盘片面积上（DVD和 VCD 的外观大小是一样的），DVD 资料储存的密度便可提高。

（6）显示器。显示器也称监视器（Monitor），是微机显示处理结果及各种数据的输出设备，是人机交互必不可少的设备。显示器的种类很多，根据其工作原理不同可分为阴极射线管（Cathode Ray Tube，CRT）显示器、液晶显示器（Liquid Crystal Display，LCD）等；按其显示的颜色不同可划分为单色显示器、黑白显示器和彩色显示器等。显示器的分辨率越高，显示质量就越好，清晰度就越高。不同显示器的性能与指标不同，显示效果不同，价格也不同。

（7）扫描仪。扫描仪是利用光电技术和数字处理技术，以扫描方式将图形或图像信息转换为数字信号的装置。照片、文本页面、图纸、美术图画、照相底片、菲林软片，甚至纺织品、标牌面板、印制板样品等三维对象都可作为扫描对象。

根据工作原理的不同，扫描仪分为平板扫描仪［图 1-24（a）］、底片扫描仪、滚筒扫描仪［图 1-24（b）］和手持式扫描仪四种。扫描仪的接口是指与计算机主机的连接接口，常用的有 USB 接口、SCSI 接口和并行打印机接口。

扫描仪在家庭日常应用、桌面出版、广告、办公和多媒体制作等方面得到了广泛的应用。

（a）平板扫描仪

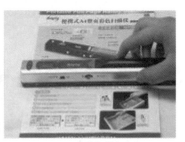
（b）滚筒扫描仪

图 1-24　平板扫描仪和滚筒扫描仪

（8）键盘。键盘是最常用也是最主要的输入设备，通过键盘可以将英文字母、数字、标点符号等输入计算机，从而向计算机发出命令、输入数据等。

PC XT/AT 时代的键盘主要以 83 键为主，并且延续了相当长的一段时间，但随着 Windows 系统的流行已经被淘汰，取而代之的是 101 键和 104 键键盘，并占据市场的主流地位。当然其间也曾出现过 102 键、103 键的键盘，但由于推广不善，都只是昙花一现。紧接着 104 键键盘出现的是新兴多媒体键盘，它在传统键盘的基础上又增加了不少常用快捷键或音量调节装置，使 PC 操作进一步简化，收发电子邮件、打开浏览器软件、启动多媒体播放器等都只需要按一个特殊按键即可，同时在外形上也做了重大改善，着重体现了键盘的个性化。起初这类键盘多用于品牌机，受到了广泛的好评，并曾一度被视为品牌机的特色。随着时间的推移，渐渐的市场上也出现了具有各种快捷功能的产品单独出售，并带有专用的驱动和设定软件，这样新兴多媒化键盘在兼容机上也能实现个性化的操作。

（9）鼠标。鼠标是一种辅助输入设备，根据构造分为机械鼠标、光电鼠标和无线鼠标。机械鼠标主要由滚球、辊柱和光栅信号传感器组成。当拖动鼠标时，滚球转动，滚球又带动辊柱转动，装在辊柱端部的光栅信号传感器产生的光电脉冲信号反映出鼠标器在垂直和水平方向的位移变化，再通过计算机程序的处理和转换来控制屏幕上指针的移动。光电鼠标器通过检测鼠标器的位移，将位移信号转换为电脉冲信号，再通过程序的处理和转换来控制屏幕上的指针的移动。无线鼠标利用数字、电子、程序语言等技术，内装微型遥控器，以干电池或者可充电池作为能源，实现远距离控制指针的移动。

（10）打印机。打印输出是计算机比较常用的输出形式，与显示器输出相比，打印输出可产生永久性记录。目前常见的打印机有针式打印机、喷墨打印机和激光打印机三类。

① 针式打印机。针式打印机利用打印机打印头内的点阵撞针去撞击色带，而使色带上的油墨在打印介质上生成打印效果。针式打印机的主要消耗品是色带。针式打印机的缺点是噪声比较大。随着时代的进步，现代针式打印机用于打印各类专业性较强的报表、存折、发票、车票等。常见的品牌有爱普生 EPSON、富士通 FUJITSU、OKI、Star 等。

② 喷墨打印机。喷墨打印机利用控制指令来操控打印头上的喷嘴孔，依照需求喷出定量的墨水。喷墨打印机具有体积小、质量小、噪声低等特点，用于彩色打印，且打印精度较高，彩色形象逼真。常见的品牌有佳能 CANON、联想 Lenovo、惠普 HP 等。喷墨打印机主要用在办公及家庭的文本打印上。

③ 激光打印机。由激光器发射出的激光束，经反射镜射入声光偏转调制器，与此同时，由计算机送来的二进制图文点阵信息从接口送至字形发生器，形成所需字形的二进制脉冲信息，由同步器产生的信号控制 9 个高频振荡器，再经频率合成器及功率放大器加至声光调制器上，对由反射镜射入的激光束进行调制。调制后的光束射入多面转镜，再经广角聚焦镜把光束聚焦后射至光导鼓（硒鼓）表面上，使角速度扫描变成线速度扫描，完成整个扫描过程。

除了以上三种较为常见的打印机外，还有热转印打印机和大幅面打印机等几种应用于专业方面的打印机机型。热转印打印机是利用透明染料进行打印的，它的优势在于专业高质量的图像打印方面，可以打印出近于照片的连续色调的图片，一般用于印前及专业图形输出。大幅面打印机的打印原理与喷墨打印机基本相同，但打印幅宽一般都能达到 24 英寸（61cm）以上。它的主要用途一直集中在工程与建筑领域。但随着其墨水耐久性的提高和图形解析度的增加，大幅面打印机也开始被越来越多地应用于广告制作、大幅摄影、艺术写真和室内装潢等装饰宣传的领域中，又成为打印机家族中重要的一员。常见的品牌有惠普 HP、爱普生 EPSON、佳能 CANON、联想 Lenovo 等。

（11）闪存。闪存俗称 U 盘，采用先进的 Flash 闪存芯片作为存储介质，具备防磁、防振、防潮等性能，从而保证了存储数据的安全。即使不慎将它掉入水中，取出晾干后，数据仍不会丢失，且质量小、体积小，携带方便。闪存被广泛应用于掌上计算机及数码照相机等设备。现在广泛使用的 U 盘就是通过 USB 接口与主机进行数据交换的最小移动存储设备。

（12）移动硬盘。移动硬盘是以小尺寸硬盘为存储介质、强调便携性的存储产品。目前市场上绝大多数的移动硬盘都是以笔记本硬盘为基础的，因此移动硬盘在数据的读写模式上与标准 IDE 硬盘是相同的。随着技术的进步，出现了 SATA 接口的移动硬盘。移动硬盘多采用 USB、IEEE 1394 等传输速度较快的接口，以较高的速度与系统进行数据传输。移动硬盘常作为计算机之间交换大容量数据的中间存储器。

（13）XD 卡、SD 卡、TF 卡。XD 卡（图 1-25）全称为 XD Picture Card，XD 取自于 "Extreme Digital"，意为 "极限数字"。XD 卡是一种快闪存储器卡标准，是专门为存储数码照片开发的一种存储卡，以袖珍的外形、轻便、小巧等特点曾经风靡一时。XD 卡具有超大的存储容量和优秀的兼容性，能配合各式读卡器，可以方便地与个人计算机进行数据交换。

SD 卡（Secure Digital Memory Card）是一种基于半导体闪存工艺的存储卡，1999 年由日本松下主导概念，联合东芝公司和美国 SanDisk 公司进行实质研发而成。2000 年，这几家公司发起成立了 SD 协会（Secure Digital Association，SDA），阵容强大，吸引了大量厂商参加，其中包括 IBM、Microsoft、Motorola、NEC、Samsung 等。在这些领导厂商的推动下，SD 卡逐渐成为消费数码设备中应用广泛的一种存储卡。SD 卡是具有大容量、高性能、安全等多种特点的多功能存储卡，它比 MMC 卡多了一个进行数据著作权保护的暗号认证功能（SDMI 规格），读写速度比 MMC 卡要快 4 倍，达 2MB/s。SD 卡的外形如图 1-26（a）所示。

Micro SD Card ［图 1-26（b）］原名 Trans-flash Card（TF 卡），2004 年正式更名为 Micro SD Card，由 SanDisk 公司发明。在 Micro SD 面市之前，手机制造商都采用嵌入式记忆体，虽然这类模组容易装设，但是仍然有着无法顺应实际潮流需求的弊病：容量太小了，其升级空间也极为有限。Micro SD 仿效 SIM 卡的应用模式，即使同一张卡可以应用在不同型号的移动电话内，让移动电话制造商不用再为插卡式的研发设计而伤脑筋。Micro SD 卡足以堪称可移动式的储存 IC，所以这类卡现阶段被广泛应用在手机存储系统中。

图 1-25　XD 卡

（a）SD 卡　　　　　　　　　　（b）TF 卡

图 1-26　SD 卡和 TF 卡

5. 微型计算机的技术指标

衡量一台微型计算机的性能是否优越，主要的依据是它的各项技术指标。技术指标会随着计算机技术的发展而产生变化，但一般包括以下几个方面：

（1）运算速度。运算速度是衡量计算机性能的一项重要指标。通常所说的计算机运算速度（平均运算速度），是指每秒所能执行的指令条数，一般用 MIPS 来描述。同一台计算机执行不同的运算所需的时间可能不同，因而对运算速度的描述常采用不同的方法。常用的有 CPU 时钟频率（主频）、每秒平均执行指令数（IPS）等。微型计算机一般采用主频来描述运算速度，例如，Pentium 4 1.5G 的主频为 1.5 GHz，Core i7 3.4G 的主频为 3.4 GHz。一般来说，主频越高，运算速度就越快。

（2）字长。字长就是计算机运算器一次能处理的二进制数据的位数。在其他指标相同时，字长越大，计算机处理数据的速度就越快。早期的微型计算机的字长一般是 8 位和 16 位。目前 Core 2 主流系列大多是 32 位，高端 CPU 的字长可达到 64 位。

（3）内存的容量。内存里存储的是 CPU 正在运行的程序或者将要处理的数据。内存容量的大小反映了计算机即时存储信息的能力。随着操作系统的升级、应用软件的不断丰富及其功能的不断扩展，人们对计算机内存容量的需求也在不断提高。运行 Windows XP 需要 128MB 以上的内存容量，而要想运行 Windows 7，则至少需要 2GB 的内存。内存容量越大，能处理的数据量就越多，系统功能就越强大。

（4）外存的容量。外存的容量通常是指硬盘的容量（包括内置硬盘和移动硬盘）。外存容量越大，可存储的信息就越多，可安装的应用软件就越丰富。目前，500GB～1TB 的硬盘也日渐普遍了。

除了上述这些主要性能指标外，微型计算机还有其他一些指标。例如，所配置外围设备的性能指标以及所安装系统软件的情况、计算机的可靠性、可维护性、平均无故障时间和性能价格比。

任务3　计算机中的数据表示及编码

■任务目标■

（1）了解文档、图片、音频、视频等数据在计算机中的表示方法。

（2）了解数制的基本概念，掌握二进制、十进制以及十六进制整数之间的切换。

（3）了解计算机中数据、字符和汉字的编码原理。

■知识链接■

计算机内部所有的数据都是以 0、1 来表示的，这就是通常所说的二进制数，而计算机中输入和输出的数据通常是以人们所习惯的十进制来表示的，因此，各种字母、符号等数据在计算机中都要转换为二进制，这样才能被计算机所识别。本任务主要讨论在计算机中的字符和数据的表示，从而了解计算机内部信息的表示形式。

1. 数据的表示

数制是人们在生产生活中创造的计数方式，通俗说法就是"几进制就是满几进一"。例如，人们一般用的十进制，它就是满十进一。相应的数制还有二进制、八进制、十六进制等，生活中最常用的是十进制计数法，而计算机内部则采用的是二进制计数法。因为二进制计数法有如下特点：

（1）简单可行，容易实现，适合逻辑运算。组成计算机的各部分电子元件可以用两个不同且相对稳定的状态（电流的有、无，电压的高、低）来表示二进制的 0 和 1，二进制的 0 和 1 也可以与逻辑运算中的假（False）和真（True）相对应。

（2）运算规则简单。例如，逻辑加法：

$$0+0=0，1+0=1，0+1=1，1+1=1$$

逻辑乘法：

$$0×0=0，0×1=0，1×0=0，1×1=1$$

1）X 进制计数法的不同特点

（1）十进制计数法的特点如下：

① 十进制遵守"满十进一"的加法规则。

② 有十个不同的数字符号：0、1、2、3、4、5、6、7、8、9。

③ 某一个十进制数可能会由多位数字符号组成，每一个数字符号根据它所处的不同位置代表不同的数值。例如，十进制数 111，最右边的 1 表示的数是 1，中间的 1 表示的数是 10，最左边的 1 表示的数是 100。因此，十进制数 321 可以写成：

$$321=3×10^2+2×10^1+1×10^0$$

十进制数 321.123 可以写成：
$$321.123=3\times10^2+2\times10^1+1\times10^0+1\times10^{-1}+2\times10^{-2}+3\times10^{-3}$$
以上称为数制的按权展开式。

（2）二进制计数法的特点如下：

① 二进制遵守"满二进一"的加法规则。

② 有两个不同的数字符号：0、1。

③ 某一个二进制数可能会由多位数字符号组成，每一个数字符号根据它所处的不同位置代表不同的数值。例如，二进制数 111，最右边的 1 表示的数是 1，中间的 1 表示的数是 2，最左边的 1 表示的数是 4，所以其值用十进制数来表示就是 7（4+2+1）。因此二进制数 111.111 可以写成：
$$111.111=1\times2^2+1\times2^1+1\times2^0+1\times2^{-1}+1\times2^{-2}+1\times2^{-3}$$
上式则为二进制数 111.111 的按权展开式。

再举一个例子：11111111 可按权展开为
$$11111111=1\times2^7+1\times2^6+1\times2^5+1\times2^4+1\times2^3+1\times2^2+1\times2^1+1\times2^0$$
$$=255$$

（3）十六进制计数法的特点如下：

① 十六进制遵守"满十六进一"的加法规则。

② 有 16 个不同的数字符号：0、1、2、3、4、5、6、7、8、9、A、B、C、D、E、F。其中，A、B、C、D、E、F 分别表示 10、11、12、13、14、15，如表 1-3 所示。

表 1-3　十进制与十六进制数值之间的对应关系

十进制	0	1	2	3	4	5	6	7	8	9	10	11	12	13	14	15
十六进制	0	1	2	3	4	5	6	7	8	9	A	B	C	D	E	F

③ 某一个十六进制数可能会由多位数字符号组成，每一个数字符号根据它所处的不同位置代表不同的数值。例如，十六进制数 111，最右边的 1 表示的数是 1，中间的 1 表示的数是 16，最左边的 1 表示的数是 16×16=256，所以其值用十进制数来表示就是 273（256+16+1）。

2）各种数制间的转换

为了区别不同进制数的表示，人们常在数字后加上大写英文字母表示不同的数制，数字后加 B 表示二进制数，如 1010B 表示二进制数 1010。同样的道理，加 D 表示十进制数，加 H 表示十六进制数。

（1）二进制数、十六进制数转换成十进制数。

【例 1-1】将二进制数转换成十进制数。

解：　　　　　$1011.101B=1\times2^3+0\times2^2+1\times2^1+1\times2^0+1\times2^{-1}+0\times2^{-2}+1\times2^{-3}$
$$=8+0+2+1+0.5+0+0.125$$
$$=11.625D$$

【例 1-2】将十六进制数转换成十进制数。

解：
$$9AH =9×16+10$$
$$=154D$$

（2）十进制数转换成二进制数。十进制数据整数部分转换成二进制采用的是倒除法，即"除 2 取余"的方法。具体过程介绍如下：

① 将十进制数除以 2，保存余数。

② 若商为 0，则进行第三步；否则，用商代替原十进制数，重复①。

③ 将所有的余数找出，最后得到的余数作为最高位，最先得出的余数作为最低位，由各余数依次排列而成的新的数据就是转换成二进制的结果。

【例 1-3】将 237D 转换成二进制数。

解：转换过程如图 1-27 所示。

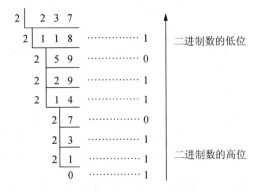

图 1-27　十进制数转换成二进制数

所以 237D=11101101B。

（3）二进制数与十六进制数间的转换。根据前述的换算关系，可以得到各进制数值的对应关系，如表 1-4 所示。

表 1-4　各进制数值之间的对应关系

十进制	二进制	十六进制
0	0000	0
1	0001	1
2	0010	2
3	0011	3
4	0100	4
5	0101	5
6	0110	6
7	0111	7
8	1000	8

续表

十进制	二进制	十六进制
9	1001	9
10	1010	A
11	1011	B
12	1100	C
13	1101	D
14	1110	E
15	1111	F

所以在将二进制数转换成十六进制数时，从最右侧开始，每 4 位二进制数划为一组（不足 4 位的前面补 0），用 1 位十六进制数代替；十六进制数转换成二进制数时正好相反，1 位十六进制数用 4 位二进制数来代替。

【例 1-4】将二进制数 10101101100B 转换成十六进制数。

解：因为

$$0101 \quad 0110 \quad 1100$$
$$5 \qquad 6 \qquad C$$

所以结果为 56CH。

（4）快速进行十进制数与二进制数之间的转换方法。通常，一个字节（单字节）范围内的十进制数转换成二进制的时候，上述的倒除法既长又烦琐，可以用下面的形式来快速计算。

例如，要把十进制数 212 转换成二进制数，可先进行一次加法运算：

$$212 = 128 + 64 + 16 + 4$$

把 128、64、16、4 对应的空格填上 1，其余的空格填上 0，如表 1-5 所示。

表 1-5 十进制数转换成二进制数

128	64	32	16	8	4	2	1
1	1	0	1	0	1	0	0

那么 11010100 就是所求的转换后的二进制数。

2. 字符编码

在计算机中除了数值之外，还有一类非常重要的数据，那就是字符，如英文的大小写字母（A，B，C，…，a，b，c，…）、数字符号（0，1，2，…，9）以及其他常用符号（如@、？、=、%、+等）。在计算机中，这些符号都是用二进制编码的形式表示的，即每一个字符被赋予一个唯一固定的二进制编码，为了统一，人们制定了编码标准。目前，一般都是采用美国标准信息交换码（American Standard Code for Information Interchange），它使用 7 位二进制编码来表示一个符号，通常把它称为 ASCII 码。由于用 7 位码来表示一个符号，故该编码方案中共有 128（$2^7=128$）个符号，其中包括 32 个控制字符和 96 个符号字符，编号从 0000000B 到 1111111B。

表 1-6 和表 1-7 所示分别为 ASCII 字符编码和控制字符及其含义。

表 1-6　ASCII 字符编码

$b^4b^3b^2b^1$	$b^7b^6b^5$							
	000	001	010	011	100	101	110	111
0000	NUL	DLE	SP	0	@	P	`	p
0001	SOH	DC1	!	1	A	Q	a	q
0010	STX	DC2	"	2	B	R	b	r
0011	ETX	DC3	#	3	C	S	c	s
0100	EOT	DC4	$	4	D	T	d	t
0101	ENQ	NAK	%	5	E	U	e	u
0110	ACK	SYN	&	6	F	V	f	v
0111	BEL	ETB	'	7	G	W	g	w
1000	BS	CAN	(	8	H	X	h	x
1001	HT	EM	)	9	I	Y	i	y
1010	LF	SUB	*	:	J	Z	j	z
1011	VT	ESC	+	;	K	[	k	{
1100	FF	FS	,	<	L	\	l	|
1101	CR	GS	–	=	M	]	m	}
1110	SO	RS	.	>	N	^	n	~
1111	SI	US	/	?	O	_	o	DEL

表 1-7　控制字符及其含义

控制字符	含义	控制字符	含义	控制字符	含义
NUL	空格	VT	垂直制表	SYN	空转同步
SOH	标题开始	FF	走纸控制	ETB	信息组传送结束
STX	正文开始	CR	回车	CAN	作废
ETX	正文结束	SO	移位输出	EM	介质结束
EOY	传输结束	SI	移位输入	SUB	换置
ENQ	询问字符	DLE	空格	ESC	换码
ACK	承认	DC1	设备控制 1	FS	文字分隔符
BEL	报警	DC2	设备控制 2	GS	组分隔符
BS	退一格	DC3	设备控制 3	RS	记录分隔符
HT	横向列表	DC4	设备控制 4	US	单元分隔符
LF	换行	NAK	否定	DEL	删除

国际上 ASCII 码有 7 位和 8 位两个版本，7 位版本又称为标准 ASCII 码，8 位版本

又称为扩展 ASCII 码。标准 ASCII 码在计算机内部用一个字节（8 位二进制位）存放一个 7 位 ASCII 码，最高位补 0，可以表示 128 种不同的字符。扩展 ASCII 码用 8 位二进制位表示一个字符的编码，可以表示 256 种不同的字符，是标准 ASCII 码的 2 倍。

3. 汉字编码

汉字编码（Chinese character encoding）是在计算机中存储和输出汉字的一种编码形式。由于电子计算机现有的输入键盘与英文打字机键盘完全兼容，因此如何输入非拉丁字母的文字（包括汉字）便成了 20 世纪 80 年代人们研究的课题。汉字信息处理系统一般包括编码、输入、存储、编辑和输出，其中编码是最为关键的一个环节。20 世纪 80 年代以前，我国计算机的应用主要局限于科学研究，后来随着计算机在我国的逐渐普及以及在各个领域的广泛使用，如何在计算机上使用汉字就成了当时最为紧迫的课题。计算机工作者在这方面的努力取得了一系列惊人的成果。根据应用目的的不同，汉字编码分为国标码、机内码、输入码和字形码。

1）国标码

计算机内部处理的信息，都是用二进制代码表示的，汉字也不例外。而二进制代码使用起来是不方便的，于是需要采用信息交换码。中国标准总局 1981 年制定了中华人民共和国国家标准《信息交换用汉字编码字符集—基本集》（GB 2312—1980），即国标码。

GB 2312—1980 是一个简体中文字符集，由 6763 个常用汉字和 682 个全角的非汉字字符组成。其中汉字根据使用的频率分为两级，一级汉字 3755 个，二级汉字 3008 个。由于字符数量庞大，GB 2312—1980 采用了二维矩阵编码法对所有字符进行编码。首先构造一个 94 行 94 列的方阵，对每一行称为一个"区"，94 行就有 94 个"区"，每区包含 94 个"位"，其中"区"的序号由 01 至 94，"位"的序号也是从 01 至 94。这样整个方阵中位置总数为 8836（94×94）个，然后将所有字符依照一定的规律填写到方阵中，这样所有的字符在方阵中都有一个唯一的位置，这个位置可以用区号、位号合成表示，称为字符的区位码。

国标码是区位码的另一种表现形式，在这个 94×94 的方阵中，其中 7445 个汉字和图形字符中的每一个字符占一个位置后，还剩下 1391 个空位，这 1391 个空位作为扩展备用。

例如，第一个汉字"啊"出现在第 16 区的第 1 位上，其区位码为 1601。因为区位码同字符的位置是完全对应的，所以区位码同字符之间也是一一对应的。这样所有的字符都可通过其区位码转换为数字编码信息。GB 2312—1980 字符编码分布如表 1-8 所示。

表 1-8 GB 2312—1980 字符编码分布表

分区范围	符号类型
第 01 区	中文标点、数学符号以及一些特殊字符
第 02 区	各种各样的数学序号

分区范围	符号类型
第 03 区	全角西文字符
第 04 区	日文平假名
第 05 区	日文片假名
第 06 区	希腊字母表
第 07 区	俄文字母表
第 08 区	中文拼音字母表
第 09 区	制表符号
第 10~15 区	无字符
第 16~55 区	一级汉字（以拼音字母排序）
第 56~87 区	二级汉字（以部首笔画排序）
第 88~94 区	无字符

2）机内码

GB 2312—1980 确定了字符在计算机中的存储是以其区位码为基础的，其中汉字的区码和位码分别占一个存储单元，每个汉字占两个存储单元。由于区码和位码的取值范围都是在 1~94 之间，这样的范围同西文 ASCII 的存储方式相冲突。例如，汉字"镐"在 GB 2312—1980 中的区位码为 7965，即 79 区 65 位，其两字节表示形式为 79，65（4FH，41H）；而两个西文字符"O"与"A"的存储码也是 4FH 与 41H。这种冲突将导致在解释编码时到底表示的是一个汉字还是两个西文字符将无法判断。

为避免同西文的存储发生冲突，GB 2312—1980 字符在进行存储时，通过将原来的每个字节第 8 位设置为 1 同西文加以区别，如果第 8 位为 0，则表示西文字符，否则表示 GB 2312—1980 中的字符。实际存储时，采用了将区位码的每个字节分别加上 A0H（160）的方法转换为存储码。例如，汉字"啊"的区位码为 1601，其存储码为 B0A1H，其转换过程如表 1-9 所示。

表 1-9　转换过程

区位码	区码转换	位码转换	存储码
1001H	10H+A0H=B0H	01H+A0H=A1H	B0A1H

GB 2312—1980 编码用两个字节（8 位二进制）表示一个汉字，所以理论上最多可以表示 65536（256×256）个汉字，但这种编码方式也仅仅在中国行得通。如果某网页使用的是 GB 2312—1980 编码，那么很多外国人在浏览此网页时就可能无法正常显示，因为其浏览器不支持 GB 2312—1980 编码。当然，中国人在浏览外国网页（如日文）时，也会出现乱码或无法打开的情况，这是因为其所使用的浏览器没有安装日文的编码表。

3）输入码

无论是区位码还是国标码都不利于汉字的输入，为方便汉字的输入而制定的汉字编码，称为汉字输入码。汉字输入码属于外码。汉字输入码种类较多，选择不同的输入码方案，则输入的方法及按键次数、输入速度均有所不同。综合起来，汉字输入码可分为流水码、拼音类输入码、字形类输入码和音形结合类输入码几大类。流水码是按汉字的排列顺序形成的编码，优点是没有重码，但规律性不强，不容易记忆，如电报码、区位码等。拼音类输入码是按汉字的读音形成的编码，是将汉字拼音作为其代码，因此拼音类输入码简单易学，但是重码较多，影响输入速度，如全拼、简拼、双拼等。字形类输入码是按汉字的字形形成的编码，这种编码方式重码少，便于记忆，输入速度较快，通过简单学习便可掌握，因此得到了普及，如五笔字型、郑码等。音形结合类输入码是音码和形码的结合体，兼容了音码和形码的特点，如极点五笔输入法。输入码在计算机中必须转换成机内码，才能进行存储和处理。

4）字形码

字形码是汉字字库中存储的汉字字形的数字化信息，用于汉字的显示和打印。目前汉字信息处理系统产生汉字的方式大多是数字式的，即以点阵的方式形成汉字。一个汉字方块儿中行数和列数越多，描绘的汉字就越清晰，存储该汉字占的空间也就越大。例如，一个 16×16 的汉字点阵要占用 32（16×16÷8=32）字节存储空间。通用的汉字字形点阵分以下三种：简易型 16×16 点阵、普通型 24×24 点阵和提高型 32×32 点阵。

5）各种汉字代码之间的关系

计算机处理汉字的过程就是汉字的各种代码转换的过程，图 1-28 所示就是各种代码间的关系。

输入码通过汉字输入系统利用汉字输入字典转换成内码；在计算机内部以及向硬盘、闪存等存储设备存储汉字信息都是以内码的形式进行的；在汉字的通信过程中，处理机将汉字转换成便于通信用的交换码以实现通信，最后在汉字的显示和打印过程中，处理机将内码转换成地址码，利用地址码在汉字字模库中找到相应的汉字字形码，这样就可实现汉字的打印和显示输出了。

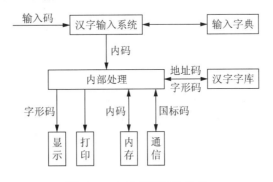

图 1-28 各种代码间的关系

4. 字符集

（1）GB 2312—1980 字符集即国家标准字符集。收入汉字 6763 个，符号 682 个，总计 7445 个字符，这是中国大陆普遍使用的简体字字符集。楷体-GB 2312、仿宋-GB

2312、华文行楷等市面上绝大多数字体支持显示这个字符集，也是大多数输入法所采用的字符集。市面上绝大多数所谓的繁体字体，其实采用的是 GB 2313 字符集简体字的编码，用字体显示为繁体字，而不是直接用 GBK 字符集中繁体字的编码。

（2）Big-5 字符集，中文名大五码，是中国台湾繁体字的字符集，收入 13060 个繁体汉字，808 个符号，总计 13868 个字符，普遍用于中国台湾、中国香港等地区。台湾教育部标准宋体、楷体等港台大多数字体支持这个字符集的显示。Big-5 与 GB 2312—1980（中国大陆简体字），编码不相兼容，字符在不同的操作系统中便产生乱码。文本文字的简体与繁体（文字及编码）之间的转换，可用 BabelPad、TextPro 或 Convertz 之类的转码软件来解决。若是程序，对于 Windows XP 操作系统，可用 Microsoft AppLocale Utility 1.0 解决；对于 Windows 2000 操作系统，大概只能用中文之星、四通利方、南极星、金山快译之类的转码软件才能解决。

（3）GBK 字符集是国家标准扩展字符集，兼容 GB 2312—1980 标准，包含 Big-5 的繁体字，但是不兼容 Big-5 字符集编码，收入 21003 个汉字，882 个符号，共计 21885 个字符，包括了中、日、韩（CJK）统一汉字 20902 个，扩展 A 集（CJK Ext-A）中的汉字 52 个。例如，"龏" 字，其 GBK 编码为 FD8CH，后来人们又扩展了简体字 "龚"，其 GBK 编码为 FE9FH，Windows 7.0 简体中文版就带有支持这两个字的 GBK. txt 文件。宋体、隶书、黑体、幼圆、华文中宋、华文细黑、华文楷体、标楷体（DFKai-SB）、Arial Unicode MS、MingLiU、PMingLiU 等字体支持显示这个字符集。微软拼音输入法 2003、全拼、紫光拼音等输入法，能够录入如镕、镕、炁、夬、喆、嘉、妵、赟、赟、奕、龏、昳、堃、憖、靖、铖等 GBK 简繁体汉字。

（4）GB 18030—2000 字符集，包含 GBK 字符集和 CJK Ext-A 全部 6582 个汉字，共计 27533 个汉字。宋体-18030、方正楷体（FZKai-Z03）、书同文楷体（MS Song）、宋体（ht_cjk+）、华康香港标准宋体（DFSongStd）、华康香港标准楷体、CERG Chinese Font、韩国 New Gulim，以及微软 Windows Vista 操作系统提供的宋、黑、楷、仿宋等字体亦支持这个字符集的显示。Windows 98 操作系统支持这个字符集，Windows 98 以下的操作系统则不支持这个字符集。手写输入法逍遥笔 4.0 版支持 GB 18030—2000 字符集及方正超大字符集汉字的录入。

（5）方正超大字符集，包含 GB 18030—2000 字符集、CJK Ext-B 中的 36862 个汉字，共计 64395 个汉字。宋体-方正超大字符集支持这个字符集的显示。Windows XP 操作系统或 Microsoft Office 2003 简体中文版就自带有这个字体。Windows 2000 操作系统需安装超大字符集支持包 "Surrogate 更新"。

（6）GB 18030—2005 字符集，在 GB 18030—2000 的基础上，增加了 CJK Ext-B 的 36862 个汉字，以及其他的一些汉字，共计 70244 个汉字。

（7）ISO/IEC 10646 / Unicode 字符集，这是全球可以共享的编码字符集，两者相互兼容，涵盖了世界上主要语文的字符，其中包括简繁体汉字，有 CJK 统一汉字编码 20992 个、CJK Ext-A 编码 6582 个、CJK Ext-B 编码 36862 个、CJK Ext-C 编码 4160 个、CJK Ext-D 编码 222 个，共计 74686 个汉字。SimSun-ExtB（宋体）、MingLiU-ExtB（细

明体）能显示全部 Ext-B 汉字。目前有 UniFonts 6.0 可以显示 Unicode 中的全部 CJK 编码的字符，输入法可用海峰五笔、新概念五笔、仓颉输入法世纪版、新版的微软新注音、仓颉输入法 6.0 版（单码功能）等输入法录入。

（8）汉字构形数据库 2.3 版，内含楷书字形 60082 个、小篆 11100 个、楚系简帛文字 2627 个、金文 3459 个、甲骨文 177 个、异体字 12768 组。可以安装该程序，亦可以解压后使用其中的字体文件，对于整理某些古代文献十分有用。

如果超出了输入法所支持的字符集，字符就不能被录入计算机。有些人利用私人造字区 PUA 的编码造了一些字体。如果没有相应字体的支持，则显示为黑框、方框或空白。如果操作系统或应用软件不支持该字符集，则显示为问号（一个或两个）。在网页上亦存在同样的情况。

■强化训练■

一、选择题

1. 现代计算机的工作原理是基于（　　）提出的存储程序原理。
　　A. 艾兰·图灵　　B. 牛顿　　　　　C. 冯·诺伊曼　　D. 巴贝奇
2. 计算机的核心部件是（　　）。
　　A. 主存　　　　　B. 主机　　　　　C. CPU　　　　　D. 主板
3. 在计算机中指令主要存放在（　　）中。
　　A. 存储器　　　　B. 硬盘　　　　　C. 中央处理器　　D. 缓存
4. 用来指出 CPU 下一条指令地址的器件称为（　　）。
　　A. 程序计数器　　　　　　　　　　B. 指令寄存器
　　C. 目标寄存器　　　　　　　　　　D. 数据寄存器
5. 打印机通常连接在主板的（　　）口上。
　　A. COM1　　　　B. LPT1　　　　C. COM2　　　　D. IDE
6. 计算机能够直接识别和处理的语言是（　　）。
　　A. 汇编语言　　　B. 自然语言　　　C. 机器语言　　　D. 高级语言
7. 计算机中用来表示信息的最小单位是（　　）。
　　A. 字节　　　　　B. 字长　　　　　C. 位　　　　　　D. 双字
8. 一个"bit"由（　　）个二进制位组成。
　　A. 2　　　　　　B. 0　　　　　　C. 1　　　　　　D. 8
9. 二进制数 10000001 转换成十进制数是（　　）。
　　A. 127　　　　　B. 129　　　　　C. 126　　　　　D. 128

二、填空题

1. 世界上第一台电子计算机是＿＿＿＿＿＿年在＿＿＿＿＿＿国研制成功的，名字为＿＿＿＿＿＿。

2．电子计算机的发展趋势是_____、_____、_____、_____。

3．_____和_____合称为 CPU，CPU 与_____合称为主机，外部设备是指_____、_____和_____。

4．计算机软件系统可分为_____和_____。

5．总线（Bus）主要由地址总线、_____和控制总线组成。

6．计算机的输入设备是将数据、程序等转换成计算机能够接受的_____，并将它们送入内存。

7．微型计算机的技术指标一般包括_____、_____、_____、_____。

单元 2　Windows 10 操作系统

  Windows 10 操作系统是微软（Microsoft）公司研发的新一代跨平台及设备应用的操作系统，该操作系统的桌面版正式版本在 2015 年 7 月发布并开启下载。Windows 10 操作系统大量改进的新功能为用户带来了一个全新的视觉感受和良好的使用体验。

项目 1　个性化计算机的设置

◎ **项目背景** ◎

　　小明是信息工程系计算机网络专业的学生，最近他购置了一台计算机，想进行一些个性化的设置，如个人用户账户的建立、桌面背景的设置、屏幕保护程序的设置，以及任务栏的设置等。

任务 1　"用户账户"的建立

■**任务目标**■

　　（1）建立并管理用户账户，设置密码保护，有效保护个人信息。
　　（2）掌握 Windows 10 操作系统的启动和退出方法。

■**任务说明**■

　　在计算机上添加新的用户账户，设置账户名为"小明"，账户类型为计算机管理员账户。

■**任务实现**■

　　步骤 1：双击桌面上的"控制面板"快捷方式图标，在弹出的"控制面板"窗口中选择"用户账户"选项，弹出如图 2-1 所示的"用户账户"窗口。

图 2-1　"用户账户"窗口

步骤 2：在"用户账户"窗口中，选择"管理其他账户"选项，弹出如图 2-2 所示"管理账户"窗口，单击"在电脑设置中添加新用户"超链接。

图 2-2 "管理账户"窗口

步骤 3：弹出如图 2-3 所示的账户设置窗口，选择"将其他人添加到这台电脑"选项。

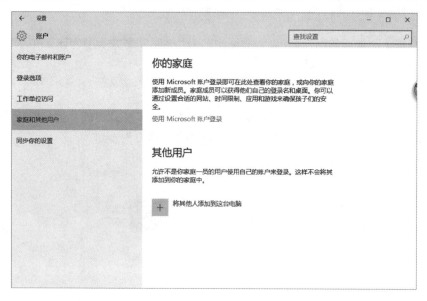

图 2-3 账户设置窗口

步骤 4：打开"此人将如何登录"对话框，如图 2-4 所示，单击"我没有这个人的登录信息"超链接。

图 2-4　此人将如何登录对话框

步骤 5：打开"让我们来创建你的账户"对话框，如图 2-5 所示，单击"添加一个没有 Microsoft 账户的用户"超链接。

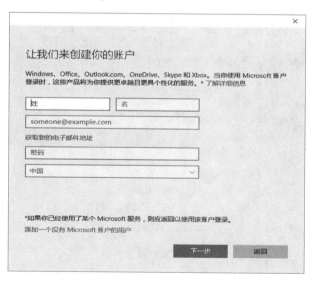

图 2-5　创建账户对话框（一）

步骤 6：打开"为这台电脑创建一个账户"对话框，如图 2-6 所示，设置用户名、密码和密码提示后，单击"下一步"按钮。

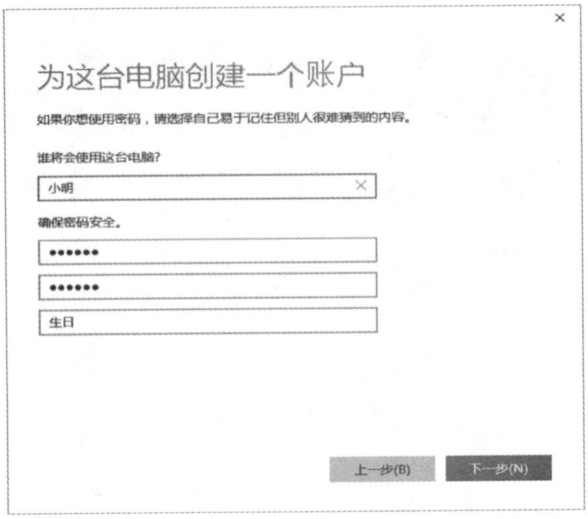

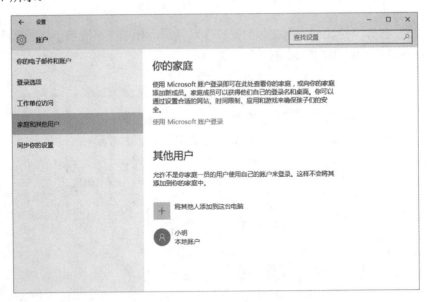

图 2-6　创建账户对话框（二）

步骤 7：返回账户设置窗口，可以看到新添加的用户显示在"其他用户"区域下，如图 2-7 所示。

图 2-7　账户设置窗口

步骤 8：如图 2-8 所示，选择"小明本地账户"选项，单击"更改账户类型"按钮。

步骤 9：如图 2-9 所示，选择"账户类型"下拉列表中的"管理员"选项，单击"确定"按钮。至此，我们成功创建了账户名为"小明"的计算机管理员账户。

步骤 10：更改"小明"账户密码。在控制面板中，选择"用户账户"→"管理其他账户"选项，弹出如图 2-10 所示的"管理账户"窗口，单击"小明"账户。

图 2-8　更改账户类型

图 2-9　更改账户类型

图 2-10　"管理账户"窗口

步骤 11：弹出如图 2-11 所示的"更改账户"窗口，选择"更改密码"选项。

图 2-11　"更改账户"窗口

步骤 12：弹出如图 2-12 所示的"更改密码"窗口，按照创建密码的步骤，输入更改信息，单击"更改密码"按钮，即可完成密码更改。

图 2-12　"更改密码"窗口

■■ 知识链接

1. 了解 Windows 账户

账户是具有某些系统权限的用户 ID，同一系统的不同用户都有不同的账户名。在整个系统中，最高的权限账户称为管理员账户。系统通过不同的账户，赋予这些用户不同的运行权限、不同的登录界面、不同的文件浏览权限等，是 Windows 操作系统中的重要组成部分。

Windows 10 操作系统中包括 4 种不同类型的账户。

管理员账户：系统中拥有最高权限的账户，可以对计算机做任何设置操作，包括更改安全设置、安装软件和硬件，以及访问计算机上的所有文件操作。

标准用户账户：该账户是使用管理员账户创建的，是用于执行普通操作的使用者账户，也称受限账户。该账户被赋予了系统基本操作，以及简单的个人管理功能。

来宾账户：也称 Guest 账户，用于远程登录的网上用户访问系统，具有最低的权限，不能对系统进行修改，只能执行最低限度操作，默认处于不启用状态。

微软账户：前 3 种属于本地账户，而 Windows Live ID 属于 Windows 网络账户，可以保存用户的设置，并上传到服务器。

2.　Windows 操作系统的发展

Windows 操作系统的起源可以追溯到 1981 年 Xerox 公司推出的世界上第一个商用的 GUI 工作站——Star 8010。随后，Apple 公司于 1983 年研制成功第一个基于 GUI 的操作系统——Macintosh。

微软公司在 1983 年开始开发 Windows，分别于 1985 年和 1987 年推出 Windows 1.03 版和 2.0 版，受当时硬件和 DOS 的限制，它们没有取得预期的效果。微软公司于 1990 年推出 Windows 3.0。其后推出的 Windows 3.1 引入 TrueType 矢量字体，增加了对象链接和嵌入技术（OLE）及多媒体支持。但此时的 Windows 必须运行于 MS-DOS 上，因此并不是严格意义上的操作系统。

微软公司 1995 年推出 Windows 95（又名 Chicago），它可以独立运行而无须 DOS 支持。Windows 95 对 Windows 3.1 做了许多重大改进，包括对互联网和多媒体的支持，支持即插即用（Plug and Play），可进行 32 位线性寻址的内存管理，具有良好的向下兼容性等。后又推出 Windows 98 和网络操作系统 Windows NT。

2000 年，微软公司发布了 Windows 2000，其有两大系列：Professional（桌面版）及 Server 系列（服务器版），包括 Windows 2000 Server、Advanced Server 和 Data Center Server。Windows 2000 可进行组网，因此它又是一个网络操作系统。

2001 年 10 月，微软公司发布了 Windows XP 操作系统。

2015 年 7 月，微软公司新一代跨平台及设备应用的操作系统 Windows 10 发布并开启下载。微软公司针对普通消费者、小企业、大企业以及平板设备、物联网设备，提供了 7 种不同的版本。

Windows 10 Home 即 Windows 10 家庭版，面向使用 PC、平板计算机和二合一设备的消费者。

Windows 10 Professional 即 Windows 10 专业版，面向使用 PC、平板计算机和二合一设备的企业用户，除了具有 Windows 10 家庭版的功能外，用户还可以管理设备和应用、保护敏感的企业数据、支持远程和移动办公、使用云计算技术等。

Windows 10 Education 即 Windows 10 教育版，以 Windows 10 企业版为基础，面向学校职员、管理人员、教师和学生提供的教学环境系统。

Windows 10 Mobile 即 Windows 10 移动版，面向尺寸较小、配置触控屏的移动设备，如智能手机和小尺寸平板计算机，集成了与 Windows 10 家庭版相同的通用 Windows 应用和针对触控操作优化的 Office 功能。

Windows 10 IoT Core 即 Windows 10 物联网核心版，面向小型低价设备，主要针对物联网设备。而功能更强大的设备如 ATM、零售终端、手持终端和工业机器人，将运行 Windows 10 企业版和 Windows 10 移动企业版。

3. 操作系统的作用

操作系统是为裸机配置的一种系统软件，是用户与计算机之间相互交流的平台，是用户程序与其他程序的运行平台和环境，操作系统为用户提供了一个清晰简洁、易用的工作界面，用户通过操作系统提供的命令和交互功能实现各种访问计算机的操作。操作系统有效地控制和管理计算机系统中的各种硬件和软件资源，合理地组织计算机系统的工作流程，最大限度地方便用户使用计算机。其作用如图 2-13 所示。

图 2-13　操作系统的作用

4. Windows 10 操作系统的启动与退出

1）Windows 10 操作系统的启动

首先接通电源，然后按下开机键（开机前应先检查电源并确认连接无误，打开显示器等外部设备），系统经过自检、初始化后启动 Windows 10 操作系统。如果系统设置了多个用户，或单个用户且有密码，需通过选择用户并输入密码进入 Windows 10 操作系统的桌面，如图 2-14 所示。

安装 Windows 10 操作系统时，系统默认创建 Administrator 账户，账户类型为管理员级账户。进入系统后可以创建新的不同级别的用户。若用户创建了其他的管理员用户，并且 Administrator 用户密码为空，则 Administrator 用户将隐藏，不显示在登录界面。

2）Windows 10 操作系统的退出

当用户需要关闭或重新启动计算机时，可退出 Windows 10 操作系统。但在退出之前，应先关闭系统中所有正在运行的应用程序，保存需要存盘的文件，否则可能会破坏一些未保存的文件或导致系统受损。

图 2-14　Windows 10 操作系统登录界面

（1）用户要正确关闭系统：关闭正在运行的应用程序，选择"开始"→"电源"选项（图 2-15），在打开的子菜单中，选择"关机"选项。

图 2-15　退出 Windows 10 操作系统

（2）子菜单中有"睡眠""关机""重启"三个选项，用户可根据需要进行选择。

睡眠：计算机保持开机状态，耗电量少，应用程序会一直保持打开状态，在唤醒计算机后，可以立即恢复到上次离开时的状态。

关机：系统停止当前运行，保存设置后并退出，并自动关闭电源。

重启：关闭并重新启动计算机。

（3）按组合键 Alt+F4，打开"关闭 Windows"对话框，也可进行睡眠、关机、重启的操作，如图 2-16 所示。

图 2-16 "关闭 Windows"对话框

切换用户：Windows 10 操作系统是多用户操作系统，用户可以为多人创建多个账户，系统默认为每个用户创建一个登录环境。用户可以使用切换功能在各用户间进行切换而不影响每个账户正在使用的程序。

注销：注销是向系统发出清除当前登录的用户程序的请求，清除后可使用其他用户来登录系统。注销不可以代替重新启动，只可以清空当前用户的缓存空间和注册表等信息。

任务 2 桌面背景及屏幕保护程序的设置

■■任务目标■■■■■■■■■■■■■■■■■■■■■■

（1）能够完成个性化专属桌面的设置。
（2）掌握 Windows 的基本概念、常用术语和基本操作。

■■任务说明■■■■■■■■■■■■■■■■■■■■■■

设置个性化桌面以及屏幕保护程序。

■■任务实现■■■■■■■■■■■■■■■■■■■■■■

桌面背景是用户在系统使用过程中看到次数最多的图片，好的桌面背景会给用户一个好的工作心情，设置 Windows 10 操作系统桌面背景的方法如下：

步骤 1：在桌面空白处右击，在弹出的快捷菜单中选择"个性化"命令，在弹出的个性化设置窗口中，可将窗口背景设置为喜欢的图片或喜欢的颜色，如图 2-17 所示。如果感觉长时间使用同一桌面单调乏味，手动更换又十分麻烦，可以选择"幻灯片放映"功能，并为其指定切换的图片所在的文件夹。

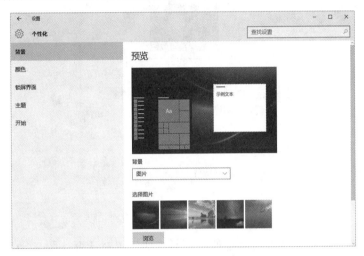

图 2-17　个性化背景设置窗口

步骤 2：在个性化设置窗口中选择"颜色"选项，可以设置喜欢的主题色，如图 2-18 所示。

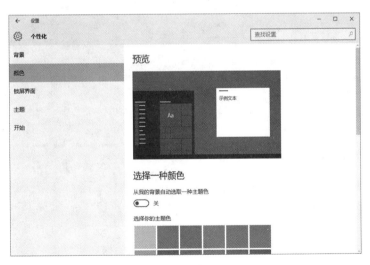

图 2-18　个性化设置背景颜色

步骤 3：当计算机在一定时间内没有使用时，需要启动屏幕保护程序保护个人隐私。在个性化设置窗口中单击"锁屏界面"→"屏幕保护程序设置"超链接，打开"屏幕保护程序设置"对话框，这里选择"3D 文字"效果，如图 2-19 所示，此时将在模拟显示器中出现屏保预览效果，单击"预览"按钮，可查看桌面显示效果。

图 2-19 　"屏幕保护程序设置"对话框

　　单击"设置"按钮，进入该屏幕保护所对应的设置对话框（图 2-20），用户可以对"文本""旋转类型""分辨率""大小""旋转速度"等参数进行设置，然后单击"确定"按钮即可。需要注意的是，并不是所有的屏幕保护选项都有设置功能。

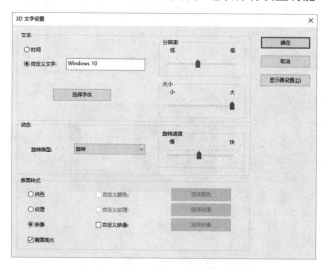

图 2-20 　"3D 文字设置"对话框

■知识链接■

1. Windows 10 操作系统的桌面组成

　　Windows 10 操作系统的桌面环境主要由桌面背景、桌面图标和任务栏组成，如图 2-21 所示。

图 2-21　Windows 10 操作系统的桌面

2. 图标

图标是具有明确指代含义的计算机图形，是由分布在桌面上的与某些应用程序、文件夹或文件相关联的小图形并配以文字说明组成的。例如，应用程序、文件夹、文档、磁盘驱动器等都用一个形象化的图标来表示。它们提供了打开这些应用程序、文档的快捷方式。单击某一图标，该图标及下方的文字的颜色发生改变，表示该图标被选中；双击则打开该应用程序、文件夹或文档。

对于刚刚安装完 Windows 10 操作系统的用户来说，桌面仅仅存在一个"回收站"图标，我们需要将常用的图标调出。如图 2-22 所示，在个性化设置窗口中，选择"主题"选项，然后选择右侧"桌面图标设置"选项。

图 2-22　个性化主题设置窗口

如图 2-33 所示，在打开的"桌面图标设置"对话框中，勾选需要在桌面显示的图标复选框，单击"确定"按钮，即可在桌面出现"此电脑""网络"等常用图标。

图 2-23　"桌面图标设置"对话框

1）"此电脑"图标

"此电脑"是用户访问计算机资源的主要入口之一。利用"此电脑"图标，可以浏览计算机磁盘的内容，还可以进行文件管理、更改计算机的配置。

2）"回收站"图标

在"回收站"窗口中显示的是被用户删除的文件，用户可以恢复一些有用的文件，也可以将文件从"回收站"删除，即从计算机中永久删除，不可恢复。

3. Windows 的基本术语

应用程序：按照不同的原则和标准，可将计算机程序分为不同的种类。从应用角度出发，通常将程序分为系统程序和应用程序两大类。系统程序泛指那些为了有效地运行计算机系统，给应用软件运用和开发提供支持，或者能为用户管理与使用计算机提供方便的一类软件，是一个完成指定功能的计算机程序。

文档：由应用程序所创建的一组相关信息的集合，也是包含文件格式和所有内容的文件。它通常被赋予一个文件名，存储在磁盘中。文档可以是一篇报告、一张图片、一首音乐等，其类型是多种多样的。

文件：计算机中的信息是多种多样的，如程序、数据、文档等。文件是一组相关信息的集合。计算机中的程序、数据、文档通常都组织成为文件进行存放，简单地说就是一组信息的集合。以文件名来存取。它可以是文档、应用程序、快捷方式或者设备，可以说文件是文档的超集。

文件夹：计算机中有数以万计的文件，它们并不是随意地被存放在外存中，为了便于管理文件，操作系统采用树状结构的目录形式对磁盘中的所有文件进行组织和管理。文件目录也称为文件夹，用来存放各种不同类型的文件，它采用多层次结构，文件夹中可以包含下一级的文件夹。

盘符：在对文件进行操作时，一般要用到盘符，盘符也称为驱动器名。驱动器分为软盘驱动器、硬盘驱动器和光盘驱动器。在"此电脑"里，每个驱动器都用一个字母来标识。通常情况下软盘驱动器用字母 A 或 B 标识，硬盘驱动器用字母 C 标识，如果硬盘划分为多个逻辑分区，则各分区依次用字母 D、E、F 等标识。光盘驱动器标识符是按硬盘标识符的顺序排在最后，通常用字母 G、H 等标识。计算机启动后，当前盘为启动盘（一般为 C 盘），以后可以根据需要进行修改。

路径：简单地说就是文件在磁盘上的位置。文件的路径由用"\"隔开的各目录组成，路径中的最后一个目录名就是文件所在的目录名。对文件进行操作时，文件的路径还与当前目录相关，当前目录是指系统正在工作的目录，对当前目录中的文件进行操作时，就不必指出该文件的目录位置；对当前目录以外的文件进行操作时，必须要指明其位置。

选定：选定一个对象通常是指对该对象做一个标记，使之成为准备状态，并不产生动作。对某对象做操作时首先要选定该对象。

组合键：两个（或三个）键名之间常用"+"连接表示，称为组合键。例如，Ctrl+C 表示先按住 Ctrl 键不放，再按 C 键，然后同时放开。注意，Ctrl 键和 Alt 键只有与其他键配合使用才起作用。

4. 鼠标的基本操作

鼠标指针处于不同位置或不同状态时会有不同形状，图 2-24 列出了鼠标指针的含义。用户可以通过操作鼠标完成任务操作。

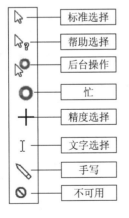
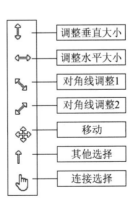

图 2-24　鼠标指针的含义

（1）指向：移动鼠标，将鼠标指针移动到操作对象上（不击键）。停留于操作对象片刻，系统会出现一个有关这个对象的一些说明。

（2）单击：快速按下并释放鼠标左键。单击一般用于选定一个操作对象。

（3）右击：快速按下并释放鼠标右键。右击一般用于打开一个与操作相关的快捷菜单。

（4）双击：连续两次快速按下并释放鼠标左键。双击一般用于打开窗口，启动应用程序。

（5）拖动：指左键拖动，即按下鼠标左键不松，移动鼠标，到目标位置时释放左键。此操作在不同的环境下所表现的功能不尽相同，例如，当对一个桌面图标进行拖动时，可以改变它的位置；而在一个绘图软件中进行拖动操作时，可进行绘图操作。

（6）右键拖动：当右键拖动某个对象到目标位置时，一般会弹出一个快捷菜单，供用户选择。

5. 键盘操作

在 Windows 10 操作系统中除了可以利用键盘进行文字录入以外，还可以利用组合键来快速执行相应的菜单命令。例如，用户在执行复制操作时，可用组合键 Ctrl+C，粘贴可用 Ctrl+V。

6. 窗口的组成

Windows 操作系统所使用的界面称为窗口，对 Windows 10 操作系统中各种资源的管理也就是对各种窗口的操作。Windows 10 操作系统默认采用类似于 Office 2013 的功能区界面风格。这个界面使得对文件的管理操作更加方便、直观，如图 2-25 所示。

图 2-25　Windows 10 操作系统窗口的组成

1 号区域：快速访问工具栏。默认的图标功能为查看属性和新建文件夹。用户可以单击快速访问工具栏右侧的下拉按钮，从打开的下拉列表中勾选需要在快速访问工具栏出现的功能选项。

2 号区域：标题栏，窗口最上方的区域，主要显示当前目录的位置。在标题栏右侧为"最小化"按钮、"最大化/还原"按钮和"关闭"按钮，单击相应的按钮完成窗口的对应操作。双击标题栏空白区域，可以进行窗口的最大化和还原操作。

3 号区域：功能区，位于标题栏下方，显示了针对当前窗口或窗口内容的一些常用操作工具菜单选项。通过选择选项卡来打开其包含的若干个选项组，实现各种操作，如图 2-26 所示。在选项卡最右侧为"帮助"按钮。

图 2-26　功能区

4 号区域：控制按钮区。其主要功能是实现目录的前进、后退与返回上一级目录。单击"前进"按钮后的下拉按钮，在打开的下拉列表中可以看到最近访问的位置信息，在需要进入的目录上单击，即可快速进入。

5 号区域：地址栏。其主要反映从根目录开始到现在所在目录的路径，用户可以单击各级目录名称访问上级目录。单击地址栏的路径显示文本框，直接输入要查看的路径目录地址，可以快速到达要访问的位置。

6 号区域：搜索栏。如果当前目录文件过多，可以在搜索栏中输入需要查找信息的关键字，实现快速筛选、定位文件。要注意的是，此时搜索的位置为地址栏目录下所包含的所有子目录文件；如果要搜索其他位置或进行全盘搜索，需要进入相应目录中。

7 号区域：导航窗格，是在工作区的左侧显示计算机中多个具体位置的区域。用户可以使用导航窗格快速定位到需要的位置来浏览文件或完成操作。

8 号区域：工作区。

9 号区域：状态栏，位于窗口最下方，会根据用户选择的内容，显示容量、数量等属性信息，供用户参考使用。

10 号区域：视图按钮，供用户选择视图的显示方式，有大缩略图和详细信息两种类型。

7. 窗口的操作

窗口的基本操作包括窗口的打开、放大、缩小、关闭，窗口位置的设置和窗口的切换、排列等。

1）窗口的打开

在 Windows 10 操作系统中，双击应用程序图标，就会弹出窗口。用户也可以在图标上右击，在弹出的快捷菜单中选择"打开"命令，弹出窗口。

2）窗口的放大、缩小和关闭

将鼠标指针移动到窗口边框或四个角上，鼠标指针变成双向箭头时，拖动鼠标即可改变窗口的大小。

在窗口的右上角有"最小化""最大化/还原"和"关闭"3个按钮。

"最小化"按钮：将窗口最小化成任务图标放置在任务栏上，窗口在桌面上消失，此时程序转到后台运行。若要恢复原来的窗口，单击任务栏的图标即可。

"最大化/还原"按钮：单击"最大化"按钮，窗口扩大到整个桌面，此时"最大化"按钮变成"还原"按钮，而且这时拖动标题栏将无法移动窗口。单击"还原"按钮，窗口将恢复原来的大小。

"关闭"按钮：单击"关闭"按钮，可快速关闭窗口。对于应用程序，关闭窗口将导致应用程序运行结束，其任务按钮也会从任务栏上消失。也可使用组合键 Alt+F4 关闭窗口。

手动调整窗口的大小：将鼠标指针移动到窗口的边框上，当鼠标指针变成上下箭头或左右箭头时，按下鼠标左键不放并拖动边框，拖拽到合适的位置，松开鼠标即可。

窗口的最小化、最大化/还原、关闭也可通过控制菜单上的相应命令来实现。通过双击任务栏也可达到最大化和还原窗口的效果。

3）窗口位置的设置

将窗口移动到合适的位置：将鼠标指针放在需要移动位置的窗口的标题栏上，按住左键不放，拖拽到需要的位置，松开鼠标，即可完成窗口位置的移动。

4）窗口的切换

Windows 10 操作系统中可以同时打开多个程序，同时对应多个窗口，但是只有一个为活动窗口，也称为当前窗口。活动窗口一般显示在桌面的最外层，是接收用户操作的窗口；其他窗口虽然也在内存中运行，但无法接收各种操作，称为非活动窗口，这些窗口的标题栏的颜色一般较当前活动窗口浅。若要对某窗口进行操作，必须将该窗口切换为活动窗口。

切换窗口的方法有以下几种：

（1）单击任务栏上相应的任务按钮，即可使该窗口切换为活动窗口。

（2）如果可在桌面上看到需要激活的窗口，直接单击该窗口即可。

（3）通过组合键 Alt+Tab 切换窗口。在按 Alt 键的同时逐次按 Tab 键来进行窗口的选择，最后松开 Tab 键和 Alt 键即可完成窗口的切换。

5）窗口的排列

窗口在桌面上的排列分为层叠窗口（图 2-27）、堆叠窗口（图 2-28）、并排显示窗口。系统默认采用的是层叠式排列。窗口的排列：右击任务栏的空白处，在弹出的快捷菜单中选择窗口的排序方式。

8. 菜单的使用

菜单实际上是一组"操作命令"列表，通过简单的单击可实现各种操作。

Windows 10 操作系统中有"开始"菜单和快捷菜单。

1）"开始"菜单

"开始"菜单是 Windows 10 操作系统中最重要的菜单，又称系统菜单，主要用于存放操作系统或设置系统的绝大多数命令。利用"开始"菜单可以实现使用和管理计算机的软、硬件资源。单击"开始"按钮，或者按组合键 Ctrl+Esc 都可以打开"开始"菜单。

图 2-27　窗口的层叠排列

图 2-28　窗口的堆叠排列

2）快捷菜单

快捷菜单是一种随时随地为用户服务的"上下文相关的弹出菜单"，在所需的程序或文件图标上右击即可弹出快捷菜单。快捷菜单中包含了操作该对象的常用命令，是系统提供给用户对某个对象进行操作的一种快捷方式，不同对象或同一窗口的不同位置上的快捷菜单的内容是不同的。

例如，需要打印某个图片文件，用户可以直接右击此图片，在弹出的快捷菜单中选择"打印"命令，即可打开"打印图片"对话框进行设置，如图 2-29 所示。

图 2-29　"打印图片"对话框

9. 对话框的使用

1）对话框的概念

对话框是一种特殊的窗口，它提供了一些参数选项供用户设置。对话框中显示的信息会根据程序的不同而不同。对话框一般不能改变大小。对话框一般出现在程序执行过程中，提出选项并要求用户进行选择，用户可以通过回答问题来完成对话。Windows 操作系统也使用对话框显示附加信息和警告，或解释没有完成操作的原因。这里以 Windows 10 操作系统中的"文件夹选项"对话框为例，向用户介绍其具体组成与功能。

2）对话框的组成元素及主要功能

对话框中提供了多种可操作元素，可实现不同的功能，如图 2-30 所示。

（1）标题栏：标题栏中包含了对话框的名称，用鼠标拖动标题栏可以移动对话框。

（2）选项卡：对话框中含有多种不同类型的选项时，系统将会把这些内容分类在不同的选项卡中。选择任意一个选项卡即可显示出该选项卡中包含的选项。

（3）单选按钮：用来在一组选项中选择一个选项，且只能选择一个。选中的按钮前出现一个黑点。

图 2-30 "文件夹选项"对话框

（4）复选框：用户可以根据需要选择一个或多个选项。复选框被选中后，在框内出现"√"；单击一个被选中的复选框，意味着取消该选项。

（5）列表框：可显示多个选项，由用户选择其中的一项。当选项不能一次全部显示在列表框中时，系统会提供滚动条帮助用户快速查找。

（6）下拉按钮：类似按钮的下三角符号，单击下拉按钮可以打开下拉列表供用户选择，下拉列表关闭时显示被选中的信息。

（7）命令按钮：选择命令按钮可以执行一个命令，如果该命令按钮呈灰色，则表示在当前状态下，该按钮是不可选的；如果一个命令按钮后有省略号，则表示单击此按钮会打开一个对话框。对话框中常见的命令按钮有"确定""取消"和"应用"等。

除了以上可操作元素外，对话框还提供了数值框、帮助链接等元素。

10. 应用程序的运行

在 Windows 10 操作系统中，用户通过运行各种应用程序来完成一定的工作。

1）启动应用程序

（1）利用快捷方式。一般情况下，用户安装完某个软件后，该软件会自动添加一个快捷方式到开始菜单中，选择该快捷方式就可启动相应的程序。

如果在桌面上已经创建了应用程序的快捷方式图标，也可在桌面上直接双击该快捷方式图标来启动应用程序。

（2）使用"运行"命令。使用"运行"命令来启动未在"开始"菜单中列出或不太常用的应用程序，并且用户还可以通过输入参数或选项来改变某些应用程序的启动方式。例如，启动计算器程序，则可以按照以下步骤。

① 按组合键 Win+R，打开"运行"对话框。

② 在"运行"对话框中输入计算器程序文件名"calc"，如图 2-31 所示。

图 2-31　"运行"对话框

③ 单击"确定"按钮，即可启动制定的计算器程序。

（3）利用"文件资源管理器"或"此电脑"。"文件资源管理器"和"此电脑"是 Windows 10 操作系统提供的管理文件的实用程序，在"文件资源管理器"或"此电脑"中找到所要执行的程序文件后，双击该文件即可启动该程序。

2）在不同应用程序之间切换

Windows 10 操作系统允许同时运行多个程序，而每个运行的程序都对应一个窗口，用户如要进行多个应用程序之间的切换，只要单击代表该程序的窗口即可。

3）退出应用程序

若要退出当前运行的应用程序，有如下几种方法：

（1）选择"文件"选项卡→"关闭"命令。

（2）单击应用程序窗口右上角的"关闭"按钮。

（3）单击应用程序窗口左上角的控制按钮，在打开的下拉列表中选择"关闭"选项。

（4）双击控制按钮。

（5）按组合键 Alt+F4。

（6）若某个应用程序已经停止响应，按组合键 Ctrl+Alt+Delete，然后在打开的"关闭程序"对话框中单击没有响应的应用程序，最后单击"结束任务"按钮。

任务 3　任务栏的设置

▌任务目标

（1）能够对任务栏进行设置，包括调整任务栏的位置，调整任务栏的大小，隐藏、锁定任务栏等。

（2）掌握控制面板的设置。

■ **任务说明** ■

对任务栏的外观进行设置，根据实际需要改变工作界面的布局，从而达到方便工作、提高效率的目的。

■ **任务实现** ■

步骤 1：调整任务栏的位置。在系统默认情况下任务栏位于桌面的底部，任务栏还可被放置于桌面的左、右两侧及顶端。首先在任务栏空白处右击，确认任务栏没有被锁定；然后拖动任务栏到桌面的任意一边，松开鼠标即可。如果任务栏被锁定，则无法被移动以及改变大小。

步骤 2：改变任务栏的大小。将鼠标指针移动到任务栏的边沿，当鼠标指针变成双向箭头时，拖动鼠标即可改变任务栏的大小。

步骤 3：自动隐藏任务栏。在任务栏空白处右击。在弹出的快捷菜单中选择"属性"命令，打开"任务栏和'开始'菜单属性"对话框，勾选"自动隐藏任务栏"复选框即可。

步骤 4：用户可以将常用的程序固定在任务栏处，这样可实现快速启动，更方便。一种方法是直接拖动桌面上的快捷方式到任务栏区域；另一种是在"开始"菜单中找到相关程序，在其上右击，在弹出的快捷菜单中选择"固定到任务栏"命令。

对于任务栏中不常用的程序图标，用户可以在其上右击，在弹出的快捷菜单中选择"从任务栏取消固定"命令，即可删除。

任务栏中图标的顺序可以通过拖动的方法进行调整。

步骤 5：任务栏右侧的通知图标除了显示正在运行的程序，还直观反映了声音、时间、网络等系统功能的状态，用户可通过相关设置来改变这些提醒或状态。

在右侧"时间与日期"上右击，在弹出的快捷菜单中选择"自定义通知图标"命令，在弹出的设置窗口中单击"选择在任务栏上显示哪些图标"超链接，如图 2-32 所示，即可根据需要设置各系统图标的显示行为状态。

图 2-32 系统设置

■**知识链接**■

　　用户可利用 Windows 的控制面板对系统的软、硬件进行统一配置，利用控制面板所提供的各种工具可以非常方便地进行系统定制。如图 2-33 所示，控制面板中包含几十种系统设置选项，有些选项随着系统软、硬件的添加而增加，选项的名称和功能相互对应，需要设置时找到相关的选项即可。

图 2-33　控制面板

控制面板中的部分设置选项及其功能如表 2-1 所示。

表 2-1　控制面板中的部分设置选项及其功能

设置选项	功能简介	设置选项	功能简介
Internet 选项	配置 Internet 显示和连接设置	声音	配置音频设备或更改计算机的声音方案
设备和打印机	查看和管理设备、打印机及打印作业	鼠标	自定义鼠标设置
Windows 防火墙	设置防火墙安全选项，保护计算机不受黑客、恶意软件的攻击	程序和功能	卸载或更改计算机上的程序
电话和调制解调器	配置电话拨号规则和调制解调器设置	同步中心	在计算机与网络文件夹之间同步文件
电源选项	通过选择计算机管理电源的方式以节省能源或提供最佳性能	网络和共享中心	查看网络状态，更改网络设置，并为共享文件和打印机设置首选项
轻松使用设置中心	使用户的计算机更易于使用	文件资源管理器选项	自定义文件和文件夹的显示
管理工具	配置计算机的管理设置	系统	查看有关计算机的信息，并更改硬件、性能、远程连接的设置
键盘	自定义键盘设置	显示	更改显示器的设置，使桌面内容更易阅读

续表

设置选项	功能简介	设置选项	功能简介
区域	自定义语言、数字、货币、日期和时间的显示设置	用户账户	为共用这台计算机的用户更改用户账户设置和密码
任务栏和导航	自定义任务栏	字体	添加、更改和管理计算机中的字体
日期和时间	更改时间、日期和时区信息	疑难解答	排除并解决常见的计算机问题
颜色管理	更改用于显示器、扫描仪、打印机的高级颜色管理设置	—	—

下面详细介绍几个常用的属性设置。

1. 鼠标的设置

用户可利用控制面板设置鼠标的双击速度、形状等特性。双击"控制面板"图标，弹出"所有控制面板项"窗口，单击"鼠标"图标，打开"鼠标 属性"对话框。

（1）默认情况下"鼠标键"选项卡用于设置左右手习惯和鼠标的双击速度，如图 2-34 所示。

（2）"指针"选项卡用于设置各种鼠标指针状态的显示。

（3）"指针选项"选项卡用于设置鼠标指针的速度和轨迹。

（4）"硬件"选项卡用于设置有关的硬件属性。设置完成后，单击"确定"按钮。

2. 键盘的设置

在"所有控制面板项"窗口中单击"键盘"图标，打开"键盘 属性"对话框，如图 2-35 所示，可对键盘进行设置。

（1）"速度"选项卡用于设置出现字符重复的延缓时间、重复率和光标闪烁频率。

（2）"硬件"选项卡用于设置有关的硬件属性。

图 2-34　"鼠标 属性"对话框

图 2-35　"键盘 属性"对话框

3．中文输入法的设置

Windows 10 操作系统提供了多种汉字输入法，选择合适的输入法可以提高文字录入的速度。输入法有英文和中文两种状态。

1）中文输入法的添加与删除

Windows 10 操作系统用户可根据自己的需要，任意安装或删除某种输入法。

（1）双击"控制面板"图标，弹出"所有控制面板项"窗口，单击"语言"图标，弹出"语言选项"窗口，如图 2-36 所示。

图 2-36 "语言选项"窗口

（2）单击"添加输入法"超链接，可对已安装的输入法进行添加；单击"删除"超链接，可删除已添加的输入法。

2）输入法的切换方法

默认情况下，单击任务栏上的输入法指示器可以进行输入法的切换，用组合键 Ctrl+空格键可进行中/英文输入法的切换，用组合键 Ctrl+Shift 可在所有输入法间进行切换。

3）全/半角切换按钮

单击输入法全/半角切换按钮或用组合键 Shift+空格键进行全/半角的切换。当该按钮显示月牙形时，表示为半角方式，输入的英文字母、数字、标点符号占一个字节；当该按钮显示黑色圆点时，表示为全角方式，输入的英文字母、数字、标点符号与半角不同，占用一个汉字的宽度（两个字节）。

4）中/英文标点符号切换按钮

以某拼音输入法为例，单击中/英文标点切换按钮，如图 2-37 所示，或用组合键 Ctrl+.（圆点），可进行中/英文标点符号的切换。当该按钮显示中文的句号和逗号时，表示当前状态下输入中文标点符号；当该按钮显示英文的句号和逗号时，表示当前状态下输入英文标点符号。

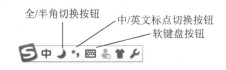

图 2-37　拼音输入法

5）软键盘按钮

单击软键盘按钮，在桌面上显示一个模拟键盘，也称为软键盘，单击软键盘上的键，其效果相当于按硬键盘上相应的键。再单击此按钮即可关闭软键盘。Windows 提供 PC 键盘、希腊字母、俄文字母、注音符号、拼音、日文平假名、日文片假名、标点符号、数字序号、数学符号、单位符号、制表符、特殊符号共 13 种软键盘布局。

4. 添加和删除应用程序

在操作计算机的过程中，会安装新的应用程序，也会删除某些应用程序。安装应用程序可以直接运行磁盘上的安装程序（通常名为 setup.exe 或 install.exe 的可执行文件），按照提示进行即可，但是删除应用程序时不能直接将其拖动到"回收站"，这样会造成程序删除不彻底，或者误删除一些系统文件。

删除应用程序：双击"控制面板"图标，弹出"所有控制面板项"窗口，单击"程序和功能"图标，进入"卸载或更改程序"界面，如图 2-38 所示。在要卸载的程序上右击，在弹出的快捷菜单中选择"卸载"命令即可。

图 2-38　"卸载或更改程序"界面

5. 设置系统的日期和时间

双击"控制面板"图标弹出"所有控制面板项"窗口，单击"日期和时间"图标，打开如图 2-39 所示的"日期和时间"对话框。在"日期和时间"选项卡中调整日期和时间。

图 2-39　"日期和时间"对话框

■强化训练

一、选择题

1. 退出 Windows 10 操作系统的正确操作是（　　）。
   A．拔下电源插销
   B．单击 POWER 按钮
   C．执行"开始"→"电源"→"关机"命令
   D．按组合键 Ctrl＋Alt＋Delete，选择"结束任务"选项

2. 在 Windows 操作系统中，若系统长时间不响应用户的要求，为了结束该任务，应使用的组合键是（　　）。
   A．Shift＋Esc＋Tab　　　　　　　　B．Ctrl＋Shift＋Enter
   C．Alt＋Shift＋Enter　　　　　　　D．Alt＋Ctrl＋Delete

3. Windows 10 操作系统的默认环境中，在中文和英文输入法间切换的组合键是（　　）。
   A．Alt＋PrintScreen　　　　　　　B．Ctrl＋Alt
   C．Ctrl＋空格　　　　　　　　　　D．Ctrl＋Shift

4. 在 Windows 10 操作系统中，移动窗口的正确操作是用鼠标拖动窗口的（　　）。
   A．空白工作区　　B．标题栏　　　　C．状态栏　　　　D．菜单栏

二、填空题

1. 移动窗口时，只需将鼠标指针定位到窗口的＿＿＿＿＿上，拖动到新的位置释放就可以了。

2. 当用户打开多个窗口时，只有一个窗口处于＿＿＿＿＿＿＿＿状态，称为＿＿＿＿＿窗口，并且这个窗口覆盖在其他窗口之上。

项目2 文件管理

项目背景

信息工程系学生李华是学生会宣传处的干事。学院学生会最近正在筹备学院科技节，李华同学负责科技节相关信息的管理。最初她把所有相关文件随意地放在 C 盘中，文件名也没有规律，导致后期查找一个文件需要花很长时间。针对这些问题，王老师对她进行了指导。

任务1 文件或文件夹的建立

▋任务目标

（1）能够创建文件或文件夹。
（2）掌握资源管理器、文件、文件夹、文件夹树的概念，以及文件的类型。

▋任务说明

在本地磁盘（D:）中建立一级文件夹"旅院科技节"和二级文件夹"动漫创作大赛""技能展示大赛""现场讲解大赛""创业计划大赛"，用来存放不同比赛内容的文件。

▋任务实现

将文件进行分类存放或以一定的关系组织起来，用户可以根据需要创建新的文件夹。

步骤1：双击桌面上的"此电脑"图标，打开"此电脑"窗口，双击本地磁盘（D:），右击文件和文件夹列表中的空白处，在弹出的快捷菜单中选择"新建"→"文件夹"命令。或者单击快速访问工具栏中的"新建文件夹"按钮，或者按组合键 Ctrl+Shift+N。

步骤2：右击"新建文件夹"，在弹出的快捷菜单中选择"重命名"命令，将默认名称改为"旅院科技节"，然后按 Enter 键或者在文件和文件夹列表空白处单击即完成文件夹名称的更改。

步骤3：用同样的方法在"旅院科技节"文件夹中创建二级文件夹，并把文件夹名称设置为"动漫创作大赛""技能展示大赛""现场讲解大赛""创业计划大赛"。

▋知识链接

1. 文件资源管理器

"文件资源管理器"是 Windows 操作系统提供的管理系统工具，用它查看计算机的所有资源。文件资源管理器提供的树形的文件系统结构，使用户更清楚、直观地认识计算机的文件和文件夹。

1）文件资源管理器的启动

启动文件资源管理器有以下几种方法。

（1）选择"开始"→"文件资源管理器"命令。

（2）单击任务栏中的"文件资源管理器"图标，打开"文件资源管理器"窗口。

2）"文件资源管理器"窗口的组成

"文件资源管理器"窗口被分割为左、右两个窗格，左窗格显示整个计算机，甚至整个网络系统的结构，右侧窗格则显示选择的对象中包含的具体内容，如图 2-40 所示。

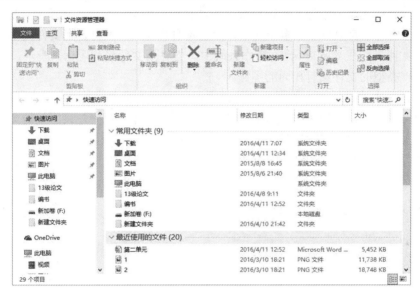

图 2-40　"文件资源管理器"窗口

3）"文件资源管理器"窗口显示方式的调整

（1）文件夹内容的显示方式。Windows 10 操作系统提供"超大图标""大图标""平铺""列表""详细信息"等显示方式来满足用户不同的需求。通过"查看"选项卡中的这几个命令可以调整文件夹内容窗格的显示方式。

"平铺"和"小图标"显示方式相似，显示对象图标的大小有所不同，以图标方式显示时文件的类型和大小也会随之显示出来。

"大图标"和"超大图标"显示方式是将整个文件夹的内容以缩略图的形式显示，可以对内容有一个总体的了解。

"详细信息"显示方式以列表样式图标显示，还显示了对象的名称、大小、类型及修改日期等详细信息。

（2）图标的排列。重新调整文件和文件夹的显示顺序，方便快速地查找某项特殊信息文件。

调整文件的排列方法：在空白处右击，在弹出的快捷菜单中选择"排序方式"命令，在子菜单中选择排列文件的方式即可。

2. 此电脑

"此电脑"是用户访问计算机资源的入口，也是 Windows 10 操作系统提供的重要的资源管理工具。利用"此电脑"同样可以浏览查看本机的文件及文件夹等资源。

3. 文件、文件夹和文件夹树

文件是存储在计算机硬盘上的一系列数据的集合，用来存储一套完整的数据资料。文件中可以存放文本、图像、声音和数值等各种数据信息。文件夹是用来存储文件的，也称目录，它可以存放单个或多个文件，而它本身也是一个文件。在文件夹中可以包含文件和子文件夹。在 Windows 10 操作系统中，文件用文件名和图标来表示，如图 2-41 所示，同一类型的文件具有相同的图标。

由于各级文件夹之间有相互包含的关系，使得所有文件夹构成一个倒立的树状结构，称为文件夹树，如图 2-42 所示。在 Windows 10 操作系统中，桌面就是文件夹树的根，桌面上的"此电脑""网络"和"回收站"都是下一级的枝干。Windows 10 操作系统就是采用这种树形文件夹结构来分类管理磁盘文件的。

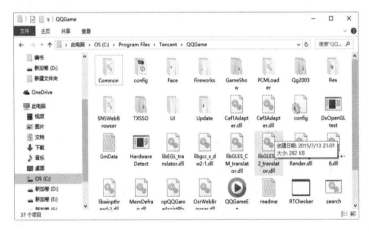

图 2-41　文件和文件夹图标

图 2-42　文件夹树

4. 文件的类型

在 Windows 10 操作系统中，存储的文本文档、电子表格、数字图片、歌曲等都属于文件。根据文件中所存储信息类型的不同，文件被分为不同的类型，如程序文件、文档文件等，不同类型的文件对应的图标也不同。为了区分文件，需要给不同的文件命名，文件名包含名称和扩展名两部分，文件的扩展名决定了文件的类型。常用的文件类型和扩展名及其含义如表 2-2 所示。

表2-2 常用的文件类型和扩展名及其含义

文件类型	扩展名	文件含义
图像文件	.jpeg、.bmp、.gif、.tiff	记录图像信息,如扫描后存在计算机中的图片
声音文件	.mp3、.wav、.wma、.mid	记录声音和音乐的文件
Office 文档	.docx、.doc、.xls、.xlsx、.ppt	Microsoft Office 办公软件使用的文件格式
文本文件	.txt	只记录文字的文件
字体文件	.fon、.ttf	为系统和其他应用程序提供字体的文件
可执行文件	.exe、.com、.bat	双击此类文件,可执行程序,如游戏
压缩文件	.rar、.zip	由压缩软件将文件压缩后形成的文件
网页动画文件	.swf	可用 IE 浏览器打开,是网上常用的文件
PDF 文件	.pdf	Adobe Acrobat 文档
网页文件	.html	Web 网页文件
动态链接库文件	.dll	为多个程序共同使用的文件
影视文件	.avi、.rm、.fly、.mov、.mpeg	记录动态变化的画面,同时支持声音

5. 路径

文件或文件夹的路径反映了它在文件夹树中的具体位置。

6. 对象

对象是指系统直接管理的资源,如驱动器、文件、文件夹、打印机、系统文件夹等。

任务2 文件或文件夹的重命名

■■任务目标■■

(1)能够重命名文件或文件夹。
(2)掌握文件的命名规则。
(3)掌握文件夹的打开、展开、折叠及选定等操作。

■■任务说明■■

将本地磁盘(D:)中有关科技节的文件重命名为与文件内容有关的名称,如"科技节秩序册"。

■■任务实现■■

步骤1:在"文件资源管理器"窗口或"此电脑"窗口中双击本地磁盘(D:)。

步骤 2：选中要进行重命名的有关科技节的文件，右击，在弹出的快捷菜单中选择"重命名"命令，此时文件或文件夹名称四周出现细线框并且显示光标进入编辑状态，输入新文件名，如"科技节秩序册"，按 Enter 键或在任意空白处单击即可。

还可通过以下方法对文件进行重命名：两次单击文件名（两次单击的时间间隔比双击要长一些）进入编辑状态，再输入新文件名，然后按 Enter 键或在任意空白处单击即可。

■■知识链接■■■■■■■■■■■■■■■■■■■■■■■■■■■■■■■■■■■■■

1. 文件名

文件名包括主文件名和扩展名两部分，这两部分之间由一个小圆点隔开，扩展名代表文件类型。主文件名由 1～255 个字符组成（即支持长文件名）。文件夹一般没有扩展名。例如，"科技节.docx"中"科技节"是主文件名，".docx"是扩展名。文件名要使用尖括号（<、>）、斜杠（/）、反斜杠（\）、垂直线（|）、冒号（:）、引号（""）、星号（*）、问号（?）以外的英文字母、汉字、数字、空格等命名。

文件分为程序文件和非程序文件。当用户选中程序文件，双击或按 Enter 键后，计算机就会打开程序文件，而打开程序文件的方式就是运行它。当用户选中非程序文件，双击或按 Enter 键后，计算机也会试图打开它，而这个打开方式就是利用特定的程序去打开它。至于用什么特定程序来打开，则取决于这个文件的类型。

2. 文件夹的打开

打开文件夹是指在文件夹内容窗格中显示该文件夹中的内容。此时，被打开的文件夹成为当前文件夹，它的名字会显示在窗口的标题栏和地址栏上。

打开文件夹的方法如下：

（1）在文件夹树窗格中单击要打开的文件夹图标或名称。

（2）在内容窗格中双击要打开的文件夹的图标。

3. 文件夹的展开和折叠

在文件夹树窗格中，有的文件夹左边有一个小方块标记，其中有">"或"∨"，有的则没有。有">"标记的表示该文件夹内包含子文件夹，并处于折叠状态，此时，看不到其包含的子文件夹；有"∨"标记的表示该文件夹内包含子文件夹，并处于展开状态，此时在文件夹树窗格中可以看到它包含的子文件夹；没有标记的表示该文件夹中没有包含子文件夹。

展开或折叠文件夹的方法如下：

单击标记">"即可展开文件夹，并显示其包含的子文件夹，并且标记由">"变为"∨"。

单击标记"∨"即可折叠文件夹，并且标记由"∨"变为">"。

注意

展开文件夹与打开文件夹是两种不同的操作。展开文件夹仅仅是在文件夹树窗格中显示出它的子文件夹，并不在内容窗格中显示其内容。

4. 文件或文件夹的选定

要对文件或文件夹进行操作，首先要选定文件或文件夹，选定文件或文件夹的方法如下：

1）选定单个文件或文件夹

单击要选择的对象，可以按上、下方向键选定对象，也可用 Home、End、PgUp、PgDn 等功能键或字母键来选定对象。

2）选定非连续的多个文件或文件夹

单击选定第一个文件或文件夹，再按住 Ctrl 键，同时单击其他要选定的文件或文件夹。

3）选定连续的多个文件或文件夹

（1）单击选定第一个文件或文件夹，然后按住 Shift 键单击其他文件或文件夹，则两个文件或文件夹之间的全部文件或文件夹均被选定。

（2）按住鼠标左键不放，拖动一个矩形选框，这时在选框中的所有文件或文件夹都会被选定。

4）选定不连续的连续文件或文件夹

若要选定的对象处于多个连续的区域，可先选定第一个连续的文件或文件夹区域，再按住 Ctrl 键，然后选定第二个连续区域的第一个文件或文件夹，最后按组合键 Ctrl+Shift 单击该区域中的最后一个文件或文件夹，反复如此操作，直到全部选定为止。

5）选定所有对象

单击"主页"选项卡→"选择"组→"全部选择"按钮或单击窗口内任一处，然后按组合键 Ctrl+A 都可选择当前内容窗格中的所有文件或文件夹。

6）取消选定

在内容窗格的任意空白处单击，即可取消选定。

任务 3　文件或文件夹的复制、移动

任务目标

（1）能够复制、移动文件或文件夹。

（2）掌握文件或文件夹的属性设置、删除、创建快捷方式等操作。

■**任务说明**

（1）将本地磁盘（D:）中与科技节相关的文件复制到本地磁盘（E:）中。

（2）将本地磁盘（E:）中的相关文件移入回收站，进行删除。

■**任务实现**

步骤 1：选中本地磁盘（D:）中与科技节相关的文件，右击在弹出的快捷菜单中选择"复制"命令。

步骤 2：打开本地磁盘（E:），双击打开"旅院科技节"目标文件夹，在空白处右击在弹出的快捷菜单中选择"粘贴"命令。

其他进行复制的方法：

（1）选定要复制的文件或文件夹，单击"主页"选项卡→"组织"组→"复制到"下拉按钮，在打开的下拉列表中单击目标文件夹即可。

（2）选定要复制的文件或文件夹，按复制组合键 Ctrl+C；打开目标文件夹；按粘贴组合键 Ctrl+V。

（3）利用鼠标拖动进行复制的步骤：选定所要复制的文件或文件夹，按住 Ctrl 键的同时拖动所选文件到目标位置，然后释放鼠标。在拖动过程中，鼠标旁边显示一个"+"号，表示此时的拖动操作为复制操作。

（4）右击要复制的文件或文件夹，在弹出的快捷菜单中选择"复制"命令；打开目标盘或目标文件夹，右击空白处，在弹出的快捷菜单中选择"粘贴"命令。

步骤 3：选中本地磁盘（E:）中与科技节相关的文件，右击，在弹出的快捷菜单中选择"剪切"命令，打开"回收站"，右击空白处，在弹出的快捷菜单中选择"粘贴"命令。

其他移动文件或文件夹的方法：

（1）选定要移动的文件或文件夹，单击"主页"选项卡→"组织"组→"删除"下拉按钮，在打开的下拉列表中选择"回收"或"永久删除"选项。

（2）选定要移动的文件或文件夹，按剪切组合键 Ctrl+X；打开目标文件夹，按粘贴组合键 Ctrl+V。

注意

用鼠标左键拖动文件或文件夹时，如果源位置和目的位置在同一逻辑分区，是移动操作；在不同分区，是复制操作。用鼠标右键拖动所选文件或文件夹到目标位置，然后释放鼠标，会弹出快捷菜单，既可选择移动，也可选择复制。

■▬知识链接▬

1. 文件或文件夹的删除

对于无用的文件或文件夹，用户可以删除。删除文件或文件夹的方法如下：

（1）选定要删除的文件或文件夹，按 Delete 键。

（2）选定要删除的文件或文件夹，单击"主页"选项卡→"组织"组→"删除"按钮。

（3）选定要删除的文件或文件夹，右击，在弹出的快捷菜单中选择"删除"命令。

（4）将要删除的文件或文件夹直接拖到"回收站"图标处。

按照以上 4 种方法是把要删除的文件或文件夹送入回收站，而并非直接删除。如果删除时配合使用 Shift 键，则该对象不经过回收站，直接从硬盘中永久性地删除，此时打开的确认文件夹删除对话框如图 2-43 所示。

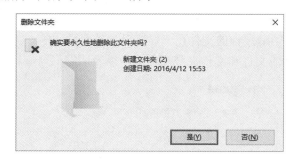

图 2-43　确认文件夹删除对话框

2. 回收站

"回收站"是计算机硬盘上的一块存储区域，用来存放被删除的文件或文件夹。用户删除的硬盘中的文件或文件夹，系统会自动放在"回收站"中暂时存储。

1）恢复被删除的文件或文件夹

在管理文件或文件夹时，如果因误操作而将有用的文件或文件夹删除，可以借助"回收站"将被删除的文件或文件夹恢复。双击桌面上的"回收站"图标，在弹出的窗口中选定要还原的文件或文件夹，选择"管理"选项卡，选择"还原选定的项目"命令或者在选定文件或文件夹后右击，在弹出的快捷菜单中选择"还原"命令，即可还原该文件或文件夹。

2）清除"回收站"中的文件或文件夹

选择"回收站"中的文件，选择"管理"选项卡，选择"清空回收站"命令，将回收站清空，或者右击桌面上的"回收站"图标，在弹出的快捷菜单中选择"清空回收站"命令。

3. 撤销操作

如果在完成对象的复制、移动、删除和重命名操作后，用户想要返回刚才操作的状态，单击快捷访问工具栏中的"撤销"按钮，或者按组合键 Ctrl+Z。

4. 文件或文件夹属性的查看和修改

在 Windows 10 操作系统中，文件除了有文件名，还有文件大小、占用空间、创建时间等信息，这些信息统称为文件或文件夹的属性。查看文件或文件夹的属性，可选中某个文件或文件夹，右击，在弹出的快捷菜单中选择"属性"命令。

文件的属性对话框如图 2-44 所示，其中：

"常规"选项卡：该选项卡用于标示文件类型，与文件关联的程序，文件的位置、大小和占用空间，以及文件的创建时间、最后修改时间和访问时间。

只读属性：设置为只读属性的文件只能读，不能被修改或删除，只读属性起保护作用。

隐藏属性：具有隐藏属性的文件在一般情况下是不显示的。如果设置了显示隐藏文件和文件夹，则隐藏的文件和文件夹是浅色的，以表明它们与普通文件不同。

图 2-44　文件的属性对话框

文件夹的属性对话框如图 2-45 所示，其中：

（1）"常规"选项卡：该选项卡用于标示文件类型、位置、大小和占用空间，文件夹中包含的文件和文件夹的数量，以及它的创建时间。

（2）"共享"选项卡：可以设置网络上的其他用户对本文件夹的各种访问和操作权限。

（a）"常规"选项卡

（b）"共享"选项卡

图 2-45 文件夹的属性对话框

5. "文件夹选项"对话框

通过"文件夹选项"对话框，用户可以设置文件夹的常规及显示方面的属性，设置关联文件的打开方式及脱机文件等。

（1）打开"文件夹选项"对话框的方法有以下几种：

① 单击"所有控制面板项"窗口中的"文件资源管理器选项"图标。

② 单击"此电脑"窗口中的"查看"→"选项"按钮。

（2）"文件夹选项"对话框如图 2-46 所示，包含"常规""查看""搜索"3 个选项卡。

① "常规"选项卡：该选项卡用来设置文件夹的常规属性，如图 2-46（a）所示。

② "查看"选项卡：该选项卡用来设置文件夹的显示方式，如图 2-46（b）所示。在"高级设置"列表框中显示了有关文件和文件夹的一些高级设置选项，如是否显示隐藏文件和文件夹、是否隐藏已知文件类型的扩展名等。单击"还原为默认值"按钮，则恢复为系统默认的选项设置。

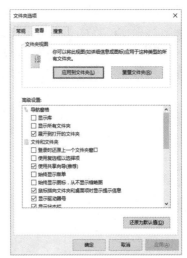

（a）"常规"选项卡　　　　　　　（b）"查看"选项卡

图 2-46　"文件夹选项"对话框

6. 创建快捷方式

快捷方式是 Windows 10 操作系统的一个重要概念。在桌面或文件夹窗口中，快捷方式与文件或文件夹的形式类似，以带有名称的图标的形式存在，图标的左下方一般有一个小箭头作为标志，如图 2-47 所示。它是一个很小的文件，其中存放的是文件或文件夹的地址，扩展名为.lnk。双击快捷方式图标，可以运行这个程序，完成打开这个文档或文件夹的操作。

图 2-47　快捷方式图标

创建快捷方式的具体方法：右击要创建快捷方式的对象，在弹出的快捷菜单中选择"创建快捷方式"命令。

快捷方式也是一个文件，它可以进行复制、移动、粘贴和重命名等操作。快捷方式只是快速打开指定对象的捷径，并非真正的原对象，因此删除快捷方式并不影响原对象的存在。

■■强化训练■■

一、选择题

1. 下面关于 Windows 10 操作系统文件名的叙述中，错误的是（　　　）。
　　A．文件名中允许使用汉字　　　　　B．文件名中允许使用多个圆点分隔符
　　C．文件名中允许使用空格　　　　　D．文件名中允许使用竖线（|）

2. 在 Windows 10 操作系统中，下列文件名中正确的是（　　　）。
　　A．teacherandstudent　　　　　　　B．teacher：student

C．teacher/student　　　　　　　　D．teacher？student

3．在 Windows 10 操作系统中，文件不包括下列（　　）属性。

　　A．系统　　　　　B．运行　　　　　C．隐藏　　　　　D．只读

4．在 Windows 10 操作系统中，要查找文件名为"game"类型的任意文件，在"搜索"对话框的"名称"文本框中输入最正确的是（　　）。

　　A．game*　　　　B．game．*　　　　C．*．game　　　D．*？game

5．在 Windows 10 操作系统的许多应用程序的"文件"菜单中，都有"保存"和"另存为"两个命令，对于已经存在的文件，下列说法中正确的是（　　）。

　　A．"保存"命令只能用原文件名存盘，"另存为"命令不能用原文件名存盘

　　B．"保存"命令不能用原文件名存盘，"另存为"命令只能用原文件名存盘

　　C．"保存"命令只能用原文件名存盘，"另存为"命令也能用原文件名存盘

　　D．"保存"和"另存为"命令都能用任意文件名存盘

二、实操题

1．在本地磁盘（E：）中建立一级文件夹"郑州旅游职业学院"和二级文件夹"旅游管理系""酒店管理系""信息工程系""社会服务系""经济贸易系""烹饪食品系""旅游外语系""机电工程系"。

2．在二级文件夹"酒店管理系"中建立三级文件夹"技能活动月""导游大赛"。

3．将三级文件夹"导游大赛"重命名为"旅游管理系导游大赛"，并移动至二级文件夹"旅游管理系"中。

4．将三级文件夹"技能活动月"的属性设置为隐藏。

项目 3　附件的使用

Windows 10 操作系统中的"附件"为用户提供了许多使用方便而且功能强大的工具。利用 Windows 10 提供的附件中的工具，可完成相应的操作任务。

任务 1　"画图"应用程序的使用

■■任务目标

（1）能够熟练操作画图工具。

（2）掌握计算器、记事本、媒体播放器的使用方法。

■■任务说明

使用"画图"应用程序，利用剪贴板复制桌面的快捷菜单。

■■任务实现

步骤 1：显示 Windows 10 操作系统的桌面，右击后弹出桌面的快捷菜单，按 Print Screen 键，复制整个桌面到剪贴板。

步骤 2：选择"开始"→"所有应用"→"Windows 附件"→"画图"命令，打开"画图"应用程序。

步骤 3：把剪贴板上的内容粘贴到"画图"应用程序中。

步骤 4：如图 2-48 所示，利用"画图"应用程序工具箱里的"选择"工具，选定图形中的快捷菜单。

步骤 5：把选定的快捷菜单复制到剪贴板上。

步骤 6：将剪贴板上的快捷菜单复制到目标位置。

图 2-48　复制快捷菜单

■知识链接■

1. 画图

"画图"程序是一个图形、图像编辑器。用户可以自己绘制图画，也可以对扫描的图片进行编辑、修改。在编辑完成后，可以.png、.jpeg、.gif 等格式存档，还可以发送到桌面和其他文本文档中。

图 2-49 所示为"画图"窗口。

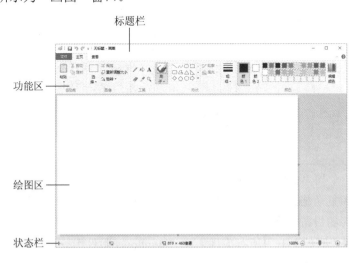

图 2-49　"画图"窗口

81

标题栏：位于窗口最上方，主要用于显示文档标题。左端为快速访问工具栏，右端为窗口控制按钮区。

功能区："主页"和"查看"两个选项卡中包含了很多功能按钮，通过这些按钮可以在绘图过程中执行更多的操作。

绘图区：用于编辑图形的空白区域，也是画图过程中最主要的应用部分。

状态栏：用于显示图像的属性信息，如当前光标的坐标信息、画布的尺寸信息等，状态栏的右端是缩放滚动条。

2. 计算器

附件中的"计算器"程序可以进行最基本的算术四则运算，也可以进行各种各样的科学计算和数据统计处理。使用计算器的具体操作方法如下：

（1）选择"开始"→"所有应用"→"Windows 附件"→"计算器"命令，打开标准型计算器窗口，如图 2-50（a）所示。此时可以进行四则运算，也可以完成取倒数和开平方运算。

（2）选择"查看"→"科学型"命令，得到一个科学型计算器，如图 2-50（b）所示。此时可以进行二进制、八进制和十六进制间的转换。

（a）标准型计算器　　　　　　　　（b）科学型计算器

图 2-50　计算器

3. 记事本

记事本是一个简单的纯文本编辑器，所谓"文本"是由文字和数字等字符组成的，不能包括图片和复杂格式的信息。记事本中可以设置字体的格式，但不能进行如字间距和段落格式等的设置。所以，记事本具有运行速度快、占用空间少的优点，使用也非常方便。选择"开始"→"所有应用"→"Windows 附件"→"记事本"命令，打开"记事本"窗口。

（1）打开一个文本文件：选择"文件"→"打开"命令，然后在"打开"对话框中选择要打开的文本文件并单击"打开"按钮，此时文本内容显示在"记事本"窗口中。

（2）创建一个新的文本文件：选择"文件"→"新建"命令，然后输入文字内容。如果需要，也可以设置所用的字体和字号，但在一个文本文件中只能指定一种字体和一种字号。

（3）保存文本文件：选择"文件"→"保存"命令，在打开的"另存为"对话框中指定目的驱动器、文件夹的文件名，单击"保存"按钮。打开一个现有的文本文件时，也可以使用这种方法来保存，此时将使用原文件名保存在原来的位置上，不再出现"另存为"对话框。

4. 媒体播放器

媒体播放器（Media Player）是一种通用的多媒体播放器，可以用于接收以当前最流行格式制作的音频、视频和混合型多媒体文件。选择"开始"→"所有应用"→"Windows Media Player"命令，即可打开媒体播放器，如图 2-51 所示。

图 2-51　Windows Media Player 窗口

标题栏：显示播放器名称及窗口控制按钮，包括"最小化"按钮、"最大化/还原"按钮和"关闭"按钮。

地址栏：位于标题栏下方，用于显示播放的文件位置，或者浏览媒体文件等。

工具栏：位于地址栏下方，用于对多媒体文件进行管理操作，包括对文件进行排序、启用媒体流和创建播放列表等，还可以在搜索框中直接搜索需要的文件。

导航窗格：位于工具栏左下方，用来快速切换媒体类型、定位文件位置等。

信息显示工作区：位于工具栏右下方，显示了当前媒体文件的详细信息。

播放控制区：位于最下方，用于控制媒体的播放状态，可以执行播放、暂停、更改播放模式、调节声音等控制操作。

任务 2 磁盘的整理

■■任务目标

（1）能够查看磁盘属性、整理磁盘碎片。
（2）掌握磁盘格式化、磁盘扫描的方法。
（3）了解注册表的使用方法。

■■任务说明

使用系统工具进行磁盘管理。浏览本地磁盘（C:），查看该磁盘空间的大小后进行碎片整理的操作。

■■任务实现

步骤 1：打开"此电脑"窗口，右击本地磁盘（C:），在弹出的快捷菜单中选择"属性"命令，打开磁盘属性对话框，如图 2-52 所示，查看磁盘空间的大小。

图 2-52 磁盘属性对话框

"常规"选项卡用于显示磁盘的容量及可用空间。

"工具"选项卡用于完成对磁盘的维护操作，单击"检查"按钮，可以检查驱动器中的文件错误；单击"磁盘清理"按钮，可以整理磁盘。

"硬件"选项卡用于显示磁盘的设备列表，包括制造商的名称和设备类型。

"共享"选项卡可用来设置共享，以便其他用户通过网络来访问此磁盘，并且可以设置访问的用户数及共享的权限。

步骤 2：选择"开始"→"所有应用"→"Windows 管理工具"→"磁盘清理"命令，打开如图 2-53 所示的磁盘清理对话框，选择要清理的驱动器，单击"确定"按钮即可。

使用磁盘一段时间之后，由于反复写入和删除文件，一些存储空间在分配时会产生许多不连续的扇区，称为碎片。大量碎片的存在会降低文件的存取速度。通过碎片整理程序可以整合碎片，使文件存储在相对连续的扇区，从而提高文件的存取速度。

步骤 3：在"此电脑"窗口中选择待整理的磁盘后，单击"驱动器工具-管理"选项卡→"管理"组→"优化"按钮，打开"优化驱动器"对话框，单击"优化"按钮，就开始整理磁盘的碎片了，如图 2-54 所示。

图 2-53　磁盘清理对话框

步骤 4：完成后，单击"关闭"按钮退出磁盘碎片整理程序。

图 2-54　"优化驱动器"对话框

注意

由于磁盘整理消耗的时间很长，所以建议用户对大容量磁盘的整理计划放在空闲时间进行。

■知识链接

1. 磁盘的管理

Windows 提供了磁盘管理功能，包括磁盘碎片整理、磁盘扫描等。掌握这些管理工具的使用方法，用户可以更好地管理计算机，提高计算机的运行速度。

1）格式化磁盘

格式化磁盘就是在磁盘上建立存放数据信息的磁道和扇区，把磁盘初始化成操作系统能够接受的格式。一个没有格式化的磁盘，Windows 是无法向其中写入数据信息的。所以，新的磁盘或新分区的逻辑磁盘，必须先对其进行格式化后才能使用。对已使用过的磁盘进行格式化时要小心，因为格式化操作将清除磁盘中的所有数据。

格式化分为快速格式化和完全格式化。快速格式化只删除磁盘上的文件，但不检查磁盘的坏扇区，这种方式只能格式化已经使用的磁盘；完全格式化会删除磁盘上的全部文件并在检查磁盘后将坏扇区标注上，对于新盘应做完全格式化。格式化磁盘对话框如图 2-55 所示。

2）磁盘扫描

磁盘是计算机中重要的存储设备，如果磁盘出现物理损坏或文件系统的错误，将有可能造成数据的丢失，所以用户应该养成定期检查磁盘的习惯。磁盘扫描主要用于检查、诊断和修复磁盘的错误。

打开"文件资源管理器"窗口，右击某个磁盘盘符，在弹出的快捷菜单中选择"属性"命令，在打开的磁盘属性对话框中选择"工具"选项卡，单击"检查"按钮，如图 2-56 所示。

图 2-55　格式化磁盘对话框　　　　　　　　图 2-56　磁盘属性对话框

2. 注册表

注册表实质上是 Windows 操作系统中的一个庞大核心数据库,最初用于存放程序关联文件,现在还集成了记录硬件、驱动、应用程序设置和位置的数据文件。注册表控制方式是基于用户和计算机的,而不依赖于应用程序或驱动。每一个注册表项控制一个用户或计算机功能,计算机功能与安装的硬件及软件有关,对于所有用户来说,注册表项都是公用的。

1）打开注册表的步骤

按组合键 Win+R,打开"运行"对话框,在文本框中输入"regedit",单击"确定"按钮,打开"用户账户控制"对话框,单击"是"按钮,弹出"注册表编辑器"窗口,如图 2-57 所示。

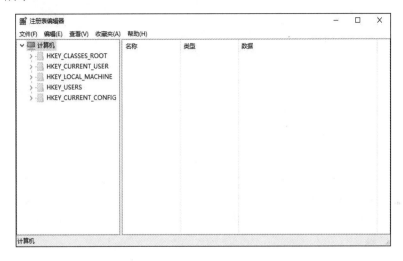

图 2-57　"注册表编辑器"窗口

2）注册表项

在"注册表编辑器"左侧窗格中,单击某个注册表项前的">"号即可展开该注册表项,显示其下面的子项。展开后">"号变成"∨"号,单击"∨"号可将该注册表项折叠起来。

3）注册表内容的导入和导出

"注册表编辑器"提供了注册表内容的导入和导出功能,用户可以将注册表项导出为普通文本文件,通过"记事本"等文本编辑软件对内容进行查看和修改,然后将修改后的注册表文件再次导入注册表内。

（1）将注册表项导出为普通文本文件。选中要导出的注册表项,选择"文件"→"导出"命令,打开"导出注册表文件"对话框,如图 2-58 所示。在"保存在"下拉列表中选择存放注册表文件的位置,在"文件名"文本框中输入该注册表文件的名字,在"导出范围"选项组中选择是"全部"还是"所选分支",单击"保存"按钮。

图 2-58　"导出注册表文件"对话框

（2）将注册表文件导入注册表。若注册表出现了错误，则可以导入事先备份的文件。打开"注册表编辑器"窗口，选择"文件"→"导入"命令，打开"导入注册表文件"对话框。选择要导入的注册表文件，单击"打开"按钮，系统进行导入操作，稍等片刻，系统提示注册表文件导入成功。

■■强化训练

实操题

查看本地磁盘（D:）的空间大小，并利用系统截屏工具将"磁盘属性"对话框粘贴到"画图"应用程序中。

单元 3　Word 2013 的使用

　　Microsoft Office 2013（又称为 Office 2013）是 Microsoft 公司开发的应用于 Microsoft Windows 操作系统的一套办公套装软件。它包括 Word、Excel、PowerPoint、Access 等应用软件。而 Word 作为文字处理软件被认为是 Office 的主要程序，其私有的 DOC 格式已经成为文字处理的一个行业标准。Word 2013 是 Office 2013 办公组件之一，主要用于文字处理工作。Word 2013 还增加了 PDF 重新排列（PDF reflow）功能。当使用者开启 PDF 档案后，可将原本固定的 PDF 版面重新排版，就像自己在 Word 中建立 PDF 文件一样。Word 2013 还增加了线上影片功能，可在 Word 文件中嵌入影片观看。

项目 1　答谢酒会策划书的制作

项目背景

××公司于 2013 年度本着"对股东负责，资产增值，稳定回报；对客户负责，服务至上，诚信保障；对员工负责，生涯规划，安居乐业；对社会负责，回馈社会，建设国家"的原则取得了骄人的成绩，为答谢新老客户，公司将于 2014 年 1 月 11 日晚 18:00～20:00 在××（酒会地点）举办新春答谢酒会。

本项目的任务是为××公司制作一份答谢酒会策划书，通过本任务，要求学生掌握利用 Word 2013 进行文档的创建、文本编辑、文字和段落的格式化、项目符号和编号的插入、日期和时间的插入等排版工作。

任务 1　策划书文档的创建

任务目标

（1）了解 Word 2013 的基本概念。
（2）掌握 Word 2013 的启动与退出。
（3）能够建立 Word 2013 文档。
（4）能够保存 Word 2013 文档。

任务说明

将新建好的文档保存为"××2013 新春答谢酒会"，并保存在 D 盘，同时设置打开文件的密码和修改文件的密码。

任务实现

步骤 1：选择"文件"选项卡→"另存为"命令，如图 3-1 所示。

步骤 2：选择"计算机"选项，在打开的"另存为"对话框中将文档 1 重命名为"××2013 新春答谢酒会"并保存在 D 盘，如图 3-2 所示。

步骤 3：在"另存为"对话框的"工具"下拉列表中选择"常规选项"选项，打开图 3-3 所示的"常规选项"对话框，为文件设置"打开文件时的密码"和"修改文件时的密码"。

图 3-1　保存操作

图 3-2　"另存为"对话框

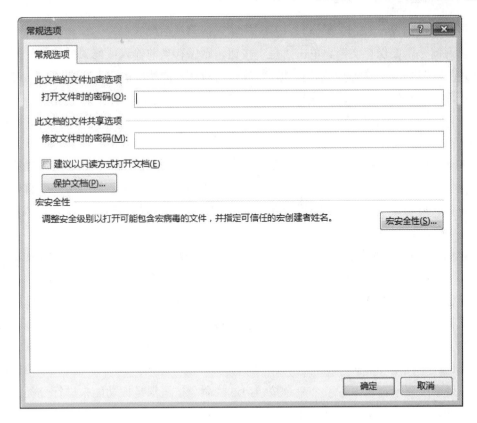

图 3-3　"常规选项"对话框

■知识链接■

1. 启动 Word 2013

在 Windows 10 操作系统环境下启动 Word 2013 的常用方法有两种：

（1）选择"开始"→"所有应用"→"Microsoft Office 2013"→"Word 2013 命令"，启动 Word 2013。

（2）双击桌面上的 Word 2013 快捷方式图标或双击扩展名为.docx 或.dotm 的文件，启动 Word 2013，同时打开被双击的文档（或模板）文件。

2. 退出 Word 2013

退出 Word 2013 的常用方法有以下几种：

（1）选择"文件"选项卡→"关闭"命令。

（2）双击 Word 2013 窗口标题栏左边的控制菜单按钮。

（3）单击标题栏右端的"关闭"按钮。

（4）按组合键 Alt+F4。

在执行退出 Word 2013 操作时，若文档输入或修改后尚未保存，那么会打开一个对话框，询问是否要保存文档。单击"是"按钮，则保存当前输入或修改的文档，同时打开"另存为"对话框；单击"否"按钮，则放弃当前输入或修改的内容，退出 Word 2013；单击"取消"按钮，则取消这次操作，继续工作。

3. Word 2013 窗口的组成

Word 2013 包含两种窗口：应用程序窗口和文档窗口。在 Word 2013 应用程序窗口中可以包含若干个被用户打开的文档窗口，当文档窗口最大化时，与应用程序窗口完全融于一体，好像是一个窗口。下面介绍 Word 2013 窗口（包括文档窗口）的组成结构，如图 3-4 所示。

Word 2013 窗口由标题栏、功能区、工作区（编辑区）和状态栏等部分组成。

1）标题栏

标题栏是 Word 2013 窗口最上端的一栏，包含快速访问工具栏（含控制菜单按钮）、当前文档的标题、应用程序的名称和 3 个控制按钮。

2）功能区

标题栏下面是功能区。功能区中有"文件""开始""帮助"等 9 个选项卡，如图 3-4 所示，每个选项卡都包含若干个命令按钮，这些命令按钮都是按功能来进行分类的。功能区中的命令按钮包括了 Word 的所有功能。

3）工作区（编辑区）

工作区是位于功能区以下和状态栏以上的区域。在工作区内可以打开一个文档，对文档内容的插入、编辑和排版等一系列工作都在工作区中进行。Word 可以打开多个文档，每个文档有自己独立的窗口。

4）状态栏

Word 2013 窗口的最下部是状态栏，它用来显示当前的一些状态，如当前光标所在的页码、当前选定的文字数量，右侧是 3 个视图切换按钮和缩放滑块。

5）标尺

Word 2013 窗口有两种标尺：垂直标尺和水平标尺。工作区左侧是垂直标尺，工作区上部是水平标尺。通过标尺可以对行、段，以及整个正文的位置、宽度和高度有一个量化的标准。在页面视图下才能显示这两种标尺，如图 3-4 所示。

6）滚动条

滚动条分为水平滚动条和垂直滚动条，作用是滚动出在视窗范围内看不见的文档内容。使用滚动条中的滑块或按钮可滚动工作区内的文档。具体操作如表 3-1 所示。

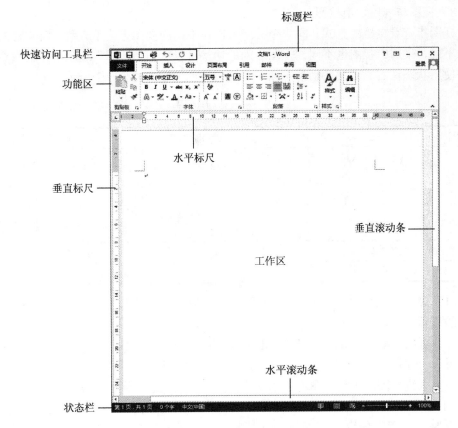

图 3-4　Word 2013 窗口的组成结构

表 3-1　滚动条中的滑块或按钮的作用

操　作	作　用
单击 ▲ 按钮	向上滚动一行
单击 ▼ 按钮	向下滚动一行
在垂直滑块上方单击	向上滚动一屏
在垂直滑块下方单击	向下滚动一屏
拖动垂直滚动条	滚动到指定的页
单击 ◀ 按钮	向左滚动
单击 ▶ 按钮	向右滚动

7）插入点和文档结束标记

当启动 Word 2013 后就自动创建一个名为"文档 1"的文档，其工作区是空的，在第一行第一列有一个闪烁着的黑色竖条（或称光标），称为插入点。输入文本时，它指示下一个字符的位置。每输入一个字符，插入点自动向右移动一格。在编辑文档时，可以移动"I"状的鼠标指针，然后单击来移动插入点的位置。

8）视图与视图切换按钮

视图指查看文档的方式。同一个文档可以在不同的视图方式下查看。对文档的操作需求不同，采用的视图也不同。视图之间的切换可以使用"视图"选项卡中的命令，也可以使用状态栏右端的视图切换按钮。常见视图间的差异如表 3-2 所示。

表 3-2　常见视图间的差异

常用视图	特　点	适用操作	缺　点
Web 版式视图	无须离开 Word 即可查看 Web 页在浏览器中的效果	浏览 Web 布局	只能对文档进行简单的文字、排版处理
页面视图	所见即所得	版面设计	处理速度慢
大纲视图	快速查看大纲	编辑文档的大纲，审阅和修改文档结构	只能对文档进行简单的文字、排版处理
阅读视图	文档可读性强	阅读长篇文章	只能对文档进行简单的文字、排版处理
草稿	编辑速度较快	文字处理	只能对文档进行简单的文字、排版处理

（1）Web 版式视图。使用 Web 版式视图可以在 Word 中浏览到 Web 页在 Web 浏览器中的显示效果。

（2）页面视图。在页面视图方式下可以看到与打印所得相同的页面效果，即"所见即所得"。平时在进行文档编辑、排版时常采用这种视图方式。

（3）大纲视图。大纲视图用于编辑或显示文档的大纲，便于查看长篇文档的结构。在大纲视图中，可以折叠文档以便只查看到某一级的标题或子标题，也可以展开文档查看整个文档的内容。在编排长文档时，尤其是标题的等级较多时采用这种视图方式。

（4）阅读视图。阅读视图最适合阅读长篇文章。以图书的分栏样式显示文档。在阅读视图中，用户还可以单击"工具"按钮选择各种阅读工具。

（5）草稿。草稿视图下仅显示标题和正文，是最节省计算机系统硬件资源的视图方式，基本上不存在由于硬件配置偏低而使 Word 2013 运行遇到障碍的问题。

4. Word 2013 的基本操作

1）新建文档

启动 Word 2013 时，可以单击创建并打开一个空文档，暂命名为"文档 1"（对应的磁盘文件名为 Doc1.docx）。以后新建的文档以创建的顺序命名为"文档 2""文档 3"等。每一个新建文档对应一个独立窗口。

新建文档的常用途径有以下几个：

（1）选择"文件"选项卡→"新建"命令，弹出"新建"窗格，该任务窗格中包括"空白文档""书法字帖""原创信函""原创报告"和"博客文章"等 26 种选项，如图 3-5 所示。

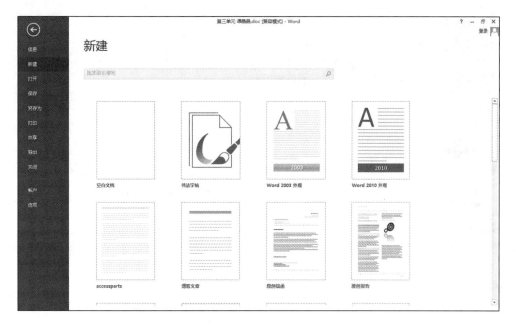

图 3-5　"新建"窗格

（2）单击快速访问工具栏中的"新建"按钮。

（3）按组合键 Alt+F，打开"文件"选项卡，用上、下方向键移动光标到"新建"命令并按 Enter 键（或直接按 N 键）。

（4）直接按组合键 Ctrl+N。

2）打开文档

用户要对一个已存在的文档进行编辑、查看、打印等操作，首先应打开此文档。

（1）打开一个或多个 Word 文档。

① 单击快速访问工具栏上的"打开"按钮 ，弹出"打开"窗格，如图 3-6 所示，可以选择需要的最近打开过的文档单击；或找到本地其他位置的文档，然后单击"打开"按钮；也可以选择"SkyDrive"选项，查找其他网络位置的文档。可以选择一个文件打开，也可以一次选择多个文件打开。配合使用 Shift 键和 Ctrl 键可以选定多个文件，然后单击"打开"按钮。

② 选择"文件"选项卡→"打开"命令。

③ 直接按组合键 Ctrl+O。

在"最近使用的文档"栏中所列出的最近使用过的文档数目默认情况下为 25 个，可以通过"文件"选项卡中的"选项"命令来修改此值。在"Word 选项"对话框中选择"高级"选项卡，在右侧窗格中找到"显示此数目的'最近使用的文档'"选项，指定具体文件数（最多可达 50 个），如图 3-7 所示。

图 3-6 "打开"窗格

图 3-7 "Word 选项"对话框

（2）"打开"对话框的使用。选择"文件"选项卡→"打开"命令，选择"计算机"选项，打开"打开"对话框，如图 3-8 所示。

图 3-8　"打开"对话框

3）文档的保存和保护

（1）新建文档的保存。完成了一篇文档的内容输入和简单排版后，为了永久保存所建立的文档，在退出前应将它作为磁盘文件保存起来。保存方法有以下几种：

① 选择"文件"选项卡→"保存"命令。

② 单击快速访问工具栏中的"保存"按钮。

③ 直接按组合键 Ctrl+S。

对新建文档第一次进行"保存"操作时，会打开"另存为"对话框，如图 3-9 所示。Word 文档保存的默认位置是"文档"文件夹，如果要在其他的文件夹中保存文档，请选择地址栏中的其他驱动器或文件夹。在"文件名"列表框中输入新的文件名，单击"保存"按钮。此时当前文档窗口的标题栏中的文件名将变为此文件名。文档保存后，该文档窗口并没有关闭，可以继续输入或编辑。

图 3-9　"另存为"对话框

（2）保存已有文档。对已存在的文件打开或修改后，用上述方法同样可以保存，不过此时不再出现"另存为"对话框。为了防止停电、死机等意外事件导致信息的丢失，在文档的编辑过程中需要经常保存文档。

（3）用另一文档名保存文档。如果要以不同的名字保存当前文档，选择"文件"选项卡→"另存为"命令，打开"另存为"对话框，把此文件以另一个不同的名字保存在同一个或不同文件夹中。原来的文档的内容和位置将不发生变化。

（4）保存多个文档。如果同时有多个打开的文档，按住 Shift 键再选择"文件"选项卡，此时"保存"命令则变为"全部保存"命令，可以一次保存所有打开的文档。

任务 2　文字的录入

■■ **任务目标** ■■■■■■■■

（1）掌握 Word 2013 的基本编辑操作。
（2）能够在 Word 2013 中输入文本。
（3）能够设置项目符号和编号。
（4）能够插入日期和时间。

■■ **任务说明** ■■■■■■■■

完成"2013 年度××新年答谢酒会策划书"的文字录入，如图 3-10 所示。

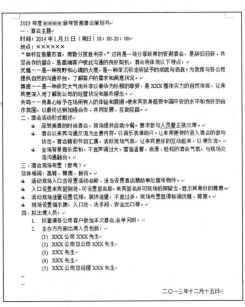

图 3-10　新年答谢酒会策划书

■ 任务实现 ■

步骤 1：打开 D 盘文件"××2013 新春答谢酒会"。

步骤 2：完成策划方案书的文字录入，如图 3-11 所示。

在新建文档窗口工作区的插入点处，输入所需的文本内容。当输入文本后，插入点会自动后移，输入文本到达右边界后，会自动换行，输入到段落结尾时，按 Enter 键，表示段落结束。当输入错误时，将插入点光标定位到错误处，按 Delete 键可以删除光标右侧的字符，按 Backspace 键可以删除光标左侧的字符。

图 3-11　策划方案书的文字录入

注意

在输入时应注意如下问题：

① 空格。空格在文档中占的宽度与字体和字号有关，与"半角"或"全角"空格也有关。"半角"空格占一个字符的位置，"全角"空格占两个字符的位置。

② 回车符与换行符。文字输入到行尾时会自动换行，当一个自然段落结束时按 Enter 键则显示回车符 ，如果要另起一行而不是另起一个段落，可以输入换行符 。

输入换行符的方法：

a. 按组合键 Shift+Enter。

b. 选择"页面布局"选项卡→"页面设置"组→"分隔符"→"自动换行符"命令。

步骤 3：为图 3-12 中所示文本部分添加项目符号。选中要被添加项目符号的文字，选中的方法有如下几种。

（1）选定任意大小文本区：将鼠标指针移到所要选定的文本区域的开始处，然后拖动鼠标直到所选的文本区的最后一个字并松开。

（2）选定大块文本：单击所选定的区域的开始处，然后按住 Shift 键，再配合滚动条将文本翻到选定区域的末尾。单击选定区域的末尾，则两次单击范围中所包括的文本就被选定。

（3）选定矩形区域中的文本：将鼠标指针移到所要选定的文本区域的左上角，按住 Alt 键，拖动鼠标直到区域右下角，放开鼠标。

（4）选定一个句子：按住 Ctrl 键，将光标移到所要选的句子的任意处单击一下。

（5）选定一个段落：将鼠标指针移到所选定段落的任意行处连击 3 下，或将鼠标指针移到所选定段落的左侧选定区，当鼠标指针变成 ⟨⟩ 时双击。

（6）选定一行或多行：将 "I" 形鼠标指针移到这一行左端的选定区，当鼠标指针变成 ⟨⟩ 时，单击一下就可选定一行文本。若拖动鼠标，则可选定若干行文本。

（7）选定整个文档：按住 Ctrl 键，将鼠标指针移到文本左侧的选定区单击，或者将鼠标指针移到文档左侧的选定区并连续快速单击 3 次，也可选择 "开始" 选项卡→"编辑" 组→"选择"→"全选" 命令或直接按组合键 Ctrl+A 选定全文。

为图 3-12 中的文字添加项目编号。使用 Ctrl 键选中要添加编号的文字。在功能区中单击 "开始" 选项卡→"段落" 组→"项目符号"（或 "编号"）下拉按钮，打开如图 3-12 所示的下拉列表，选择项目符号。

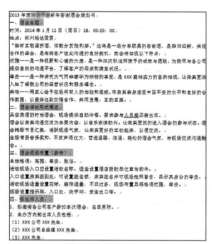 

图 3-12　添加项目符号和编号

重复执行步骤 3，得到图 3-13 所示的结果。

步骤 4：如图 3-14 所示，在文档末尾插入文档建立日期。使用 "即点即输" 功能，将光标移至文档末尾，选择 "插入" 选项卡→"文本" 组→"日期和时间" 命令，为文档插入日期和时间。

（1）即点即输。利用"即点即输"功能可以在文档的空白区域中快速插入文字、图形、表格或其他内容。只需在空白区域中双击，"即点即输"功能便会自动应用，将内容放置在双击处。例如，要创建标题页，可在空白页的中间双击并输入居中的标题，然后双击页面的右下角处并输入右对齐的作者名。

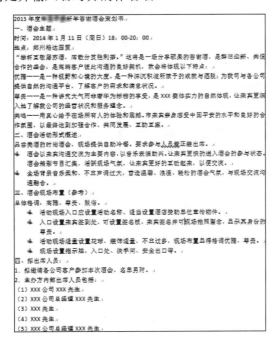

图 3-13　编辑好项目符号和编号的文本

注意

> 　　如果在文档中看不到"即点即输"指针，应先启用此功能。方法如下：选择"文件"选项卡→"选项"命令，在打开的"Word 选项"对话框中选择"高级"选项卡，勾选"启用'即点即输'"复选框，单击"确定"按钮。然后，在文档空白处单击一下启用"即点即输"指针。

（2）插入日期和时间。输入文档时，如果需要插入日期和时间，可以先将插入点移动到要插入日期和时间的位置，然后选择"插入"选项卡→"文本"组→"日期和时间"命令，打开"日期和时间"对话框，如图 3-15 所示。使用默认的有效格式，在"语言（国家/地区）"下拉列表中选择"中文"或相应的语种，在"可用格式"列表框中选择所需的显示格式，单击"确定"按钮，在文档中就出现了相应的日期或时间。

如要使插入的日期和时间随系统时间更新，则在"日期和时间"对话框中，勾选"自动更新"复选框，单击"确定"按钮。此时插入的日期和时间会随着系统时间自动更新，不需要手动修改。

图 3-14　日期和时间的插入　　　　　　　　图 3-15　日期和时间对话框

知识链接

1. 文本的编辑

1）定位插入点

在文本区域中不断闪烁着的黑色竖条就是插入点，插入点指示将要插入的文字或图形的位置，以及各种编辑命令生效的位置。

2）选定文本

对某段文本进行移动、复制、删除等操作时，必须先选定文本。如果要取消选择，将鼠标移至选定文本外的任何区域单击即可。

在文档的编辑区鼠标指针显示为"I"形，编辑区的左侧空白区域为文档选定区，在选定区时鼠标变为向右上方倾斜的箭头 ↗。

3）对选定文本块的删除、复制和移动

在输入文档的过程中，常常会有不满意的地方需要进行修改，删去一句或一段，或者把一个段落移动到另一个地方。Word 2013 中提供的操作命令可以使这些文本编辑很容易地实现。

（1）删除选定内容。按 Backspace 键可删除插入点左边的字符或汉字，按 Delete 键可删除右边的字符或汉字，如果配合选定操作，可以一次性删除大块的选定内容。此外，删除选定内容还可以用剪切的方法：选定要删除的文本块，单击"开始"选项卡→"剪贴板"组→"剪切"按钮。

（2）复制选定内容。在编辑文本的过程中，当文档需要重复的内容或段落时，使用复制命令进行编辑是提高工作效率的有效方法。用户不仅可以在同一篇文档内复制内容，而且可以在不同文档间复制内容，甚至还可以将内容复制到其他应用程序的文档中。复制文本的步骤如下：

① 选定要复制的文本块。

② 单击"开始"选项卡→"剪贴板"组→"复制"按钮，或按组合键 Ctrl+C。此时所选定的文本的副本被临时保存在剪贴板之中。

③ 将插入点移到复制的目标位置，单击"开始"选项卡→"剪贴板"组→"粘贴"按钮，或按组合键 Ctrl+V，就可将剪贴板中的内容复制到新位置。

如果同一内容要进行多次复制，只需要重复③便可。

（3）移动是将字符或图形从原来的位置删除，插入另一个新位置。

移动选定内容的操作：把鼠标指针移动到选定的文本块中，按住鼠标的左键拖动文本，这时鼠标指针下会出现一个小虚线框　，同样前方出现虚插入点，将虚插入点移动到目标位置，放开鼠标左键就可达到移动的目的。如果按住鼠标右键拖动到目标位置，则会弹出快捷菜单，选择"移动到此位置"命令即可。这种用鼠标的方法适合较短距离的移动，如移动的范围在一屏之内。

要远距离移动选定的内容，可以使用剪贴板方法移动文本，利用"剪切"和"粘贴"命令，具体操作同复制文本。

此外，在操作过程中还可以使用快捷键或快捷菜单，使用快捷菜单移动文本的操作步骤与上述方法类似，所不同之处在于它使用快捷菜单中的"剪切"和"粘贴"命令。剪切命令的快捷键为 Ctrl+X，复制命令的快捷键为 Ctrl+C，粘贴命令的快捷键为 Ctrl+V。

2. 插入符号或特殊内容

处理文档时可能需要输入（或插入）一些特殊字符，如希腊字母、俄文字母、数字序号等，这些符号不能直接从键盘输入，插入符号或特殊字符的方法有使用菜单命令或使用汉字输入法提供的软键盘功能。

1）使用菜单命令插入符号

使用菜单命令插入符号的操作步骤如下：

（1）将插入点移到要插入符号的位置。

（2）选择"插入"选项卡→"符号"组→"符号"→"其他符号"命令，打开"符号"对话框，如图 3-16 所示。

（3）在"符号"选项卡中选择"字体"下拉列表中的项目，将出现不同的符号集。

（4）单击要插入的符号或字符，再单击"插入"按钮（或直接双击要插入的符号或字符）。

（5）插入多个字符可重复步骤（3）和（4）。最后，单击"关闭"按钮关闭对话框。

2）使用软键盘插入符号

使用软键盘插入符号的操作步骤如下：

（1）选择一种中文输入法，如智能 ABC 拼音输入法。

（2）右击输入法状态栏最右端的"屏幕小键盘"按钮，弹出各种符号菜单，系统默认设置为"PC 软键盘"，如图 3-17 所示。

（3）选择所要输入文本的类型，如选择"希腊字母"，屏幕将显示如图 3-18 所示的软键盘，这时就可以进行特殊符号的输入。例如，按 A 表示输入 κ 。

（4）特殊符号输入完毕后，单击"屏幕小键盘"按钮，则关闭软键盘。

图 3-16　"符号"对话框

图 3-17　小键盘符号菜单

图 3-18　软键盘

3. 插入脚注和尾注

在编写文章时，常常需要对一些名词、事件加以注释或者注明一些从别的文章中引用的内容，这被称为脚注或尾注。脚注和尾注都是注释，唯一的区别是脚注放在每一页的底部，而尾注是在文档的结尾处。若用手工添加脚注和尾注，既麻烦又容易出错，Word 2013 提供了插入脚注和尾注的功能，操作步骤较为简单，且不易出错。

Word 2013 添加的脚注（或尾注）由两个互相链接的部分组成，即注释标记和对应的注释文本。Word 2013 可自动为标记编号或由用户创建自定义标记。删除注释标记时，与之对应的注释文本同时被删除。添加、删除或移动自动编号的注释标记时，Word 2013 将对注释标记重新编号。

添加脚注（或尾注）的方法如下：

（1）将插入点移到需要插入脚注（或尾注）的文字之后。

（2）选择"引用"选项卡→"脚注"组→"插入脚注"（或"插入尾注"）命令，可插入脚注或尾注。也可单击"脚注"组的对话框启动器按钮，打开"脚注和尾注"对话框，如图 3-19 所示。

（3）在对话框中点选"脚注"或"尾注"单选按钮，设置好需要的格式后单击"插入"按钮，这时光标会自动调至本页的末尾，此时即可输入脚注。

（4）输入注释文字后，在文档任意处单击一下即可退出注释的编辑，完成插入操作。

如果要删除脚注或尾注，则先选定脚注或尾注号，然后按 Delete 键即可。

4．查找与替换

（1）选择"开始"选项卡→"编辑"组→"查找"命令或按组合键 Ctrl+F，打开"导航"窗格，如图 3-20 所示。在"导航"窗格中的查找内容文本框中输入要查找的文本或者是要替换的文本即可。

图 3-19　"脚注和尾注"对话框　　　　　　图 3-20　导航窗格

（2）也可以选择"开始"选项卡→"编辑"组→"替换"命令，打开"查找和替换"对话框，进行查找或替换，如图 3-21 所示。

图 3-21　"查找和替换"对话框

5．撤销与重复

撤销与重复的操作对象可以是刚刚输入的一个字符、一段文本，也可以是刚执行的一个命令。Word 2013 可以记录许多编辑的具体操作顺序。当编辑过程中发生了某些错误时，允许进行撤销操作。实现撤销或重复操作的步骤如下：单击快速访问工具栏中的"撤销"按钮 ↚‧ 或"重复"按钮 ↻，该命令后面会添加操作的名称，如刚执行了粘贴操作，那么这组命令就变成"撤销粘贴"或"重复粘贴"，单击按钮便可完成相应操作。

6. 文档中波形下划线的含义

（1）文档中红色和绿色波形下划线的含义。在没有设置下划线格式的情况下，当Word 2013处于检查"拼写和语法"状态时，红色波形下划线表示可能的拼写错误，绿色波形下划线表示可能的语法错误。

选择"文件"选项卡→"选项"命令，在打开的"Word选项"对话框中选择"校对"选项卡，在右侧窗格中勾选或取消勾选"键入时检查拼写"以及"键入时标记语法错误"即可启动或关闭检查"拼写和语法"状态。勾选或取消勾选"只隐藏此文档中的拼写错误"以及"只隐藏此文档中的语法错误"即可显示或隐藏出现的红色和绿色波形下划线。

（2）文档中蓝色与紫色下划线的含义。Word 2013系统默认蓝色下划线的文本表示超链接，紫色下划线的文本表示使用过的超链接。

任务3　策划书的排版

▋■任务目标▋▋

（1）能够设置Word 2013的文字格式。
（2）能够设置Word 2013的段落格式。

▋■任务说明▋▋

完成"2013年度××新年答谢酒会策划书"的排版，效果如图3-22所示。

图3-22　2013年度××新年答谢酒会策划书

任务实现

步骤 1：选中标题文字，选择"开始"选项卡，单击"字体"组中的对话框启动器按钮，打开"字体"对话框。在"字体"选项卡中将标题文字设置为"宋体""三号""加粗"；单击"段落"组中的对话框启动器按钮，打开"段落"对话框，将"对齐方式"设置为"居中"，如图 3-23 所示。

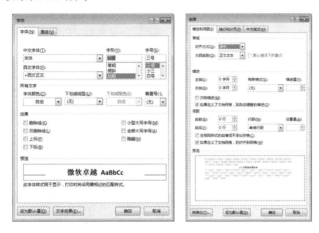

图 3-23　设置字体、段落格式

步骤 2：选中除标题外的所有文字，重复步骤 1，将正文文字设置为"宋体""四号"，行距设置为 1.5 倍行距。

步骤 3：选中图 3-24 中的文本部分，选择"开始"选项卡，单击"段落"组中的对话框启动器按钮，打开"段落"对话框。

在"特殊格式"下拉列表中选择"首行缩进"选项，"缩进值"设置为"2 字符"。重复执行步骤 3，直至达到图 3-22 所示的效果。

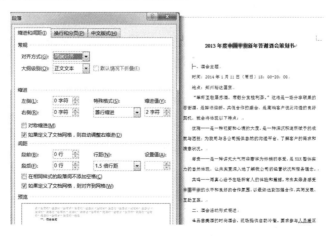

图 3-24　设置首行缩进

■知识链接■

1. 文字的格式

文字的格式主要是指字体、字形、字号。此外，还有文字颜色的设置、边框、加下划线和着重号、改变文字的间距和位置等。

对文字进行详细格式的设置可以使用图 3-23 所示的"字体"对话框，该对话框包含了以下两个选项卡：

1)"字体"选项卡

图 3-23 所示为"字体"选项卡。因为选定的文本可能是中、英文混合的文字格式，为了避免英文字体按中文字体来设置，此选项卡中的"中文字体"和"西文字体"下拉列表分别用于设置所需的中、英文字符的字体。

"字形"列表框用于给选定的字符或文字设置加粗或倾斜的字体效果。

"字号"列表框用于设置选定字符或文字的大小。

"字体颜色"下拉列表用于给字符或文字设置不同的颜色。默认为自动设置（黑色）。

"下划线线型"及"下划线颜色"下拉列表用于给选定的字符添加各种形式和颜色的下划线。

"着重号"下拉列表用于给选定的字符或文字添加着重号。可和下划线同时选择。

在"字体"选项卡中，还有一组如删除线、上标、下标等"效果"的复选框，勾选某复选框，可以使字体格式得到相应的效果，尤其是上标、下标，在制作简单的公式时很实用。

2)"高级"选项卡

有时由于排版的要求，需要改变字符间距、字宽度和水平位置。此选项卡中的选项可以设置字符之间的距离及字符的位置。

"缩放"下拉列表用于设置字符的宽度和高度之间的比例，可以在列表中选择一种比例或直接输入比例数。

"间距"下拉列表用于设置字符间的距离，列表中有"标准""加宽""紧缩"3 种间距。选择后 2 种间距时，通过改变"磅值"中的数字或直接填上具体的间距值来进行设置。

"位置"下拉列表中有"标准""提升""降低"3 种位置。选择"提升"或"降低"时，可在其右边"磅值"中填入具体的提升或降低值。

"文字效果"按钮用于设置文字的填充和边框效果。

如果要进行简单文字格式的设置，还可以使用"开始"选项卡中的"字体"组或"段落"组中的命令按钮，如图 3-25 所示。

2. 段落对齐方式

段落对齐方式包括"两端对齐""左对齐""居中""右对齐""分散对齐"5 种，可以使用"段落"对话框，还可以使用"段落"组中的"两端对齐"按钮▤、"左对齐"按钮▤、"居中"按钮▤、"右对齐"按钮▤和"分散对齐"按钮▤进行设置。

图 3-25　"字体"组及"段落"组的命令按钮

设置段落对齐方式的快捷键如表 3-3 所示。

表 3-3　设置段落对齐方式的快捷键

快捷键	作　用
Ctrl+J	使选定的段落两端对齐
Ctrl+L	使选定的段落左对齐
Ctrl+R	使选定的段落右对齐
Ctrl+Shift+D	使选定的段落分散对齐

3．行距

行距有 3 种定义标准：①按照倍数来划分，有单倍行距、1.5 倍行距、2 倍行距和多倍行距几种规格；②最小值标准；③固定值。它们的特征如下：

（1）最小值行间距：为了恰好容纳本行中最大的文字或图形，Word 在调整行距时所能使用的最小行距增量。

（2）单倍行距：行间距等于本行中最大的文字或图形的尺寸，再加上一小段额外的间距。额外间距的大小取决于所用的字体。

（3）1.5 倍行距：为单倍行距的 1.5 倍。例如，对于字号为 10 磅的文本，在使用 1.5 倍行距时，行距约为 15 磅。

（4）多倍行距：以单倍行距为基数，行距按设定的倍数增大或减小。例如，将行距设置为 1.4 倍，则行距将增加 40%；而将行距设置为 0.7 倍，则行距将缩小 30%。默认的倍数为 3。

（5）固定值行距：选择"固定值"标准的行距时，行距固定，Word 不进行自动调整，该选项使各行间距相等。此时，如果字符的尺寸增大，前、后两行之间可能会出现相互遮挡的现象。

4．缩进

"特殊格式"下拉列表中主要有"首行缩进"和"悬挂缩进"两个选项。

"首行缩进"：段落中的第一行缩进，其他位置不动。

"悬挂缩进"：控制除段落第一行以外的其余各行的起始位置，不影响第一行。

除此以外，段落对话框中还有左缩进和右缩进两种模式。左缩进主要用于控制整个段落的左边界，右缩进主要用于控制整个段落的右边界。

以上 4 种缩进方法均可以通过移动标尺上的滑块来快速实现，如图 3-26 所示。

图 3-26　标尺上的缩进滑块

5. 添加下划线、边框和底纹等效果

如果要对选中的文本进行一些简单的边框和底纹的设置，操作步骤如下：

选择"开始"选项卡→"段落"组→"底纹"（或边框）命令，可以在打开的下拉列表中对选中的对象设置边框和底纹等效果，如图 3-27 所示。在边框下拉列表中选择"边框和底纹"选项，打开"边框和底纹"对话框，可以对"边框""页面边框""底纹"进行详细设计。

6. 格式的复制和清除

"格式刷"按钮具有将一部分文字设置的格式复制到另一部分的文字上，使其有同样格式的功能，它可以非常方便地复制文字的字体、字号、字符颜色，甚至段落格式等。如果觉得设置好的格式不满意，也可以将其清除。

1）格式的复制

（1）选定已设置好格式的文本区域。

（2）选择"开始"选项卡，在"剪贴板"组中单击或双击"格式刷"按钮（单击，格式效果只能使用一次；双击可使用多次），此时鼠标指针变成刷子形。

（3）将鼠标指针指向要复制格式的文本，从开始处拖动到文本结束处，松开鼠标左键即可。

若双击后想取消格式刷功能，只需再单击"格式刷"按钮或按 Esc 键即可。

2）格式的清除

若想取消设置的所有格式，恢复到默认状态，可选定要删除　图 3-27　边框下拉列表
格式的文本，选择"开始"选项卡→"样式"组→"样式"→"清除格式"命令。另外，可以使用组合键 Ctrl+Shift+Z 来清除文本的格式。

7. 设置段间距

段落的产生与段落标记符的设置是同时发生的，设置段落标记的方法相当简单，每按一次 Enter 键，文章便开始一个新的段落，同时，在其前一段的末尾会自动增加一个段落标记"↵"。段间距指的是段落与段落之间的距离，而行间距就是相邻两行之间的距

离。要改变段间距，先要选中需要调整间距的段落，然后单击"页面布局"选项卡中的"段落"对话框启动器按钮，打开"段落"对话框。在"缩进和间距"选项卡的"间距"选项组中，设置或调整"段前"与"段后"文本框中的数值即可改变段落之间的距离。

8. 设置段落的边框和底纹

边框和底纹使文档更加美观，使段落更加突出、醒目。为段落加边框和底纹的方法与为文本加边框和底纹的方法相似，不同的地方在于："边框"和"底纹"选项卡的"应用范围"应选择"段落"选项。

通过选择"开始"选项卡→"段落"组→边框或"底纹"命令，设置段落的边框和底纹格式。

■强化训练

一、选择题

1. Word 2013 文档默认的扩展名是（　　）。
    A．.doc   B．.docx   C．.wrd   D．.txt

2. 在 Word 2013 中，保存文件可以用组合键（　　）。
    A．Alt + S   B．Ctrl + V   C．Ctrl + W   D．Ctrl + S

3. 在 Word 2013 中，可以用组合键（　　）选定整个文档的内容。
    A．Ctrl + C   B．Ctrl + End   C．Ctrl + A   D．Ctrl + F8

二、实操题

1. 新建一个文档，输入下图所示的文本内容，要求标点全部使用中文格式，英文使用半角格式，并以"W01.docx"为文件名保存在"文档"中，但不关闭该文档窗口。

> 电子计算机发明以前，勤劳、智慧的中国人民就发明了算盘，这是世界上最早的计算工具。17 世纪，欧洲的一些数学家开始设计和制造以数字形式进行基本运算的数字计算机。1642 年，法国数学家帕斯卡采用与钟表类似的齿轮传动装置，发明了最早的十进制加法器。1678 年，德国数学家莱布尼茨发明成的计算机，进一步解决了十进制数的乘、除运算。
> 英国数学家巴贝奇在 1822 年制作差分机模型时提出一个设想：每次完成一次算术运算将发展为自动完成某个特定的完整运算过程。1834 年，巴贝奇设想了一种程序控制的通用分析机，但限于当时的技术条件而未能实现。巴贝奇的设想提出以后的一百多年间，电磁学、电工学、电子学不断取得重大进展，在元件、器件方面接连发明了真空二极管和真空三极管；在系统技术方面，相继发明了无线电报、电视、雷达……所有这些成就为现代计算机的发展准备了技术和物质条件。
> 在英国，1940～1947 年间也相继发明了继电器计算机 MARK-1、MARK-2、Model-1、Model-5 等。不过，继电器的开关速度大约为百分之一秒，使计算机的运算速度受到很大限制。

2. 为"W01.docx"添加标题"计算机的发展"，字体设置为"黑体""三号"，并将正文文本行间距设置为"1.5 倍行距"，然后按原文件名保存。

项目 2 答谢酒会邀请函的制作

◎ 项目背景 ◎

在单元 3 项目 1 已经完成的基础上，根据酒会策划书所制作的方案风格及邀请名单，设计一份答谢酒会邀请函。通过本任务，学生应掌握 Word 2013 中版面格式的设置，图片、图形、艺术字及文本框的插入方法；能够根据实际需要对 Word 文档进行排版，包括页面大小的设置、页边距的设置等；能够掌握图片基本格式的编辑方法，包括图片的大小、文字环绕等操作。

任务 1 邀请函页面版式的设置

■任务目标■

（1）掌握 Word 2013 文档插入分页符、设置首字下沉、设置水印等操作。
（2）能够设置 Word 2013 文档的页面版式。
（3）能够设置 Word 2013 文档的分栏操作。
（4）能够设置 Word 2013 文档的水印效果。
（5）能够设置 Word 2013 文档的首字下沉效果。

■任务说明■

完成酒会邀请函页面版式的设置，效果如图 3-28 所示。

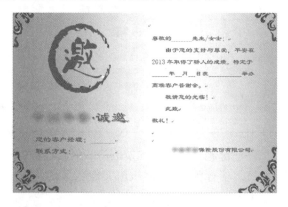

图 3-28 酒会邀请函

■任务实现

步骤 1：新建空白文档，将文件名命名为"酒会邀请函"，并保存到 D 盘。

步骤 2：单击"页面布局"选项卡中的"页面设置"对话框启动器按钮，打开如图 3-29

所示的"页面设置"对话框。在"页边距"选项卡中将页面方向调整为"横向"，页边距"上""下""左""右"都设置为"2 厘米"。选择"纸张"选项卡，在"纸张大小"下拉列表中选择"B5"选项卡，"宽度"和"高度"分别设置为"18.2 厘米"和"25.7 厘米"。

在创建文档时，Word 预设了一个以 A4 纸为基准的 Normal 模板，其版面几乎可以适用于大部分文档。用户也可以根据需要重新设置页面，页面的格式包括页面纸张的大小，页内文本到纸张上、下、左、右边缘的距离，页码的位置和形式，页眉和页脚的形式等。

步骤 3：单击"页面布局"选项卡→"页面设置"组→"文字方向"下拉按钮，打开如图 3-30 所示的下拉列表，将文字方向设置为水平。

步骤 4：单击"页面布局"选项卡→"页面设置"组→"分栏"下拉按钮，打开如图 3-31 所示的下拉列表，选择"两栏"选项，得到如图 3-32 所示的结果。

图 3-29　"页面设置"对话框

图 3-30　设置文字方向

图 3-31　设置分栏

从图 3-32 中可以看出，分栏后的标尺已经将版面隔离成独立的两个部分。

Word 2013 提供了强大的分栏排版功能。若要对整个文档分栏，则将插入点移到文本任意处；若要对部分段落分栏，则应先选定这些段落，然后单击"页面布局"选项卡→"页面设置"组→"分栏"下拉按钮，在打开的下拉列表中选择"更多分栏"选项，打开"分栏"对话框进行设置。在"栏数"文本框中输入分栏数，或者在"预设"选项组中选择"一栏"、"两栏"、"三栏"、"左"或者"右"选项。在"宽度和间距"选项组中设置栏宽和栏间距。

图 3-32　分栏设置效果

如果要在栏间设置分隔线，需勾选"分隔线"复选框。若要使各栏宽相等，要勾选"栏宽相等"复选框。

注意

当对整篇文档或文档最后的段落进行分栏时，若显示的结果未能达到预期效果，则需在文档结束处插入一个分节符，再分栏。只有在页面视图或打印预览下才能显示分栏效果。

知识链接

1. 使用"页面设置"

纸张的大小、页边距确定了可用文本区域。文本区域的宽度是纸张的宽度减去左、右页边距，文本区的高度是纸张的高度减去上、下页边距。

使用"页面设置"命令的方法如下：

单击"页面布局"选项卡中的"页面设置"对话框启动器按钮，打开"页面设置"对话框，如图 3-29 所示，对话框中包含 4 个选项卡，分别是"页边距"选项卡、"纸张"选项卡、"版式"选项卡和"文档网格"选项卡。

（1）"页边距"选项卡用于设置上、下、左、右的页边距以及页眉、页脚的位置。在相应的文本框中输入数值，可在"预览"栏中看到设置效果。若只修改文档中一部分文本的页边距，可在"应用于"下拉列表中选择"所选文字"选项。通常选用的是"整篇文档"。如果要设置一个装订边，那么可以在"装订线"文本框中填入边距的数值，并设置"装订线位置"。该选项卡可以设置纸张的打印方向，在"纸张方向"选项组中设置纸张为"纵向"或"横向"，设置完成后可在"预览"栏中观察设置后的效果。

（2）"纸张"选项卡用于设置纸张的大小。单击"纸张大小"下拉按钮，在打开的标准纸张列表中选择一项，也可选择"自定义大小"选项，并在"宽度"和"高度"文本框中分别填入纸张大小。

（3）"版式"选项卡用于设置页眉、页脚在奇数页还是偶数页，以及首页是否相同。"垂直对齐方式"可以在文档内容较少时，用于设置文本打印在纸张的顶端、居中还是两端对齐。

（4）"文档网格"选项卡用于设置每一页面的行数与每行的字符数，还有显示行、列网格的功能，一般使用默认字符数，Word 会根据纸张的大小、字体的大小决定每页中的行数和每行中的字符数，也可以自行设置。在此选项卡中还可更改字体、字号，进行分栏等操作。

2. 插入分页符

Word 具有自动分页功能。当输入的文本或插入的图形满一页时，自动进入下一页。在编辑排版后，Word 会根据情况自动调整分页的位置。为了将文档的某一部分内容单独形成一页，往往需要通过插入分页符进行人工分页。插入分页符的方法如下：将插入点移动到新的一页开始处，单击"页面布局"选项卡→"页面设置"组→"分隔符"下拉按钮，在打开的如图 3-33 所示的下拉列表中选择相应选项即可设置分页符。

分页符其实只是一个比较特殊的字符，同样可以进行选取、移动、复制和粘贴，不过一般很少这么用，因为插入分页符有一个很方便的组合键 Ctrl+Enter。分页符插入以后会自动占据一行。

3. 首字下沉

所谓首字下沉，就是将文档中某一段落的第一个字符放大数倍，以吸引读者的注意。

单击"插入"选项卡→"文本"组→"首字下沉"下拉按钮，在打开的下拉列表中选择"首字下沉"选项，打开"首字下沉"对话框，如图 3-34 所示。

图 3-33　"分隔符"设置

图 3-34　"首字下沉"对话框

在"位置"选项组中的"无""下沉""悬挂"3 种下沉样式中选择一种；
在"选项"选项组中选定首字的字体，调整下沉行数与距其后正文的距离。
设置完毕，单击"确定"按钮。设置结果如图 3-35 所示。

> **郑** 州旅游职业学院自建校以来，学校秉承"以人为本"的教育理念，坚持面向
> 社会、面向市场，面向学生的办学思路，成为河南省旅游人才的培养基地，
> 多次受到国家、省、市各级的表彰和奖励。

图 3-35　"首字下沉"设置结果

4. 水印

水印是背景之一，它不但能美化文档，而且能向读者传递某种特殊的信息。水印经常出现在需要采取防伪措施的文件、书刊及宣传材料中，印刷时，通常水印呈现灰色，它对正文内容没有任何影响。例如，一份绝密文件的页面上添加"绝密"字样的水印后，能够随时提醒读者这是一份绝密文件。利用"设计"选项卡中的"水印"命令可以给文档设置水印背景。

在 Word 2013 中设置水印的方法如下：

单击"设计"选项卡→"页面背景"组→"水印"下拉按钮，在打开的下拉列表中选择"自定义水印"选项，打开"水印"对话框，如图 3-36 所示。

（1）点选"文字水印"单选按钮，在"文字"文本框中输入所需的文字（也可选用下拉列表中的文字）；选定"字体""字号"和"颜色"3 个下拉列表中所需的值；在"版式"选项组中点选"斜式"或"水平"单选按钮。

（2）点选"图片水印"单选按钮，单击"选择图片"按钮，从硬盘上选择一个作为背景水印的图片，选定图片的缩放百分比，以及是否使用冲蚀效果。

（3）单击"确定"按钮，水印即出现在页面上。

图 3-36　"水印"对话框

任务 2　邀请函中图案的制作

■任务目标■

（1）能够设置文档背景。
（2）能够插入图片，并设置图片格式。

■■**任务说明** ▓▓▓▓▓▓▓▓▓▓▓▓▓▓▓▓▓▓▓▓

完成酒会邀请函中图案的制作，如图 3-37 所示。

图 3-37　酒会邀请函中图案的制作效果

■■**任务实现** ▓▓▓▓▓▓▓▓▓▓▓▓▓▓▓▓▓▓▓▓

步骤 1：单击"设计"选项卡→"页面背景"组→"页面颜色"下拉按钮，在打开的下拉列表中选择"填充效果"选项，打开"填充效果"对话框，如图 3-38 所示。在"渐变"选项卡中，将"颜色"设置为"双色"。在"颜色 1"下拉列表中选择"其他颜色"选项，打开"颜色"对话框，并在"自定义"选项卡中，将颜色设置为如图 3-38 所示的淡粉色，并关闭"颜色"对话框。

图 3-38　"填充效果"对话框

将"颜色 2"设置为"白色"。在"渐变"选项卡中，将"底纹样式"设置为"垂直"，选中"变形"选项组左下角的样式。

调整后得到如图 3-39 所示的效果。

步骤 2：选择"插入"选项卡→"插图"组→"图片"命令，打开如图 3-40 所示的"插入图片"对话框，选择"库"→"图片"选项，选中"花纹边角"图案，将其插入图 3-39 所示的图片中，得到图 3-41 所示的效果。

图 3-39　填充效果　　　　　　　　　　图 3-40　"插入图片"对话框

单击图片右侧的"布局选项"按钮，然后单击"文字环绕"选项组中的"衬于文字下方"按钮，同时点选"在页面上的位置固定"单选按钮，将图片并移至版面左上角，如图 3-42 所示。

图 3-41　花纹边角图案效果　　　　　　图 3-42　调整后的图案效果

对于插入的图片，我们也可以对其进行位置和大小的改变。步骤如下：

（1）单击选定的图片，图片周围出现 8 个控制块。将鼠标指针放在图片上的任意位置，当指针变为十字形时，拖动它可移动到新的位置。

注意

嵌入型图片不能用鼠标拖动来改变其位置。

（2）将鼠标指针放到图片的 8 个控制块处，此时指针会变成水平、垂直或斜对角的双向箭头，按住鼠标左键并拖动指针可改变图片水平、垂直或斜对角方向的大小。

（3）对于图片同样也可以进行复制、移动和粘贴的操作，方法与对字符的操作相同。删除图片的方法比较简单，选中要删除的图片，按 Delete 或 Backspace 键即可。

选中"边角花纹"图案，利用组合键 Ctrl+C 进行复制，同时使用组合键 Ctrl+V 进行粘贴，在页面上复制出另一个"边角花纹"图案。右击图片，在弹出的快捷菜单中选择"大小和位置"命令，打开"布局"对话框，在"大小"选项卡中的"旋转"文本框中输入"90°"，单击"确定"按钮，将"边角花纹"图案顺时针旋转 90°，并将其放在页面右上角，如图 3-43 所示。

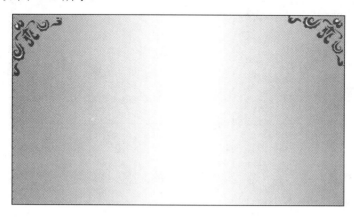

图 3-43　在右上角复制一个"边角花纹"

重复步骤 2，直至达到图 3-44 所示的效果。

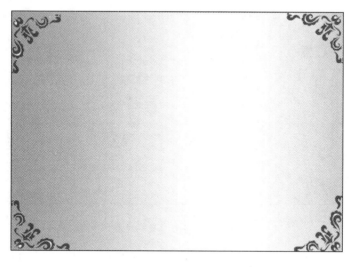

图 3-44　在其他两个角复制"边角花纹"

步骤 3：选择"插入"选项卡→"插图"组→"图片"命令，打开"插入图片"对话框，选择"库"→"图片"选项，选中"邀"图案，将其插入图 3-44 所示的文档中，得到图 3-45 所示的效果。

图 3-45　加入图形文字"邀"

　　设置图片格式，将文字"邀"裁剪为合适的大小，同时将"文字环绕"方式更改为四周环绕型，如图 3-46 所示。

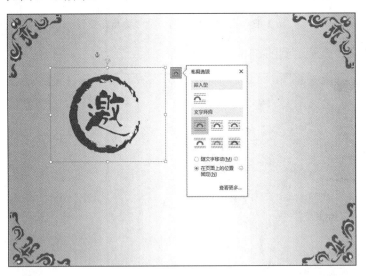

图 3-46　调整图形文字"邀"

　　图片格式的设置方法如下：插入 Word 的图片，默认情况下环绕方式为"嵌入型"。单击选定图片后，图片周围出现 8 个黑色（或空心）小方块，拖动这 8 个控制块可以改变图片的大小。右击图片，在弹出的快捷菜单中选择"设置图片格式"命令，在窗口右侧弹出"设置图片格式"窗格，如图 3-47 所示，利用窗格内的选项可以设置图片的线条填充、效果、布局属性和图片更正等。

图 3-47 "设置图片格式"窗格

■ **知识链接** ■

1. 插图

使用 Word 2013 的插图功能，可以为文档插入图像、视频、形状、图表、SmartArt 图形或文本框等，如图 3-48 所示，用户可以选择"插入"选项卡→"插图"组→"联机图片"命令，打开"插入图片"对话框（图 3-49），可以利用"必应图像搜索"搜索所需的图片。

图 3-48 插图功能

图 3-49 "插入图片"对话框

2. 图片编辑

Word 2013 提供了方便图片控制和操作的布局功能。在文档中，单击任何图像、视频、形状、图表、SmartArt 图形或文本框，即可使用"布局选项"按钮、可见锚、实时布局、对齐参考线等功能对图片进行编辑。

"布局选项"按钮：单击这个按钮可以从级联菜单中快速选择不同的文字环绕方式，可以方便用户在文档编辑时快速选择和改变图片布局。

可见锚：浮动图像可以作为隐藏的字符附加到文本，这个隐藏字符就是"锚"。

实时布局：当拖动图片到目标位置，松开鼠标左键后，文档其余部分内容位置会发生变化更新，方便用户在对图片做移动、调整大小或者旋转后实时看到文档的新布局效果。

对齐参考线：将对象集中放置在一些特殊的区域，如页面边缘、与页面边缘的对齐页或与文本的段落对齐等。这时除了使用实时布局，还可以使用对齐参考线，其可帮助用户在调整图文时更加直观地查看重要区域是否对齐。

任务 3　艺术字的设计与编排

■■任务目标■■

能够插入艺术字并设置艺术字的格式。

■■任务说明■■

根据图 3-50 所示，在图 3-46 的基础上添加"××·诚邀"字样。

图 3-50　插入艺术字效果

■■任务实现■■

步骤 1：单击"插入"选项卡→"文本"组→"艺术字"下拉按钮，在打开的下拉列表中选择要应用的艺术字效果，如图 3-51 所示，单击选定第 3 行第 3 个艺术字样式。此时，文档工作区中会自动弹出图文框，在图文框内输入"××·诚邀"。

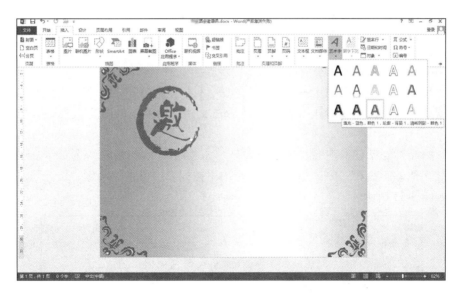

图 3-51　插入艺术字

步骤 2：单击图文框，拖动图文框至文档的合适位置，并拖动图文框四周控制块，调整图文框大小。

步骤 3：全选图文框内文字，右击，在弹出的快捷菜单中选择"字体"命令，打开如图 3-52 所示的"字体"对话框，设置中文字体为"隶书"，字形为"加粗"，字号为"初号"，字体颜色为"红色"（下方红线区域内可以看到测试效果），单击"确定"按钮。

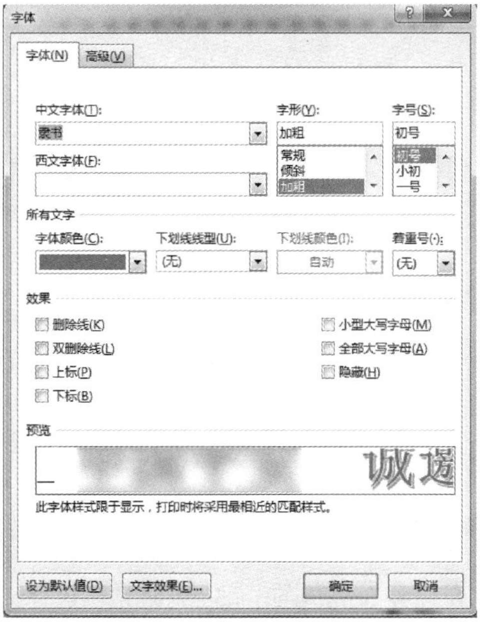

图 3-52　"字体"对话框

■**知识链接**■

在 Word 2013 中设置艺术字效果的操作步骤如下：

（1）单击"插入"选项卡→"文本"组→"艺术字"下拉按钮，在出现的多种艺术字类型样式中选择需要设置的样式，然后在文档自动弹出的图文框中输入要编辑的文字。

（2）将光标停在艺术字的文本框里面。单击"绘图工具-格式"选项卡→"艺术字样式"组→"文字效果"下拉按钮，在打开的下拉列表中可设置阴影、发光等多种叠加样式，如图 3-53 所示。

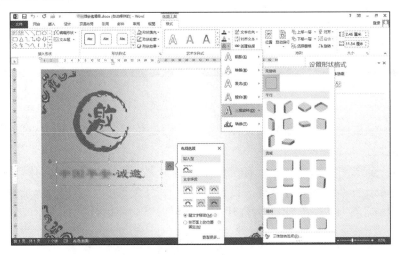

图 3-53　艺术字文字效果设置

任务 4　邀请函中文字的添加

■**任务目标**■

（1）掌握 Word 2013 文档的打印操作。

（2）能够利用文本框实现文本的插入。

（3）能够进行图形的绘制及编辑。

■**任务说明**■

根据图 3-53 所示，在任务 3 完成的基础上对邀请函进行文字的添加，完成酒会邀请函。

■任务实现■

步骤 1：选择"插入"选项卡→"文本"组→"文本框"→"绘制文本框"命令，如图 3-54 所示。将指针移到文档中时，鼠标指针变成十字形，按住左键拖动鼠标绘制文本框，当大小合适时放开左键。此时，插入点在文本框中，可以在文本框中输入文本或插入图片，还可用文字格式设置的方法对文本框中的文字进行格式设置，如图 3-55 所示。在文本框中输入想要添加的文字，并将文字设置为"隶书""二号"，得到图 3-56 所示的效果。

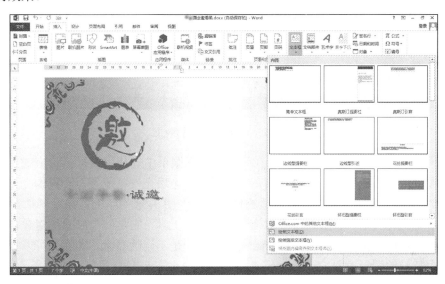

图 3-54　"文本框"下拉列表

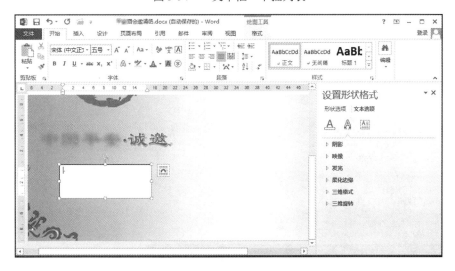

图 3-55　设置文本格式

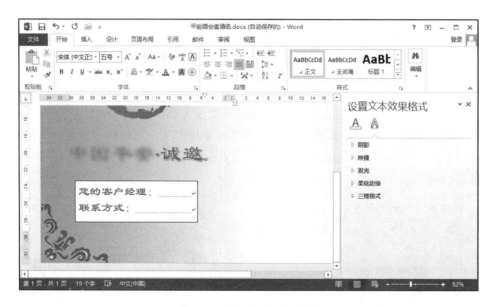

图 3-56　添加文本后的效果

步骤 2：右击该文本框的边框，在弹出的快捷菜单中选择"设置形状格式"命令，弹出"设置形状格式"窗格，将"填充"设置为"无填充"，"线条"设置为"无线条"，如图 3-57 所示。将文本框移动到合适的位置，得到图 3-58 所示的效果。

文本框是将文字、表格、图形精确定位的实用工具，它是一个独立的对象，框中的文字和图片可以随文本框移动，它与给文字加边框是不同的概念，实际上可以把文本框看作一个特殊的图形对象。

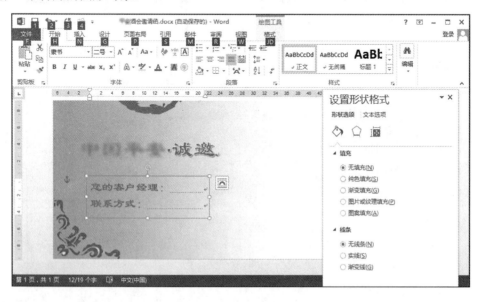

图 3-57　设置填充及线条

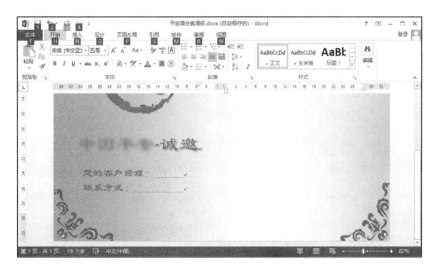

图 3-58　添加线条后的效果

　　文本框就是特殊的图片，所以对于选定的文本框可以用"布局选项"→"文字环绕"来设置环绕方式，还可以用"绘图工具-格式"选项卡中的"排列"组来设置叠放次序（或在快捷菜单中设置叠放次序）。

　　单击文本框，当文本框被选定时，框线周围出现一由小斜线段标记的边框，把鼠标指针移到边框中时就变为双十字形箭头，拖动它可以改变文本框的位置。如果要改变文本框的大小，应首先选定它，在它四周会出现 8 个控制大小的小方块，把鼠标指针移到小方块处并沿指针所指方向拖动，这样就可以改变其大小了。

　　步骤 3：重复步骤 2 的操作。在邀请函的右侧分栏中插入"文本框"，录入图 3-59 所示的文字，并将其移动到合适的位置。

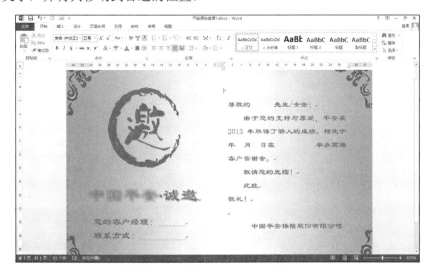

图 3-59　在邀请函右侧插入文本框

步骤4：选择"插入"选项卡→"插图"组→"形状"→"直线"命令，为图3-59所示的空格区域添加线条，得到如图3-60所示的效果。

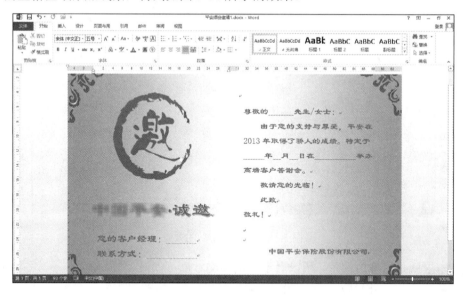

图3-60　添加线条后的效果

除了利用现成的图片外，Word 2013还提供了绘图工具来绘制一些简单的图形。只有在页面视图模式下才能显示图形。可以单击"插入"选项卡→"插图"组→"形状"下拉按钮，在打开的下拉列表中选择合适的图形按钮，在文档上进行图形绘制，如图3-61所示。

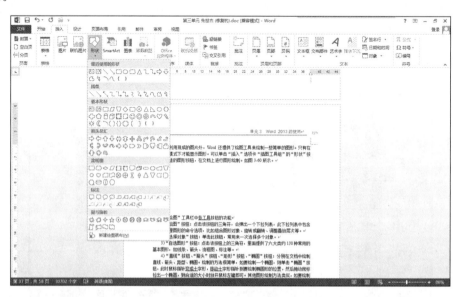

图3-61　图形绘制

"形状"下拉按钮的功能：单击该下拉按钮，在打开的下拉列表中提供了六大类约 130 种常用的基本图形，如线条、箭头、流程图、标注等。使用该按钮可以分别在文档中绘制直线、箭头、矩形、椭圆等。绘制的方法很简单，如要绘制一个椭圆，则单击"椭圆"按钮，此时鼠标指针变成十字形，移动十字形指针到要绘制椭圆的位置，然后拖动鼠标拉出一个椭圆，到合适的大小时放开鼠标左键即可。其他图形绘制方法类似，若要绘制正方形或圆形，则在单击"矩形""椭圆"按钮之后，按住 Shift 键，再拖动鼠标即可。

■■知识链接■■

1. 图形的创建

任何一个复杂的图形总是由一些简单的几何图形组合而成的。因此只要使用"形状"下拉列表中相应的按钮就可组合出复杂的图形。单击"形状"下拉按钮，在打开的下拉列表中可选定各种相关图形和线条。

应注意的是，使用"形状"下拉列表中的按钮绘制的任意图形，如直线、箭头、矩形、椭圆等都是一个独立的对象，用鼠标指针指向对象并单击一次就可选定它。被选定的对象的四周就会出现 8 个白色的控制块，在图形中还会出现一个黄色的菱形控制块，利用 8 个白色的控制块可以调整图形的大小，利用黄色的菱形控制块可以简单调整自选图形的样式，如图 3-62 所示。当鼠标指针移到所选定的图形中且指针形状变成十字箭头时，拖动鼠标可以改变图形的位置。

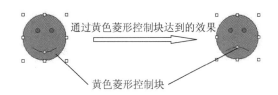

图 3-62　利用黄色菱形控制块调整自选图形的样式

使用这些简单图形，再通过控制其大小和位置就可组合出各种复杂的图形。

2. 在图形中添加文字

Word 2013 提供在封闭的图形中添加文字的功能，这对绘制示意图是非常有用的。其具体操作步骤如下：

（1）将鼠标指针移动到要添加文字的图形中，右击该图形，弹出快捷菜单。

（2）选择快捷菜单中的"添加文字"命令，此时图形内部出现插入点。

（3）在插入点位置输入文字。文本输入完毕后在任意空白处单击，使操作生效。

图形中添加的文字将与图形一起移动。同样，可以用前面讲述的方法对文字格式进行编辑和排版。

3. 图形的格式

利用"绘图工具-格式"选项卡中的"形状填充""形状轮廓""形状效果"等工具按钮，可以在封闭图形中填充颜色，给图形的线条设置线型和颜色，给图形添加阴影或产生立体效果，如图 3-63 所示。

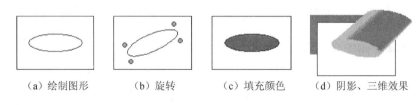

（a）绘制图形　　　　（b）旋转　　　　（c）填充颜色　　　　（d）阴影、三维效果

图 3-63　添加阴影效果

4. 图形的叠放次序

文档中有多个插入或绘制的图片时，这些图片就有叠放的次序，有些图片的一部分会被其他图片遮盖。改变叠放次序的方法：选中要改变叠放次序的图片，选择"绘图工具-格式"选项卡→"排列"组→"上移一层"或"下移一层"命令，如图 3-64 所示。

5. 多个图形的组合

如果一个复杂的图形由多个简单的图形组成，如一个流程图，实际上每一个简单的图形还是一个独立的对象，为了便于对整个图形进行整体操作，可以将所有图形组合起来，再进行移动等其他编辑操作，这样就不会改变这些图形之间的相对关系。

图 3-64　"绘图"菜单和叠放次序级联菜单

组合的方法：选定要组合的所有图形，选择"绘图工具-格式"选项卡→"排列"组→"组合"→"组合"命令，或者在要组合的对象上右击，在弹出的快捷菜单中选择"组合"→"组合"命令。如果要对组合后的图形中的某一图形再进行编辑，必须先解除组合。

取消组合的方法：选定要解除组合的图形，选择"绘图工具-格式"选项卡→"排列"组→"组合"→"取消组合"命令，或者在组合的对象上右击，在弹出的快捷菜单中选择"组合"→"取消组合"命令。

6. 文档的打印

Word 是"所见即所得"的文字处理软件。因此只要屏幕上显示的文档能满足要求，打印结果也会令人满意。打印预览是打印文档前的一个必要步骤，可以通过打印预览来查看文档打印出来的效果是否符合要求。

1）设置"打印预览"

步骤 1：打开文档，选择"文件"选项卡→"选项"命令。

步骤 2：打开"Word 选项"对话框，选择"自定义功能区"选项卡，在"自定义功能区"选项组选择"视图"选项，再单击"新建组"按钮。

步骤 3：选择"新建组（自定义）"选项，再单击"重命名"按钮，打开"重命名"对话框，输入名称，如"预览"，然后单击"确定"按钮。

步骤 4：在"从下列位置选择命令"下拉列表中选择"所有命令"选项，再选择"打印预览编辑模式"，然后单击"添加"按钮。

步骤 5：此时"自定义功能区"列表中就有了该命令，单击"确定"按钮。单击"视图"选项卡中的"打印预览编辑模式"按钮可以查看文档和编辑文档。

2）"打印预览模式"使用说明

（1）勾选"放大镜"复选框，光标变为放大镜形状，可以在页面内单击放大显示。

（2）可以单击"下一页""上一页"按钮来翻页查看。

（3）可以单击"选项"按钮进行设置，如设置打印选项。

（4）取消勾选"放大镜"复选框，即可在预览模式简单地编辑文档。

3）打印功能的使用

Word 2013 提供了许多灵活的打印功能，可打印一份或多份文档，也可以打印文档中的某一页或几页。当然，在打印前，应准备好并打开打印机。常用的操作方法如下：

打印文档：选择"文件"选项卡→"打印"命令，在打开的界面中进行打印机、打印份数等相关设置。界面右侧显示打印预览，如图 3-65 所示。

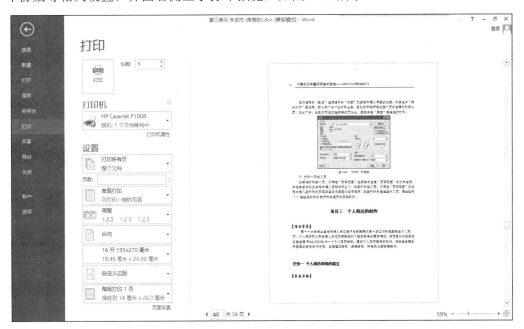

图 3-65 打印设置

打印设置使用说明：

打印份数：填入实际需要打印的份数即可。

打印机选项：除了可以选择使用的打印机外，还可以在此把文件转换成 PDF，以及直接发送到笔记软件 Onenote 上。

设置打印范围：可以设置打印所有页、当前页、自定义打印范围，还可以单独打印奇数页或者偶数页。

设置打印方向：横向和纵向。

页面大小：可设置为默认的 A3、A4、B5 等，也可以设置自定义。

页边距：可设置实用预设类型，也可以重新自定义。

■■强化训练■■■■■■■■

一、选择题

1. 在 Word 2013 编辑状态下，格式刷可以复制（　　）。

  A．段落的格式和内容　　　　　　 B．段落和文字的格式和内容

  C．文字的格式和内容　　　　　　 D．段落和文字的格式

2. 在 Word 2013 的编辑状态下，将剪贴板上的内容粘贴到当前光标处，使用的组合键是（　　）。

  A．Ctrl + X   B．Ctrl + V   C．Ctrl + C   D．Ctrl + A

3. 在 Word 2013 中，如果要使文档内容横向打印，在"页面设置"对话框中应选择的选项卡是（　　）。

  A．纸张大小   B．纸张方向   C．页边距   D．文字方向

二、实操题

1. 新建一个文档，输入下图所示的文本内容，并以"Computer．docx"为文件名保存到"我的文档"中。

> 　　我国计算机的研究起步较晚。1956 年，在党中央"向科学进军"的号召下，周恩来总理亲自主持制定了我国《12 年科学技术发展规划》。同年 8 月，成立了由华罗庚教授为主任的科学院计算机所筹建委员会，并组织了计算机设计、程序设计和计算机方法专业训练班，做好了人员的准备。
>
> 　　1957 年，哈尔滨工业大学研制成功中国第一台模拟式电子计算机。
>
> 　　1958 年，中国第一台计算机——103 型通用数字电子计算机研制成功，运行速度 1500 次/秒，字长 31b，内存容量为 1024B。
>
> 　　1963 年，中国第一台大型晶体管电子计算机——109 机研制成功。
>
> 　　1971 年，由上海华东计算技术研究所在上海复旦大学的支持下，研制成功的大型集成电路通用数字电子计算机，运行速度 11 万次/秒。

2. 插入艺术字标题"我国计算机的发展"，样式选择第 3 行第 4 列，字体为"隶书"，

字号为"36 磅";文本效果选择"橙色,18pt 发光,着色 2"。

3．设置第 1 自然段文本的字体为"仿宋",字号为"小三",段前间距为"1.5 行"。

4．利用"形状"命令绘制下图所示的流程图,"填充效果"选择"纹理"→"白色大理石"。

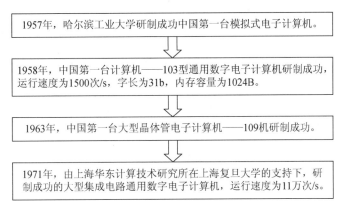

5．保存文档。

项目3　个人简历的制作

项目背景

大学毕业生向用人单位进行自我推荐的第一步工作就是投递个人简历。个人简历可以帮助用人单位尽快了解求职者的基本情况。本项目的主要任务是使用 Word 2013 制作一个个人简历表格。通过个人简历表格的制作，学生应掌握各种类型的表格制作方法，包括建立表格、编辑表格和格式化表格等操作。

任务1　个人简历表格的建立

任务目标

能够建立表格。

任务说明

完成个人简历表格的制作，如图 3-66 所示。

个人简历

<table>
<tr><td rowspan="6">基本情况</td><td>姓名</td><td></td><td>性别</td><td></td><td>出生年月</td><td></td><td rowspan="6"></td></tr>
<tr><td>政治面貌</td><td></td><td>民族</td><td></td><td>身体状况</td><td></td></tr>
<tr><td>毕业院校</td><td colspan="5"></td></tr>
<tr><td>所学专业</td><td colspan="5"></td></tr>
<tr><td>联系方式</td><td colspan="5"></td></tr>
<tr><td>电子邮箱</td><td colspan="5"></td></tr>
<tr><td>所学课程</td><td colspan="7"></td></tr>
<tr><td>获得荣誉</td><td colspan="7"></td></tr>
<tr><td>专业特长</td><td colspan="7"></td></tr>
</table>

图 3-66　个人简历

■■任务实现■■■■■■■■■

步骤 1：新建一个 Word 文档，将其命名为"个人简历"并保存在 D 盘。

选择"页面布局"选项卡→"页面设置"组→"页边距"→"自定义边距"命令，打开"页面设置"对话框，将上、下、左、右的页边距均设置为"1 厘米"。在文档的第一行输入文字"个人简历"，设置为"宋体""二号""加粗""居中"。

步骤 2：选择"插入"选项卡→"表格"组→"绘制表格"命令，移动鼠标指针至编辑区，鼠标指针变为铅笔状态，单击绘制表格。

步骤 3：绘制完毕，单击"表格工具-设计"选项卡中的"绘制表格"按钮，得到图 3-67 所示的结果。

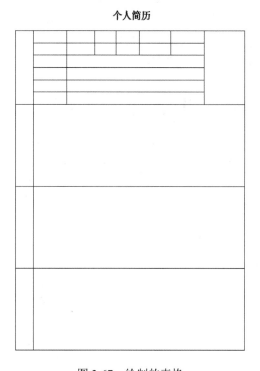

图 3-67　绘制的表格

■■知识链接■■■■■■■■■■

1. 手工绘制表格

（1）先使用"绘制表格"按钮绘制表格，然后单击"表格工具-设计"选项卡→"边框"下拉按钮，从打开的下拉列表中选择合适的边框样式。这时候鼠标指针变为笔刷形状，在需要应用该边框样式的框线上单击或者按住鼠标左键不放画边框线。

（2）使用"擦除"按钮擦除边框线。单击"表格工具-设计"选项卡→"擦除"按钮，鼠标指针变为橡皮擦形状 ⌀，将其移到线条的一端，拖动鼠标到另一端或双击框线便可擦除选定的线段。

另外，还可利用"表格工具-设计"选项卡的"笔颜色""边框""底纹"等按钮设置表格外框线及单元格的颜色和类型，使表格变得绚丽多彩。

在 Word 2013 中，还可以单击表格左上角的十字箭头标记，打开"表格工具-设计"选项卡，单击"边框"组右下角的"边框和底纹"对话框启动器按钮，打开"边框和底纹"对话框，实现对表格边框、线型、颜色、底纹等的设置。

2. 自动创建简单表格

所谓简单表格是指只由多行和多列组成的表格，表格中只有横线和竖线，不出现斜线。Word 提供了 3 种方法来创建这种表格，步骤如下：

（1）利用鼠标框选表格。

① 将插入点移到文档中要插入表格的位置。

② 单击"插入"选项卡→"表格"组→"表格"下拉按钮，打开下拉列表，如图 3-68 所示。

③ 在表格模型中拖动鼠标，选定所需的行数和列数（选定的区域以橙色显示），放开后即可插入表格。

（2）选择"插入"选项卡→"表格"组→"表格"→"插入表格"命令。

① 将插入点移动到文档中要插入表格的位置。

② 选择"插入"选项卡→"表格"组→"表格"→"插入表格"命令，打开"插入表格"对话框，如图 3-69 所示。

图 3-68　"表格"下拉列表

图 3-69　"插入表格"对话框

③ 在"行数"和"列数"文本框中分别输入所需的行数和列数，单击"确定"按钮。

在"插入表格"对话框中，"自动调整"操作区提供了 3 个选项，分别为"固定列宽""根据内容调整表格""根据窗口调整表格"，用于确定插入表格的列宽设置。

（3）选择“插入”选项卡→“表格”组→“表格”→“快速表格”命令。

① 将插入点移动到文档中要插入表格的位置。

② 选择“插入”选项卡→“表格”组→“表格”→“快速表格”命令，在展开的菜单中，可使用 Word 内置的表格样式快速生成表格。

任务 2　简历表格内容的添加

任务目标

（1）能够在表格中录入数据。

（2）能够修改、编辑表格。

（3）能够在表格中插入图片。

任务说明

完成个人简历表格内容的添加，如图 3-70 所示。

任务实现

步骤 1：在图 3-67 所示的表格中，录入图 3-70 所示的文字。

个人简历							
基本情况	姓　名		性别		出生年月		
	政治面貌		民族		身体状况		
	毕业院校						
	所学专业						
	联系方式						
	电子邮件						
所学课程							
获得荣誉							
专业特长							

图 3-70　个人简历

表格创建完后，可以在单元格中输入文字、图形等内容。在输入过程中，定位插入点可按 Tab 键使光标移到下一个单元格，按组合键 Shift+Tab 使插入点前移一个单元格，按上、下方向键可上、下移一行。另外，当然可以直接利用鼠标单击输入内容的单元格。

因为单元格是一个编辑单元，当输入到单元格右边线时，单元格会自动增大，把输入的内容转到下一行。对单元格中已输入的文本内容进行移动、删除等操作，与一般文本的操作一样。

步骤 2：将鼠标指针移至表格的边框线上，待指针变为 ╬ 形时，按住鼠标左键，会出现图 3-71 所示的虚线，此时按住鼠标左键不松，向右进行拖动，扩大单元格的大小，直至第二列的文字出现在同一行。

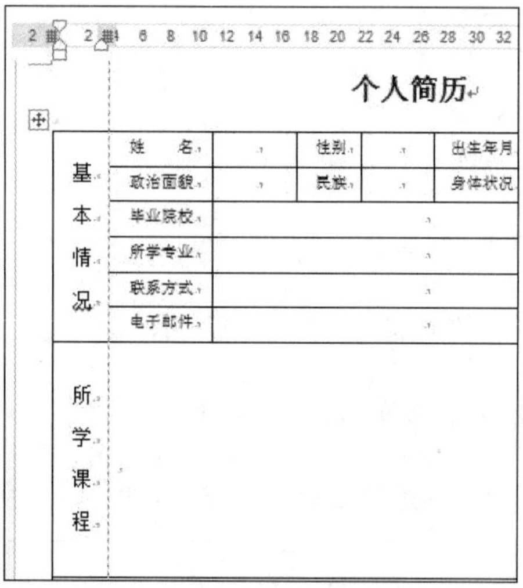

图 3-71　设置个人简历列宽

单击表格左上角的符号，此时会选中整张表格，统一设置表格中文字的字体。本例中表格中第一列文字设置为"宋体""四号"，其余列设置为"宋体""小四号"。

除此以外，选定表格还有如下操作方法：

（1）用鼠标选定单元格、行或列。

① 选定单元格：把鼠标指针移到要选定的单元格中，当指针变为选定单元格指针 ➚ 时，单击就可选定所指的单元格，单元格反白显示。另一种方法是，将插入点移到单元格内，当鼠标变成"I"形时，用鼠标连续单击 3 次，也同样可以选中单元格（单元格的选定与单元格内全部文字的选定的表现形式有所不同）。

② 选定表格的行：把鼠标指针移到文档窗口的选定区，当指针变成右上指的箭头 ⇗ 时，单击就可选定所指的行。若要选定多行，可从开始行拖动鼠标到最末一行，放开鼠标左键即可，选定行反白显示。

③ 选定表格的列：把鼠标指针移到表格的顶端，当鼠标指针变成选定列指针 ↓ 时，单击就可选定箭头所指的列。若要选定表格的连续多列，可从开始列拖动鼠标到最末一

列，放开鼠标左键即可，选定的列反白显示。

（2）用键盘选定单元格、行或列。按组合键 Shift+End 可以选定插入点所在单元格至表格最后一个单元格。

当插入点所在的下一个单元格中已输入文本，按 Tab 键可以选定插入点所在的下一个单元格中的文本。当插入点所在的上一个单元格中已输入文本，按组合键 Shift+Tab 可以选定插入点所在的上一个单元格中的文本。

按组合键 Shift+上/下/左/右方向键可以选定包括插入点所在单元格在内的相邻单元格。按任意方向键可取消选定。

（3）单击"表格工具-布局"选项卡→"表"组→"选择"下拉按钮，在打开的下拉列表选定行、列或表格。

① 选定行：将插入点置于所选行的任一单元格中，选择"选择"下拉列表中的"选择行"选项可选定插入点所在的行。

② 选定列：将插入点置于所选列的任一单元格中，选择"选择"下拉列表中的"选择列"选项可选定插入点所在的列。

③ 选定全表：将插入点置于表格的任一单元格中，选择"选择"下拉列表中的"选择表格"选项可选定全表。

步骤 3：选择"插入"选项卡→"插图"组→"图片"命令，打开"插入图片"对话框，在表格的右边列插入求职者的照片。

▋▇知识链接▋▇▋▇

1. 表格和文本之间的转换

如果输入的是一篇文本，需要将其以表格形式表现出来，这就需要首先利用设置制表位将各行表格内容上、下对齐，然后利用 Word 转换功能将表格文本转换成表格，方法如下：

（1）选定用制表符分割的文本，如图 3-72 所示。

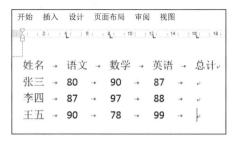

图 3-72　转换前选定的文本

（2）如图 3-73 所示，选择"插入"选项卡→"表格"组→"表格"→"文本转换成表格"命令，打开"将文字转换成表格"对话框，如图 3-74 所示。

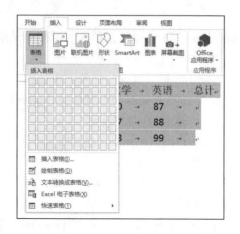

图 3-73　"文本转换成表格"命令

图 3-74　"将文字转换成表格"对话框

（3）在对话框的"列数"文本框中输入具体的列数。

（4）在"文字分隔位置"选项组中点选"制表符"单选按钮。

（5）单击"确定"按钮，就转换成图 3-75 所示的表格形式。

姓名	语文	数学	英语	总计
张三	80	90	87	
李四	87	97	88	
王五	90	78	99	

图 3-75　转换后的表格

　　只要文档中的数据之间有统一的分隔符，如逗号、空格或叹号乃至加号等，执行"文本转换成表格"命令，并根据实际存在的分隔符，在"文字分隔位置"选项组中选定给定的分隔符或在"其他字符"框中输入这种分隔符，单击"确定"按钮后，一个新表格以一种特殊的方式被创建出来。

　　把文档数据转换成表格的逆操作是把表格中的数据转换为普通文字，操作过程比较简单。只要选定表格中的一些数据，执行"文本转换成表格"命令，并选定转换后文字之间的分隔符，被选定的表格区域中的数据就会脱掉原来的表格线，只剩下被选定分隔符分开的单纯的文字序列。

　　2．插入或删除行或列

　　1）插入行

　　（1）在表格中插入一行或多行：如果要在表格中插入一行或几个空行，那么应选定表格的一行或连续几行，然后单击"表格工具-布局"选项卡→"行和列"组→"在上方插入"（"在下方插入"）按钮或右击，在弹出的快捷菜单中选择"插入"→"在上方插入行"（"在下方插入行"）命令，这样，在表格中就插入与所选行数相等的空行。

（2）在表格中部或底部插入一行：如果在表格的中部或底部插入一个空行，只要把插入点移动到表格某行的最右侧单元格中，按 Tab 键，或者把插入点移动到该行结束符处，然后按 Enter 键，即可在该行下方插入一个空行。

2）插入列

插入列的方法与插入行类似，单击"表格工具-布局"选项卡"行和列"组中的相关按钮或右击，在弹出的快捷菜单中选择"插入"→"在左侧（右侧）插入列"命令来进行设置。

3）删除行和列

选定要删除的行或列，右击，在弹出的快捷菜单中选择"删除行"或"删除列"命令。

3. 合并或拆分单元格

在一个简单的表格上，通过合并和拆分单元格可以构成比较复杂的表格。

1）合并单元格

合并单元格是将同一行或同一列中的两个或多个相邻的单元格合并为一个大的单元格。首先应该选定要合并的单元格，然后单击"表格工具-布局"选项卡→"合并"组→"合并单元格"按钮，或使用右键快捷菜单中的"合并单元格"命令来进行设置。

此外，通过使用"擦除"按钮 ，将要合并的表格的框线擦除，也可以实现合并单元格的操作。

2）拆分单元格

拆分单元格是将表格中的一个单元格拆成多个单元格。首先选定要拆分的某些单元格，然后单击"表格工具-布局"选项卡→"合并"组→"拆分单元格"按钮或使用右键快捷菜单中的"拆分单元格"命令，打开"拆分单元格"对话框来进行设置，如图 3-76 所示。在该对话框的"列数"文本框中输入要拆分的列数，在"行数"文本框中输入要拆分的行数。如果选择了多个单元格，则"拆分前合并单元格"复选框处于勾选状态，可根据实际需求确定是否勾选复选框。

4. 表格的拆分

拆分表格是将一个完整的表格拆分成两个或几个独立的小表格。要进行拆分操作，首选要把插入点置于拆分后将成为新表格第一行的任意单元格中，然后单击"表格工具-布局"选项卡→"合并"组→"拆分表格"按钮进行设置，这样在插入点所在行上方便插入一空白段，表格被拆分成两张表。

图 3-76　"拆分单元格"对话框

若表格位于文档的开头，把插入点放在表格左上角单元格的第一个字符之前，按 Enter 键可以在表格头部前加一空白段。

合并表格只需删除两表格之间的换行符即可。

5. 标题行（表头）重复

一个表格有时会占用几页，有的要求每一页的表格都具有同样的标题行（表头）。选定第一页表格中的一行或多行，单击"表格工具-布局"选项卡→"数据"组→"重复标题行"按钮，可以实现在不同的页面内相同的标题行。修改时只需修改第一页的标题即可。

任务3 个人简历表格的美化

■任务目标

（1）掌握表格中公式的使用、排序等操作。
（2）能够设置表格的格式。

■任务说明

对个人简历表格进行美化，达到图 3-66 所示的效果。

■任务实现

步骤1：选中整张表格，单击"表格工具-布局"选项卡→"对齐方式"组→"中部居中"按钮，如图 3-77 所示。此时表格中的文字和图片将位于各单元格的中心位置。

步骤2：选中整张表格，单击"表格工具-布局"选项卡→"表"组→"属性"按钮，打开"表格属性"对话框。在"表格属性"对话框中，选择"行"选项卡，勾选"指定高度"复选框，将其设置为"0.8 厘米"，如图 3-78 所示。

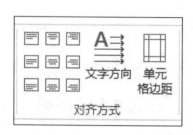

图 3-77　对方方式

图 3-78　设置行指定高度

表格的行高和列宽也可以使用鼠标直接进行调整，也可以利用菜单命令设置。此外，Word 还可以根据单元格中输入内容的多少自动调整行高。具体操作方法如下：

（1）使用鼠标调整表格的行高和列宽。将"I"形鼠标指针放在表格的行（列）边界线上，当鼠标指针变成上、下 ≡（左右 ↔）分裂的两个箭头时，按住鼠标左键，此时会出现一条上、下水平（垂直）的虚线。拖动鼠标到所需的新位置，放开鼠标左键即可。如果拖动的同时按住 Alt 键，水平标尺上会显示列宽的具体数据。

还有一种方法是将插入点移到表格中，此时水平标尺上出现表格的列标记 🔲，当鼠标指针指向列标记时会变成水平分裂的双向箭头，按住鼠标左键拖动列标记即可改变列宽，当然用垂直标尺上的行标记同样也可以改变行高。

拖动调整列宽时，整个表格的大小不变，改变的是表格线相邻两列的列宽。但如果在拖动的同时按住 Shift 键，则表格线左侧的列宽改变，但其他列的列宽均不变，此时表格大小改变。

（2）通过菜单命令改变行高与列宽。

① 选定要调整的行或列。

② 选中整张表格，单击"表格工具-布局"选项卡→"表"组→"属性"按钮，打开"表格属性"对话框。在"表格属性"对话框中，选择"行"或"列"选项卡。

③ 单击"上一行""下一行"或"前一列""后一列"按钮可以在不关闭对话框的情况下设置相邻行、列的高度或宽度。

步骤 3：在"表格工具-设计"选项卡中，按照图 3-66 所示将个人简历表格补充完整。

选中整张表格，选择"表格工具-设计"选项卡，单击"边框"组中的"边框和底纹"对话框启动器按钮，在打开的"边框和底纹"对话框的"边框"选项卡中将样式设置为"双线"，设置指定为"全部"，如图 3-79 所示。使用相同方式，选中左边第一列，在"底纹"选项卡中将底纹设置为"灰色-15%"，如图 3-80 所示。

图 3-79 "边框"选项卡

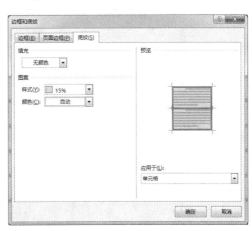

图 3-80 "底纹"选项卡

步骤4：选中整张表格，单击"表格工具-布局"选项卡→"表"组→"属性"按钮，打开"表格属性"对话框。在"表格"选项卡中，选择"居中"选项，单击"确定"按钮，完成个人简历表格的制作。

■知识链接

Word 提供了一些对表格中的数据进行简单计算和排序的功能。

1. 计算

Word 可以对表格中的数据进行求和、求平均值等计算。下面以在表格中计算平均成绩为例，具体操作如下：

（1）将插入点移到存放平均成绩的单元格中。

（2）单击"表格工具-布局"选项卡→"数据"组→"*fx* 公式"按钮，打开"公式"对话框，如图 3-81 所示。

（3）在"公式"列表框中显示"=SUM（LEFT）"，表示要计算左边各列数据的总和，但例题是要计算平均值，应将其修改为"=AVERAGE（LEFT）"，公式名可以在"粘贴函数"列表框中选定。

图 3-81 "公式"对话框

（4）在"编号格式"列表框中选定格式，如"0.00"，表示到小数点后两位。

（5）单击"确定"按钮即可得到计算结果，如图 3-82 所示。

公式（）中的参数表示计算数据的方向。"UP"表示操作的对象是该单元格上面的数据，"DOWN"表示下面的数据，"LEFT"和"RIGHT"分别表示左、右的数据。

姓名	语文	数学	英语	平均分
张三丰	81	95	70	82.00
赵敏	81	90	80	
王刚	97	66	86	

图 3-82 成绩表格

2. 排序

下面仍以图 3-82 所示的表格为例，介绍如何对表格中的数据进行排序。例如，按语文成绩进行递减排序，当两个学生语文成绩相同时，再按数学成绩排序。步骤如下：

（1）将插入点置于要排序的学生考试成绩表格中。

（2）单击"表格工具-布局"选项卡→"数据"组→"排序"按钮，打开"排序"对话框。

（3）在"列表"选项组中点选"有标题行"单选按钮。

（4）在"主要关键字"下拉列表中选择"语文"选项，在"类型"下拉列表中选择"数字"选项，再点选"降序"单选按钮，如图 3-83 所示。

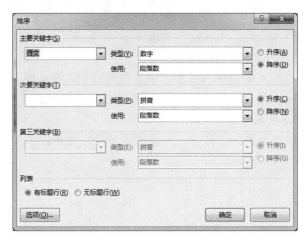

图 3-83　"排序"对话框

（5）在"次要关键字"下拉列表中选择"数学"选项，在"类型"下拉列表中选择"数字"选项，再点选"降序"单选按钮，单击"确定"按钮即可。得到的排序结果如图 3-84 所示。

姓名	语文	数学	英语	平均分
王刚	97	66	86	
张三丰	81	95	70	82.00
赵敏	81	90	80	

图 3-84　排序结果

■■强化训练■■

一、选择题

1．在 Word 2013 制作的表格中，将光标移动到前一单元格用（　　）。
　　A．Shift + Tab　　　B．Tab　　　　　　C．←　　　　　　　　D．↑
2．在 Word 2013 的表格操作中，计算求和的函数是（　　）。
　　A．Count　　　　　B．Sum　　　　　　C．Total　　　　　　D．Average

二、实操题

1．新建一个文档，建立如下表所示的 4×5 表格，保存在"文档"中，并命名为"考试成绩.docx"。

姓　名	大学英语	计算机基础	高 等 数 学	旅 游 管 理
田华	85	95	87	79
刘静	80	68	59	60
李飞	89	96	90	89

2．在表格右端插入一列，列标题为"总分"；在表格下面增加一行，行标题为"平均成绩"。

3．将表格中所有单元格设置为水平居中、垂直居中，设置整个表格水平居中。

4．设置表格外框线为1.5磅的双线，内框线为1磅的细线，表格第1行的下框线及第1列的右框线为0.5磅的双线。

5．将表格中的数据从高到低排序，主要关键字是"高等数学"，次要关键字是"计算机基础"。

项目4　毕业论文的设计与制作

项目背景

撰写毕业论文是对在校大学生知识的最后一次全面检验，是对学生基本知识、基本理论和基本技能掌握与提高程度的一次总测试，是大学生完成学业的标志性作业。每一个高等学校的应届毕业生，都要运用自己所学的专业基础知识和基本理论知识，就所学专业领域里某一现象或理论问题阐明简介或表述研究结果而提交一份有一定学术价值的文章，即毕业论文。

任务1　毕业论文结构的制作

任务目标

（1）了解大纲视图的作用。
（2）了解文档结构图的主要作用，掌握其使用方法。
（3）能够设置大纲级别。

任务说明

完成毕业论文封面及目录的制作，效果如图 3-85 和图 3-86 所示。

图 3-85　毕业论文封面

图 3-86　论文目录

■ 任务实现 ■

步骤 1：制作如图 3-87 所示的表格，表格宽度为 "14.05 厘米"，左侧单元格宽度为 "3.22 厘米"，第一行行高为 "1.65 厘米"，第二行行高为 "2.45 厘米"。在表格内插入相应的文字与图片。将表格位置设置为 "居中"，边框设置为 "无"。

步骤 2：在图 3-87 所示的表格下方插入文本框，输入论文题目，如图 3-88 所示，字体设置为 "黑体""三号"，并将该文本框移到图 3-85 所示的位置。

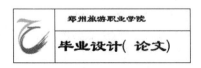

图 3-87　封面标志　　　　　　　　　　　　　　图 3-88　论文题目

步骤 3：制作如图 3-89 所示的 6 行 2 列表格。第一列宽度为 "2.63 厘米"，第二列宽度为 "4.45 厘米"，行高为 "1.5 厘米"。录入所示的文字，设置为 "宋体""小四"。完成图 3-85 所示的毕业论文封面的制作。

步骤 4：在封面末尾插入分页符进入第 2 页，录入图 3-86 所示的论文一级标题结构，字形为 "黑体"，字号为 "三号"。将视图模式切换为大纲视图。选中所录入的文字，将大纲级别设置为 "1 级"，如图 3-90 所示。

步骤 5：录入二级标题，字体设置为 "黑体""四号"。选中二级标题，将其大纲级别设置为 "2 级"，得到图 3-91 所示的目录框架结构。

步骤 6：继续录入三级标题，字体设置为 "宋体""小四"，并将大纲级别设置为 "3 级"。完成所有毕业论文目录文字的录入，并将其切换回页面视图。

姓　名：	张**
学　号：	09021999
年　级：	09 级
系　别：	旅游商贸系
专　业：	计算机网络技术
指导教师：	***

图 3-89　制作 6 行 2 列表格

图 3-90　目录一级标题　　　　　　　　　　　图 3-91　目录框架结构

■■知识链接■■■■■■■■■■■■■■■■■■■

　　大纲级别用于为文档中的段落指定等级，一般有 1～9 以及正文文本共计 10 个等级。1 级最高，余下级别依次降低，高级别的文字可以对低级别的文字进行折叠。这种设置方法可使得到的文档具有结构清晰、易于查找的特点。

　　具体的设置方法：选中要设计级别的段落，选择"视图"选项卡→"视图"组→"大纲视图"命令，切换到大纲视图模式，如图 3-92 所示，在"显示级别"下拉列表中进行大纲级别的设置。

　　在编辑像毕业论文和小说这样的长文档时，除了大纲视图，还可以使用导航窗格来解决长文档浏览的困难。具体操作方法：在设置好大纲级别的文档中，在"视图"选项卡"显示"组中勾选"导航窗格"复选框，在"工作区"左侧弹出如图 3-93 所示的导航窗格。在此窗格中，可以根据所单击的章节标题来进行导航。

图 3-92　大纲视图

图 3-93　导航窗格

任务 2　毕业论文目录的生成与制作

■■任务目标■■■■■■■■■■■■■■■■■■■

　　能够创建及修改目录。

■■任务说明■■■■■■■■■■■■■■■■■■■

　　在毕业内容框架内部内容添加完成的基础上，为该毕业论文完成目录的添加，如图 3-86 所示。

■■任务实现

步骤 1：在 Abstract 页面的末尾插入分页符。具体的操作方法：选择"插入"选项卡→"页面"组→"分页"命令，得到一个新的页面，在新的页面的第一行居中位置输入"目录"二字，并设置字体格式为"黑体""小二"。

步骤 2：将插入点移动到要插入目录的位置，选择"引用"选项卡→"目录"组→"目录"→"自定义目录"命令，打开"目录"对话框。在"目录"选项卡中勾选"显示页码"及"页码右对齐"复选框，将"制表符前导符"设置为图 3-94 所示的样式，"格式"选择"来自模板"，"显示级别"为"3"，单击"确定"按钮，得到图 3-95 所示的效果。

步骤 3：选中目录文字，将字体格式设置为"宋体""四号"，将段落间距设置为"1.5 倍"。

图 3-94　目录设置

图 3-95　生成目录

■■知识链接

1. 目录样式的修改

对于生成的目录的样式，除了可以选中直接使用"字体"进行修改外，还可以利用"样式"对话框进行修改。具体方法：在图 3-96 所示的"目录"对话框中单击右下角的"修改"按钮，打开"样式"对话框，如图 3-97 所示。继续单击"修改"按钮，在打开的"修改样式"对话框中，可以对字体、字形、对齐方式等进行设置，如图 3-98 所示。如果要进行复杂设置，则可以单击左下角的"格式"按钮，在打开的下拉列表中进行字体、段落等格式的详细设置。

图 3-96　"目录"对话框 　　　　　　　　　图 3-97　"样式"对话框

2. 删除目录

目录插入之后，若有多余的内容需要删除，可以选中该行，执行正常的删除命令即可。

3. 更新目录

插入目录以后，如果用户需要对文档进行编辑、修改，那么目录标题和页码都有可能发生变化，此时必须对目录进行更新，以便用户可以进行正确的查找。Word 2013 提供了自动更新目录的功能，使用户不需要手动修改目录。更新目录的方法如下：选中目录右击，在弹出的快捷菜单中选择"更新域"命令，打开"更新目录"对话框，如图 3-99 所示。

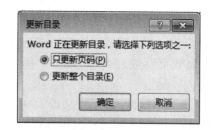

图 3-98　"修改样式"对话框 　　　　　　　图 3-99　更新目录

任务3　毕业论文版面的调整

■■任务目标■■■■■■■■■

能够设置页眉、页脚。

■■任务说明■■■■■■■■■

为毕业论文添加页眉、页脚。要求如下：

（1）除封面外，论文前3页采用罗马字符页码。

（2）正文部分采用普通阿拉伯数字页码。

（3）为整个论文添加如图3-100所示的页眉。

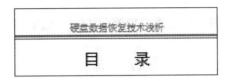

图3-100　论文页眉

■■任务实现■■■■■■■■■

步骤1：将光标移动到"摘要"标题前，选择"页面布局"选项卡→"页面设置"组→"分隔符"→"连续"命令，如图3-101所示。用同样的方法，在第一章"引言"文字前也插入分节符。这样此毕业论文被分为3节。

分节符是指为表示节的结尾而插入的标记。对文档分节后，才能够设置奇偶页不同的页眉或设置不同的页码，以及与前一页不同格式的页码。因此要对文档设置奇偶页不同的页眉或设置不同的页码，需要先在文档的恰当位置进行分节设置。

如图3-101所示，分节符的类型一共有4种："下一页""连续""偶数页""奇数页"。

"下一页"：插入分节符，新节从下一页开始。分节符中的下一页与分页符的区别在于，前者分页又分节，而后者只分页不分节。

"连续"：插入一个分节符，新节从同一页开始。

"偶数页"或者"奇数页"：插入一个分节符，新节从下一个偶数页或者奇数页开始。

步骤2：选择"插入"选项卡→"页眉和页脚"组，分别在第2节和第3节的首页页眉处输入文字"硬盘数据恢复技术浅析"，格式设置为"黑体""小四""居中"。

① 为该文字添加边框和底纹。

选中录入的文字，选择"开始"选项卡→"段落"组→"边框"→"边框和底纹"命令，打开"边框和底纹"对话框，将页眉边框设置为图 3-102 所示的格式。同时单击预览框中的"上""左""右"边框线按钮，得到图 3-100 所示的页眉效果。

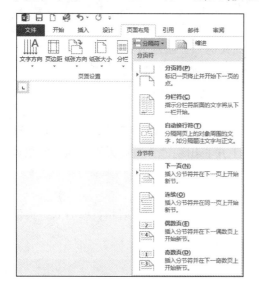

图 3-101　插入分隔符

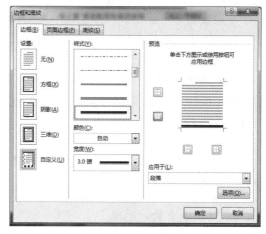

图 3-102　设置页眉的边框和底纹

页眉和页脚是指每一页的顶部或底部加入的文字或图形，页码是最简单的页眉或页脚。当一篇文档创建了页眉和页脚后，就会感到版面更加新颖，版式更具风格。页眉和页脚只能在页面视图和打印预览方式下显示，所以操作前必须切换到页面视图。

② 建立页眉和页脚。选择"插入"选项卡→"页眉和页脚"组→"页眉（或页脚）"→"编辑页眉（或页脚）"命令，打开页眉（或页脚）编辑区，进入页眉和页脚的编辑状态，文档中原来的内容呈灰色显示。编辑完毕后，双击文档编辑区，回到文档的编辑状态，这样整个文档各页都具有同一格式的页眉和页脚。

步骤 3：将光标移到第 2 节的首页页脚处，选择"插入"选项卡→"页眉和页脚"组→"页码"→"设置页码格式"命令，打开"页码格式"对话框，在此对话框内将页码格式设置为图 3-103 所示的结果。

单击"页眉和页脚"组的"页码"按钮，此时会自动在第 2 节所示的文本部分进行页码编号。将页码位置设置为"居中"。

步骤 4：将光标移到第 3 节的首页页脚处，重复步骤 3，为第 3 节文本插入阿拉伯数字页码。

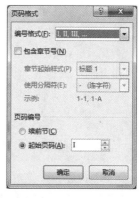

图 3-103　页码格式设置

■ **知识链接** ■

1. 在首页和奇偶页上创建不同的页眉和页脚

当双面打印某个文档时，文档中的奇数页和偶数页需要不同的页眉和页脚。例如，可以在偶数页上创建带有书名的页眉，在奇数页上创建带有章节名的页眉。另外，Word还允许在文档的第一页上创建一种页眉或页脚，在其他页上创建另一种页眉或页脚。

如果要在首页或奇偶页上创建不同的页眉和页脚，可以按照下述步骤进行：

（1）单击"页面布局"选项卡中的"页面设置"对话框启动器按钮，打开"页面设置"对话框并选择"版式"选项卡。

（2）在"版式"选项卡中勾选"奇偶页不同"或"首页不同"复选框，然后单击"确定"按钮返回页眉编辑区。同时，页眉编辑区左上角将出现"奇数页页眉"或"偶数页页眉"及"首页页眉"字样，以提示用户进行输入。

（3）双击文档编辑区，回到文档编辑状态。

如果不想在首页上显示页眉或页脚，可以设置为首页不同的页眉和页脚方式，再清空页眉区或页脚区。

2. 页眉和页脚的删除

选择"插入"选项卡→"页眉和页脚"组→"页眉"或"页脚"→"删除页眉"或"删除页脚"命令即可。页码是页眉和页脚的一部分，删除页码的方法与此类似。

■ **强化训练** ■

一、选择题

1. 在 Word 2013 的编辑状态下，为文档设置页码，可以执行（　　　）。

    A．"工具"选项卡中的命令　　　　　　B．"编辑"选项卡中的命令

    C．"格式"选项卡中的命令　　　　　　D．"插入"选项卡中的命令

2. 在 Word 2013 中，要为文档加上页眉和页脚，可执行（　　　）选项卡中的"页眉和页脚"命令。

    A．"文件"　　　　　　　　　　　　　B．"视图"

    C．"插入"　　　　　　　　　　　　　D．"格式"

二、实操题

1. 新建一个文档，将下图所示的文字录入文档中，保存在"文档"中，并命名为"大学生职业素养研究.docx"。

第一章　绪论

提高大学生职业素质不仅可以改善我国大学生就业状况，提高就业竞争力，而且可以提高我国人力资本供给水平。当前大学生的职业素质总体水平还有待完善，大学院校的职业素质教育还需要加强。

1.1 职业素质的基本概念、内涵和作用

要进行大学生职业素质的培养和教育，就要首先了解职业素质及职业素质教育的内涵及其对于人才培养的重要意义和作用。

1.1.1 职业素质的概念

职业素质（Professional Quality）是指从业者在一定生理和心理条件的基础上，通过教育、劳动实践和自我修养、科学训练等途径而形成和发展起来的、在职业活动中发挥重要作用的内在基本素质。

1.1.2 职业素质教育的内涵

职业素质的内涵包括四点。

1.1.3 大学生职业素质教育的基本内容

大学生职业素质培养的主要内容有四个方面。

1.1.4 职业素质教育的作用

大学里的职业素质教育主要是培养学生具有胜任职业岗位的思想品德、文化修养、业务知识、专业技能、职业心理和职业能力等素质的教育。

1.2 职业素质教育发展历程及相关思想研究

在关于职业教育的一些论述中，对职业教育的阐述大多认为，职业教育"是近代发展起来的一种事业"，"18 世纪末产生于欧洲"。

1.2.1 国内职业素质教育发展及研究历程

中国古代没有系统的、规范的职业教育观念，因而无法产生系统的职业教育思想。

1.2.2 国外职业素质教育方法及主要观点

职业教育的主要目的是培养合格的从业人才，是为适应职业需要而进行的。

1.2.3 国内外职业素质教育研究对大学生职业素质教育的主要影响及借鉴作用

通过对国内外大学对于职业素质教育方法的时间和研究，对于本文研究大学生素质教育的主要影响及借鉴作用表现在四个方面。

1.3 大学生职业素质教育研究的基本思路

职业素质教育是全面的教育，而不是单一的技能培养，是培养合格人才的教育，不是培养劳动机器的教育。

1.4 本章小结

本章从职业素质的概念入手，对于职业素质的内涵和作用进行了客观的描述，并通过研究探索国内外职业素质教育的思想和发展历程总结经验，从中提炼出适合本文研究的基本思路。

2．将标题"第一章　绪论"设置为"居中""黑体""三号"，并将正文文本格式设置为"宋体""四号"，段落间距设置为"1.5 倍行距"。

3．将标题"第一章　绪论"设置为一级标题，1.1、1.2、1.3、1.4 设置为二级标题，1.1.1、1.1.2、1.1.3、1.1.4、1.2.1、1.2.2、1.2.3 设置为三级标题。

4．为该文本添加目录。

5．为该文本添加页眉，内容为"大学生职业素养研究"。

6．保存该文档。

单元 4　Excel 2013 的使用

Excel 是 Microsoft Office 办公套装软件中的一个重要组成部分，广泛地应用于管理、统计、财经、金融等众多领域。自从 1993 年 Excel 第一次被捆绑进 Microsoft Office 之后，它的功能越来越强大，Excel 2013 正在逐渐被广大用户使用。它以直观的表格形式供用户编辑操作，可以使用公式和函数对数据进行复杂的运算；可以通过图表形式形象地表现数据，也可以对数据表进行排序、筛选和分类汇总等数据库操作；利用超链接功能，用户可以快速打开局域网或互联网上的文件，与世界上任何位置的互联网用户共享工作簿文件。

项目 1　学生成绩表的制作

项目背景

某学院计算机网络技术专业学期考试结束后，辅导员张影要对本专业的成绩进行统计，为实现信息化管理，需要制作一个"学生成绩表"，输入班级所有学生的成绩，利用计算机实现对学生成绩的管理和分析，方便随时调取学生的成绩。本项目的任务是为某学院计算机网络技术专业的辅导员张影老师制作"学生成绩表"。通过本项目的学习，要求学生掌握 Excel 2013 工作簿的创建、工作表的基本操作、数据的输入与编辑技术。

任务 1　学生成绩表工作簿的创建

▌任务目标

（1）掌握 Excel 2013 的启动与退出。

（2）掌握 Excel 2013 窗口的组成，工作表、工作簿、单元格等基本概念和操作方法。

（3）能够建立和保存工作簿。

▌任务说明

新建名为"学生成绩表"的工作簿，并将工作簿保存在 D 盘名为"张影"的文件夹下。

▌任务实现

步骤 1：选择"开始"→"所有应用"→"Microsoft Office 2013"→"Excel 2013"命令，启动 Excel 2013，界面如图 4-1 所示。在 Excel 2013 启动窗口中，选择打开方式，本例选择"空白工作簿"。

步骤 2：选择"文件"选项卡→"保存"命令，选择存储位置，如图 4-2 所示，可以选择最近访问过的任一文件夹，也可以单击"浏览"按钮选定保存位置（如果需要将文件保存到云，可以单击"添加位置"按钮）。在打开的"另存为"对话框中，将工作簿 1 命名为"学生成绩表"，保存位置为 D：\张影，如图 4-3 所示。

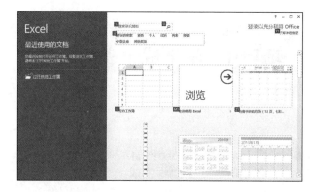

图 4-1　Excel 打开界面

图 4-2　选择存储位置

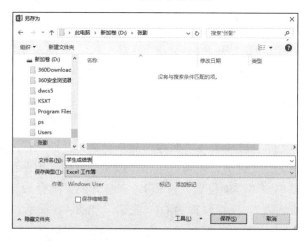

图 4-3　"另存为"对话框

■■知识链接

1. Excel 2013 的启动和退出

1）启动 Excel 2013

启动 Excel 2013 的方法有以下几种：

（1）选择"开始"→"所有应用"→"Microsoft Office 2013"→"Excel 2013"命令，启动 Excel 2013。

（2）双击桌面上的 Excel 2013 快捷方式图标 。

（3）双击已经创建的 Excel 2013 文档，启动 Excel 2013。

（4）利用最近打开过的工作簿启动。

（5）单击"开始"按钮，在搜索栏中输入命令"Excel"，按 Enter 键，即可启动 Excel 2013。

2）退出 Excel 2013

通常，退出 Excel 2013 的方法有以下 4 种：

（1）单击 Excel 2013 窗口标题栏右端的"关闭"按钮 。

（2）单击 Excel 2013 窗口标题栏左端的控制菜单按钮，在打开的下拉列表中选择"关闭"命令。

（3）双击 Excel 2013 窗口标题栏左端的控制菜单按钮。

（4）直接按组合键 Alt+F4。

2. Excel 窗口的组成

Excel 2013 的窗口由标题栏、功能区、数据编辑区和状态栏等组成，如图 4-4 所示。

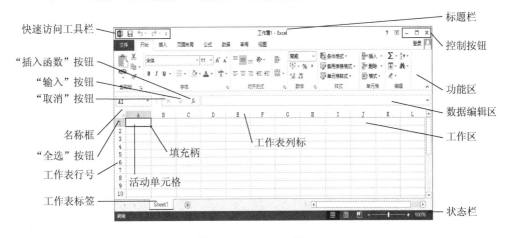

图 4-4　Excel 2013 窗口

1）标题栏

组成：由控制菜单按钮和 3 个控制按钮（"最小化"按钮、"最大化/还原"按钮、"关闭”按钮）组成。

功能：调整窗口的大小、移动窗口的位置和关闭窗口。

2）功能区

组成：由“文件”“开始”“插入”“页面布局”“公式”“数据”“审阅”“视图”8个选项卡组成，每一个选项卡都包含了若干个命令按钮。

功能：使用命令按钮，可以完成全部的 Excel 2013 的操作。

3）数据编辑栏

组成：由名称框、“取消”按钮、“输入”按钮、“插入函数”按钮、数据编辑区组成。

功能：名称框用于显示单元格的地址或名称；“插入函数”按钮、“输入”按钮、“取消”按钮用于插入函数，对输入或编辑的值或公式进行确认、取消；数据编辑区用于输入或编辑当前单元格的值或公式。

4）状态栏

功能：用于显示当前系统运行的一些状况和与操作有关的信息。

3. 工作簿、工作表、单元格

1）工作簿

工作簿是 Excel 2013 用来存储和处理数据的文件，其扩展名为.xlsx。Excel 文档称为工作簿。每个工作簿包含若干个工作表（通常称为电子表格），默认情况下有 1 个工作表，命名为“Sheet1”。用户可以根据自己的需要修改工作表的名称和数目，一个 Excel 工作簿最多可以包含 255 个工作表。

2）工作表

在 Excel 2013 中，工作表由含有数据的行和列组成，最多由 65536 行和 256 列组成，行号由上到下从“1”到“65536”进行编号，列号由左到右用字母“A”到“IV”进行编号。

3）单元格

行和列相交的区域称为单元格。单元格是 Excel 2013 中存储数据的最小单元，可以保存数值、文字、声音、图片等各种形式的数据。

在 Excel 2013 中，每个单元格都有唯一固定的地址，由列号和行号组成。例如，单元格“D7”代表了第 D 列第 7 行相交的单元格。

在进行数据编辑前，应先选定单元格（称为活动单元格）。在工作表中，正在使用的单元格外有一个黑色的方框，表示这个单元格是活动单元格（也称为当前单元格）。当前单元格的地址在名称框中显示，同时当前单元格的内容在当前单元格和数据编辑区中显示。

如果表示不同工作簿中的某个工作表的某个单元格，其格式为

［工作簿名］工作表名！单元格地址

4. 工作簿的创建与保存

1）新建工作簿

在 Excel 2013 中新建工作簿文件的方法主要有以下几种：

（1）每次启动 Excel 2013 时，系统会自动建立一个工作簿文件，文件名为工作簿 1.xlsx。

（2）选择"文件"选项卡→"新建"命令。

（3）在快速访问工具栏中，单击"新建"按钮 。

（4）按组合键 Ctrl+N。

Excel 2013 为用户提供了很多模板，如果用户要使用这些模板建立新的工作簿，要使用第二种方法。

2）保存工作簿

建立工作簿文件并编辑后，需要将已经完成的工作保存下来，通常有以下几种情况：

（1）对于新建文件的保存。

① 选择"文件"选项卡→"保存"命令。

② 单击快速访问工具栏中的"保存"按钮 。

③ 按组合键 Ctrl+S。

此时都会打开"另存为"对话框，提示用户存盘，如图 4-3 所示。

（2）对已保存过的文件再次编辑后再次保存。

① 单击快速访问工具栏中的"保存"按钮。

② 按组合键 Ctrl+S。

此种情况下不会打开"另存为"对话框。

（3）换名或换路径保存。选择"文件"选项卡→"另存为"命令，打开如图 4-3 所示的对话框，用户可以根据自己的需要对已保存过的文件改名存盘或更改路径存盘。

任务 2　工作表的重命名

■■任务目标■■■■■

（1）掌握工作表的基本操作。

（2）能够重命名工作表。

■■任务说明■■■■■

工作簿建立后，右击工作簿左下角的工作表标签，可以实现工作表的插入、移动、复制、重命名、删除等操作。按照张影老师要求，将工作表 Sheet1 重命名为"学生成绩表"。

■■任务实现■■■■■■■

步骤 1：右击工作表标签 Sheet1，在弹出的快捷菜单中选择"重命名"命令，如图 4-5 所示，此时 Sheet1 呈文本编辑状态。

步骤 2：输入文字"学生成绩表"，然后单击工作表任意单元格，完成工作表的重命名，如图 4-6 所示。

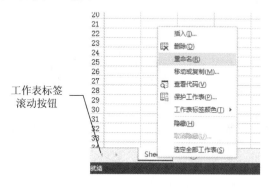

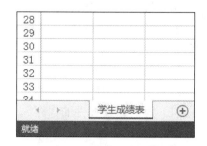

图 4-5　工作表重命名操作　　　　　　图 4-6　工作表重命名操作结果

■■知识链接■■■■■■■

在 Excel 2013 中，新建的工作簿默认包含一个工作表，用户可以对工作表进行重命名、复制、移动、隐藏和分割等操作。

1. 插入工作表

若系统提供的一个工作表不够使用，用户可以插入一个或多个新的工作表，插入工作表的方法有以下几种：

（1）单击工作表标签右侧的"新工作表"按钮 ⊕ ，可在当前活动工作簿右边插入一张空白工作表。

（2）选择"开始"选项卡→"单元格"组→"插入"→"插入工作表"命令，如图 4-7 所示，可在当前活动工作簿左边插入一张空白工作表。

图 4-7　插入工作表操作

（3）选中工作表，右击，在弹出的快捷菜单中选择"插入"→"工作表"命令，打开如图 4-8 所示的"插入"对话框，单击"工作表"图标，可在当前活动工作簿左边插入一张空白工作表。

图 4-8　"插入"对话框

2. 移动或复制工作表

根据用户的需求，有时需要编辑相似的工作表，此时就需要做好一张工作表之后，进行工作表的复制；有时需要调整工作表在工作簿中的顺序，或者要将不同工作簿中的工作表归类合并到一个工作簿中，此时就需要进行工作表的移动。在 Excel 2013 中，移动（或复制）的方法主要有以下几种：

1）在同一工作簿中移动（或复制）工作表

单击要移动（或复制）的工作表，沿着标签行拖动（或按住 Ctrl 键拖动）工作表标签到目标位置。

2）在不同工作簿之间移动（或复制）工作表

打开源工作簿，选定要移动（或复制）的工作表，右击，在弹出的快捷菜单中选择"移动或复制…"命令，打开"移动或复制工作表"对话框，如图 4-9 所示。

图 4-9　"移动或复制工作表"对话框

在"工作簿"下拉列表中选择目标工作簿，在"下列选定工作表之前"列表框中选定移动（或复制）的工作表的位置，如果要复制，则勾选"建立副本"复选框，最后单击"确定"按钮。

注意

> 要将工作表移动或复制到另一个工作簿中，必须先将该工作簿打开，否则"工作簿"列表中看不到相应的文件名。

3. 删除工作表

为了减小工作簿文件的大小，用户可以将多余的工作表删除。删除工作表的方法如下：

选定要删除的工作表，选择"开始"选项卡→"单元格"组→"删除"→"删除工作表"命令，打开如图4-10所示的提示对话框，单击"删除"按钮。

图4-10　删除工作表提示对话框

同时，也可以通过右击的方法实现工作表的删除。

4. 设置工作表标签的颜色

为了突出显示某张工作表，可以为其工作表标签设置颜色，主要有以下几种设置方法：

（1）选中工作表，右击，在弹出的快捷菜单中选择"工作表标签颜色"命令，如图4-11（a）所示，可选择需要的工作表标签颜色。

（2）选择"开始"选项卡→"单元格"组→"格式"→"工作表标签颜色"命令，如图4-11（b）所示，可选择需要的工作表标签颜色。

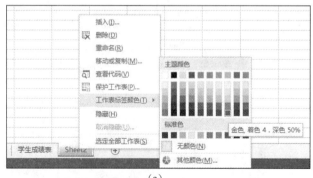

（a）

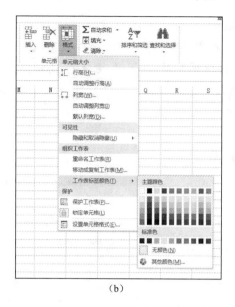

（b）

图 4-11　设置工作表标签颜色操作

5．隐藏与显示工作表

工作表的隐藏或显示，主要有以下几种方法：

（1）在工作表标签上右击，在弹出的快捷菜单中选择"隐藏"（或"取消隐藏"）命令，可以隐藏（或显示）工作表。

（2）选择"开始"选项卡→"单元格"组→"格式"→"隐藏和取消隐藏"命令，可以实现工作表、行、列的隐藏或显示。

6．保护工作表

为了防止他人对单元格的格式或内容进行修改，可以设定工作表的保护。

1）保护整个工作表

选择"审阅"选项卡→"更改"组→"保护工作表"命令，打开"保护工作表"对话框，如图 4-12 所示，可以实现工作保护的相关操作。

2）取消工作表的保护

选择"审阅"选项卡→"更改"组→"撤销保护工作表"命令，可取消工作表的保护。

3）取消对部分工作表的保护

工作表保护之后，默认情况下所有单元格都将无法编辑。但是在实际工作中，有些单元格中的数据是需要编辑的，为了能更改这个特定的单元格中的数据，可以先取消对这些单元格的锁定，再对工作表进行保护。取消锁定的方法如下：

选择"开始"选项卡→"单元格"组→"格式"→"锁定单元格"命令，可以实现单元格的锁定与解锁。

4）允许特定用户编辑受保护的工作表区域

选择要进行设置的区域，选择"审阅"选项卡→"更改"组→"允许用户编辑区域"命令，打开"允许用户编辑区域"对话框，如图 4-13 所示。

图 4-12　"保护工作表"对话框　　　　图 4-13　"允许用户编辑区域"对话框

在打开的"允许用户编辑区域"对话框中，单击"新建"按钮，打开"新区域"对话框，可添加一个新的区域，并可输入访问密码。单击"权限"按钮，在打开的对话框中添加可以访问该区域的用户，依次单击"确定"按钮，然后单击"保护工作表"按钮。

7. 拆分与冻结工作表窗口

1）工作表窗口的拆分

当需要查看距离较远的两个区域的单元格时，可以对工作表横向或纵向进行分割，方法如下：选择"视图"选项卡→"窗口"组→"拆分"命令，可将窗口拆分成 4 个。

2）工作表窗口的冻结

工作表较大时，在向下或向右滚动浏览时无法始终在窗口中显示前几行或前几列，可以使用"冻结"行或列的方法让行或列始终出现。

冻结窗口的方法：选定相邻的行或列，选择"视图"选项卡→"窗口"组→"冻结窗格"→"冻结拆分窗格"命令。例如，若想冻结第一列，则选中第二列执行命令，若想冻结前两行，则选择第三行执行命令。

取消冻结的方法：选择"视图"选项卡→"窗口"组→"冻结窗格"→"取消冻结窗格"命令。

任务 3　数据的输入

■■任务目标■■■■

（1）掌握智能填充的方法。

（2）能够完成工作表的各种数据的录入。

任务说明

在 Excel 2013 中输入数据时，先单击目标单元格，使之成为当前单元格，然后输入数据。完成“学生成绩表”的文字录入，如图 4-14 所示。

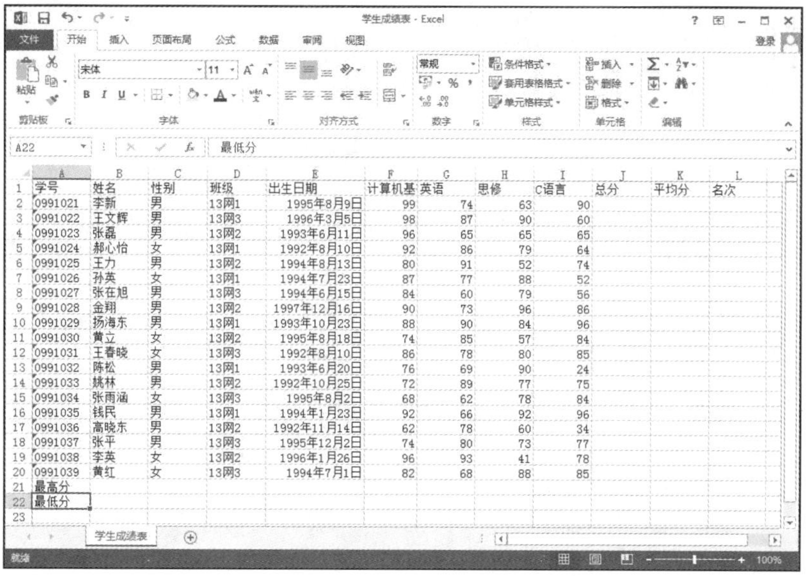

学号	姓名	性别	班级	出生日期	计算机基	英语	思修	C语言	总分	平均分	名次
0991021	李新	男	13网1	1995年8月9日	99	74	63	90			
0991022	王文辉	男	13网3	1996年3月5日	98	87	90	60			
0991023	张磊	男	13网2	1993年6月11日	96	65	65	65			
0991024	郝心怡	女	13网1	1992年8月10日	92	86	79	64			
0991025	王力	男	13网2	1994年8月13日	80	91	52	74			
0991026	孙英	女	13网1	1994年7月23日	87	77	88	52			
0991027	张在旭	男	13网3	1994年6月15日	84	60	79	56			
0991028	金翔	男	13网2	1997年12月16日	90	73	96	86			
0991029	扬海东	男	13网1	1993年10月23日	88	90	84	96			
0991030	黄立	女	13网2	1995年8月18日	74	85	57	84			
0991031	王春晓	女	13网3	1992年8月10日	86	78	80	85			
0991032	陈松	男	13网1	1993年6月20日	76	69	90	24			
0991033	姚林	男	13网2	1992年10月25日	72	89	77	75			
0991034	张雨涵	女	13网3	1995年8月2日	68	62	78	84			
0991035	钱民	男	13网1	1994年1月23日	92	66	92	96			
0991036	高晓东	男	13网2	1992年11月14日	62	78	60	34			
0991037	张平	男	13网3	1995年12月2日	74	80	73	77			
0991038	李英	女	13网2	1996年1月26日	96	93	41	78			
0991039	黄红	女	13网3	1994年7月1日	82	68	88	85			
最高分											
最低分											

图 4-14　学生成绩表

任务实现

步骤 1：输入字符型数据。

单击 A1 单元格，使之成为当前单元格，名称框中出现当前单元格的地址，然后输入“学号”，输入完成后按→键或 Enter 键或单击“√”按钮可结束输入。字符在单元格中默认是左对齐，按 Alt+Enter 键可以在单元格中换行。

单击 B1 单元格，在 B1 单元格中输入“姓名”，按同样方法依次完成第 1 行中 C～L 列的数据输入。

注意

特殊字符型数据的输入：

1）输入长字符串：单元格的宽度有限，当输入的字符长度超出单元格的宽度时，存在两种情况，若右侧单元格为空，则字符串超出部分将直接显示在右侧单元格处；若右侧单元格有内容，则字符串超出部分隐藏显示。如图 4-15 所示，单元格 F1 中输入的“计算机基础”的“础”字因超出单元格被隐藏了。

2）输入数字字符串：有些数据是无法计算的代码，如电话号码、身份证号码等，人们在处理这类数据时，往往把它们当作由数字字符组成的字符串。为了与数值区分开，在输入这类数据时，要先输入单撇号"'"，再输入数字字符串。如图4-16所示，要输入学号0991021，应输入"'0991021"。

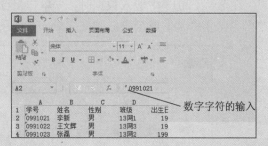

图4-15　长字符串的输入　　　　　　图4-16　数字字符的输入

智能填充数据：当相邻单元格中要输入相同的数据或按某种规律变化的数据时，可使用Excel 2013的智能填充功能快速输入，如图4-14所示的A2：A20单元格。

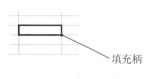

图4-17　填充柄

单击A2单元格，输入数据"'0991021"，将鼠标指针定位于A2单元格右下角的填充柄（如图4-17所示，在当前单元格的右下角有一个黑色的小方块，称为填充柄，当鼠标指针指向填充柄时，形状呈"+"状）上，按住鼠标左键向下拉至A20单元格位置处，释放左键，则A2：A20单元格将按顺序自动正确地填充。

注意

数字字符串数据顺次加1填充时，直接拖动填充柄。
数值型数据顺次加1填充时，按住Ctrl键拖动当前单元格的填充柄。

步骤2：输入数值型数据。
输入F：I列的数据。数据在单元格中默认为右对齐。

注意

1）输入数值
输入数值时，系统默认形式为常规表示法，当数值长度超过单元格宽度时自动转换成科学计数法表示，如输入"1234567890123"，则显示为"1.23457E+12"。
2）输入分数
为避免将输入的分数视作日期，请在分数前输入0（零）和空格，如输入0 1/2。
3）输入负数
请在负数前输入负号，或将其置于括号"( )"中。如要输入-123，则输入"(123)"。

步骤 3：输入日期型和时间型数据。

单击 E2 单元格，输入日期 1995-8-9，年、月、日之间以"-"分隔，以此方法依次完成 E 列数据的输入。

注意

当输入的数据符合日期或时间的格式时，Excel 2013 会自动以日期或时间的形式存储数据。

若单元格首次输入的是日期，则该单元格就被格式化为日期格式，以后再输入数值仍然换算为日期。例如，在某单元格中输入 07-3-30，按 Enter 键。然后，再将此单元格中的数据删除，输入数值 100，按 Enter 键后单元格中显示的不是数值 100，而是日期 1900-4-9（1900 年 4 月 9 日）。有关改变单元格格式的方法请参见后面章节。Excel 内置了一些日期格式。

1）常用的日期格式

YYYY-MM-DD；YYYY/MM/DD；YY/MM/DD。

2）常用的时间格式

以 21 点 45 分 50 秒为例。

21：45：50；9：45：50PM；21 时 45 分 50 秒；下午 9 点 45 分 50 秒。

其中，AM 或 A 表示上午，PM 或 P 表示下午。

3）日期与时间组合输入

日期与时间同时输入时，应在日期与时间之间用空格分隔。

步骤 4：保存。完成学生成绩表之后，选择"文件"选项卡→"保存"命令，对文件进行存盘。

▌知识链接▌

1. 智能填充

1）填充相同数据

对时间和日期型数据，按住 Ctrl 键拖动当前单元格的填充柄。

对字符（数字字符串除外）或纯数值型数据，直接拖动填充柄。

2）填充已定义的序列数据

在 Excel 2013 系统内部，已经定义了很多的序列，要使用这些序列，只需输入序列中的任意一个数据，然后拖动填充柄即可智能填充序列。如果序列中的数据用完了，则再从头开始取数据。例如，在 A1 单元格中输入星期日，拖动 A1 单元格的填充柄到 A8，则从 A1 到 A8，依次被填充为星期日、星期一、星期二……星期日，如图 4-18 所示。

Excel 2013 中定义的序列还有以下几种：

（1）Sun、Mon、Tue、Wed、Thu、Fri、Sat。

（2）Sunday、Monday、Tuesday、Wednesday、Thursday、Friday、Saturday。

图 4-18 填充已定义的
序列数据

（3）日、一、二、三、四、五、六。

（4）星期日、星期一、星期二、星期三、星期四、星期五、星期六。

（5）Jan、Feb、Mar、Apr、May、Jun、Jul、Aug、Sep、Oct、Nov、Dec。

（6）一月、二月、三月、四月、五月、六月、七月、八月、九月、十月、十一月、十二月。

（7）第一季、第二季、第三季、第四季。

（8）甲、乙、丙、丁、戊、己、庚、辛、壬、癸。

（9）子、丑、寅、卯、辰、巳、午、未、申、酉、戌、亥。

如果经常用到一个序列，用户也可以自定义填充序列，方法如下：

选择"文件"选项卡→"选项"命令，打开"Excel 选项"对话框，选择"高级"选项卡（图 4-19），在"常规"选项组单击"编辑自定义列表"按钮，打开"自定义序列"对话框，如图 4-20 所示。

图 4-19　"Excel 选项"对话框　　　　图 4-20　"自定义序列"对话框

在"自定义序列"列表框中选择"新序列"选项，在"输入序列"列表框中输入自定义的序列（如鼠、牛、虎、兔……），单击"添加"按钮，输入的序列被添加到"自定义序列"列表框中，单击"确定"按钮，完成自定义填充序列。

注意

序列中每一项不能以数字开头。

3）填充规律序列

例如，在 A1：A10 中填充等差数列 1，3，5，7，9，…，19，主要方法有以下几种：

（1）使用"开始"选项卡"编辑"组中的填充命令：在单元格 A1 中输入数值"1"，

选定要填充的单元格区域（拖动鼠标从 A1 到 A10），选择"开始"选项卡→"编辑"组
→"填充"→"序列"命令，打开"序列"对话框，如图 4-21 所示，在"序列产生在"
选项组中点选"列"单选按钮；在"类型"选项组中点选"等差序列"单选按钮；在"步
长值"文本框中输入"2"，单击"确定"按钮，完成等差数列的填充。

（2）使用填充句柄填充：在 A1 和 A2 单元格中分别输入数据"1"和"3"，并选
定它们，拖动填充柄到该数列的最后一项 A10，此时从 A1 到 A10 按等差数列依次自
动填充。

（3）使用快捷菜单填充：在单元格 A1 和 A2 中分别输入数值"1"和"3"，并选定
它们，右键拖动填充柄到 A10，松开鼠标右键，弹出如图 4-22 所示的快捷菜单，选择
"等差序列"命令，则按前两项的步长完成等差数列的填充。

图 4-21　"序列"对话框

图 4-22　使用右键快捷菜单填充

任务 4　标题行的插入

▌■任务目标▌

（1）掌握数据编辑的方法。
（2）能够插入行。

▌■任务说明▌

学生成绩表中，在列标题前插入新的一行，输入标题"学生成绩表"，完成标题行
的插入操作，如图 4-23 所示。

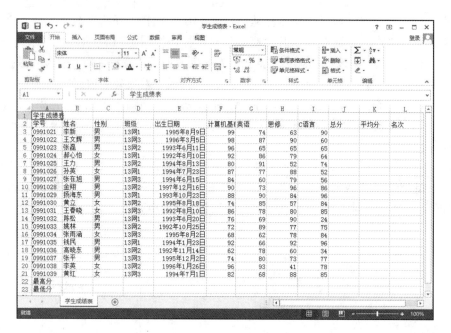

图 4-23　输入标题"学生成绩表"

■■任务实现■■

步骤 1：将光标定位到第一行任意一个单元格内，选择"开始"选项卡→"单元格"组→"插入"→"插入工作表行"命令，将在第一行前面增加一个空行，如图 4-24 和图 4-25 所示。

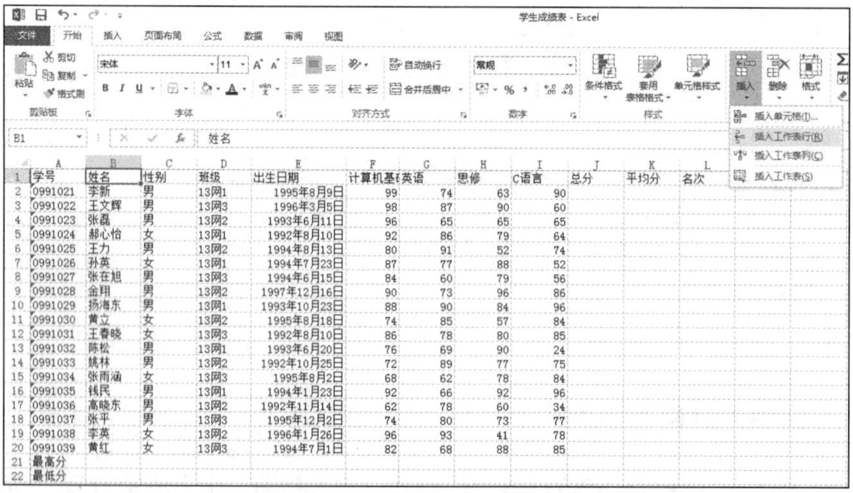

图 4-24　插入行操作

图 4-25　插入行操作结果

步骤 2：在 A1 单元格中输入字符"学生成绩表"。

知识链接

1. 选定单元格及单元格区域

对已经建立的工作表，可以根据需要编辑、修改其中的数据。常用的编辑操作有移动、复制、删除、插入、修改等。

1）选定单个单元格

要编辑某单元格，首先要选定此单元格，使之成为当前单元格，方法如下：

（1）直接单击单元格。

（2）在名称框中输入单元格的地址，然后按 Enter 键。例如，在名称框中输入 A3，然后按 Enter 键，则单元格 A3 成为当前单元格。

2）选定一行（列）

单击行（列）号可选定一行（列）。

3）选定多行（列）

将鼠标指针移到首行（列）上，按住鼠标左键并拖动到尾行（列），释放鼠标即可选定多行（列）。

4）选定一矩形区域

以 A3 到 E5 为例，如图 4-26 所示，方法主要有以下几种：

（1）单击单元格 A3（此时不要释放鼠标），拖动鼠标到单元格 E5 处，释放鼠标。

（2）单击单元格 A3，按住 Shift 键的同时单击单元格 E5。

（3）在名称框中输入单元格区域 A3：E5，然后按 Enter 键。

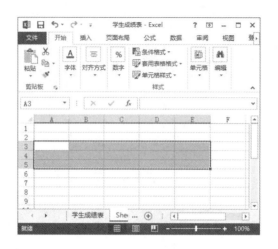

图 4-26　选定单元格

5）选定整个工作表

单击"全选"按钮，或按组合键 Ctrl+A，选定整个工作表。

6）选定若干不相邻的单元格（或区域）

按住 Ctrl 键，单击或拖动鼠标可以选定不相邻的单元格或区域。

2. 编辑单元格数据

对于已经建立的工作表，可以根据需要编辑、修改其中的数据。常用的编辑操作有修改、移动、复制、插入、删除等。

1）修改数据

若要对当前单元格中的数据进行修改，则当原数据与新数据完全不一样时，可以重新输入；当新数据只是在原数据的基础上略加修改且数据较长、重新输入效率不高时，可单击数据编辑区（该区显示当前单元格的数据），插入点出现在数据编辑区，即可像在 Word 中编辑文本一样编辑当前单元格中的数据。

编辑完成后单击"√"按钮或按 Enter 键即可；若想取消刚才的编辑操作，单击"×"按钮或按 Esc 键即可。

2）移动或复制单元格数据

要将单元格移动或复制到目标位置，可以采用以下 3 种方法：

（1）鼠标拖动法。将鼠标指针指向选定的单元格或区域的边沿位置，当鼠标指针变成四向箭头时，拖动鼠标到目标位置。若直接拖动，则完成的操作是移动，拖动过程中按住 Ctrl 键完成的操作是复制。

（2）使用按钮。选定源单元格或区域，单击"开始"选项卡→"剪贴板"组→"剪切"（或"复制"）按钮，再到目标位置，单击"粘贴"下拉按钮，可根据需要选择性粘贴。

（3）使用快捷键。选定源单元格区域，按组合键 Ctrl+X（或 Ctrl+C），选定目标位置，按组合键 Ctrl+V 完成移动操作（或复制操作）。

3）清除单元格数据

清除单元格数据只是删除单元格中的数据，而仍保留单元格。操作方法如下：

（1）选定单元格，按键盘上的 Delete 键。

（2）选定单元格，单击"开始"选项卡→"编辑"组→"清除"下拉按钮，打开如图 4-27 所示的下拉列表。主要选项的意义如下：

全部清除：清除单元格中的格式、数据内容和批注。

清除格式：只清除单元格中的格式，内容、批注保留。

清除内容：只清除单元格中的内容，格式、批注保留。

清除批注：只清除单元格中的批注，格式、内容保留。

4）插入与删除单元格

（1）插入一行（列）。单击某行（列）的任一单元格，选择"开始"选项卡→"单元格"组→"插入"→"插入工作表行"（"插入工作表列"）命令，新插入的行（列）将出现在该行（列）之前。

（2）插入单元格。单击某个单元格，选择"开始"选项卡→"单元格"组→"插入"→"插入单元格"命令，打开如图 4-28 所示的"插入"对话框，选择插入方式，单击"确定"按钮。

图 4-27　清除菜单

图 4-28　"插入"对话框

对话框中各项的意义如下：

活动单元格右移：当前单元格及其右侧（本行）所有单元格右移一个单元格。

活动单元格下移：当前单元格及其下面（本列）所有单元格下移一个单元格。

整行：当前单元格所在的行前出现空行。

整列：当前单元格所在的列前出现空列。

（3）删除单元格。单击要删除的单元格，选择"开始"选项卡→"单元格"组→"删除"→"删除单元格"命令，打开如图 4-29 所示的"删除"对话框，选择删除方式，单击"确定"按钮。

对话框中各项的意义：

右侧单元格左移：被删除单元格的右侧（本行）所有单元格左移一个单元格。

下方单元格上移：被删除单元格的下面（本列）所有单元格上移一个单元格。

整行：删除当前单元格所在行。

整列：删除当前单元格所在列。

（4）删除行（列）。单击要删除的行（列）号，选择"开始"选项卡→"单元格"组→"删除"→"删除工作表行（列）"命令。

5）查找与替换

当工作表很大而且复杂时，可以使用 Excel 2013 的查找功能，可以快速找到要查看的数据，提高工作效率；如果有必要，还可以用新数据替换查找到的数据。

（1）查找。选择"开始"选项卡→"编辑"组→"查找和选择"→"查找"命令，打开"查找和替换"对话框，如图 4-30 所示。

图 4-29　"删除"对话框　　　　图 4-30　"查找和替换"对话框（一）

在"查找内容"文本框中输入要查找的内容并指定搜索方式（按行或列）和搜索范围，输入查找内容时可以采用"～"和通配符"*""？"。单击"查找下一个"按钮开始查找，找到第一个满足查找条件的内容后停下来，该单元格成为当前单元格。若要继续查找，再次单击"查找下一个"按钮，将继续查找下一个满足查找条件的单元格。到达整个工作表的末尾时会自动从头继续查找。

（2）替换。选择"开始"选项卡→"编辑"组→"查找和选择"→"替换"命令，打开"查找和替换"对话框，如图 4-31 所示。

图 4-31　"查找和替换"对话框（二）

在"查找内容"文本框中输入要查找的内容，在"替换为"文本框中输入替换的新数据，单击"查找下一个"按钮，找到第一个满足查找条件的内容后停下来，要替换为新数据，则单击"替换"按钮，Excel 2013 将用新数据替换原来的数据，并自动继续查找下一个目标；要确定全部替换，可单击"全部替换"按钮，则 Excel 2013 会把所有找到的指定内容替换成新数据，并自动关闭"查找和替换"对话框。

6）批注

批注是为单元格加注释。单元格加了批注后，会在单元格右上方出现一个三角标志，当鼠标指针指向此单元格时，显示批注信息。

（1）添加批注。选择"审阅"选项卡→"批注"组→"新建批注"命令，在弹出的批注框中写入批注文字，在批注框外部单击即可退出。

（2）编辑或删除批注。右击加有批注的单元格，在弹出的快捷菜单中选择"编辑批注"或"删除批注"命令即可。

■强化训练

一、选择题

1. 一个 Excel 2013 工作簿文件第一次存盘默认的扩展名是（　　）。

    A．.wk1　　　　　　B．.xlsx　　　　　　C．.xcl　　　　　　D．.docx

2. 在 Excel 2013 中，要在工作簿中同时选择多个不相邻的工作表，在依次单击各个工作表标签的同时应该按（　　）键。

    A．Ctrl　　　　　　B．Shift　　　　　　C．Alt　　　　　　D．Delete

3. 在 Excel 2013 中，如果要选取若干个不连续的单元格，可以（　　）。

    A．按 Shift 键依次单击所选单元格

    B．按 Ctrl 键依次单击所选单元格

    C．按 Alt 键依次单击所选单元格

    D．按 Tab 键依次单击所选单元格

4. 在 Excel 2013 中，选中某个单元格后，单击"格式刷"按钮，可以复制单元格的（　　）。

    A．格式　　　　　　　　　　　　B．内容

    C．全部（格式和内容）　　　　　D．批注

5. 在 Excel 2013 中，在一个单元格里输入文本时，文本的默认对齐方式是（　　）。

    A．左对齐　　　　B．右对齐　　　　C．居中对齐　　　　D．随机对齐

6. 在 Excel 2013 中，单元格地址是指（　　）。

    A．每一个单元格　　　　　　　　B．每一个单元格的大小

    C．单元格所在的工作表　　　　　D．单元格在工作表中的位置

7. 在 Excel 2013 中，单元格地址（　　）表示第一行第一列。

    A．R1C3　　　　　B．B1　　　　　　C．R1C2　　　　　D．A1

二、实操题

1. 建立一个工作簿文件，命名为"成绩单.xlsx"，并保存在"文档"中。

2. 如下图所示，在工作表中输入数据。

项目 2　学生成绩表的美化

　项目背景

　　计算机网络技术专业辅导员张影在完成"学生成绩表"之后，感觉所做的表格不太美观，想对表格进行格式化设置。本项目的任务是完成"学生成绩表"的格式化设置。通过本项目的学习，要求掌握数据、边框与底纹、行高、列宽等格式设置方法。

任务 1　"学生成绩表"工作簿的打开

■■任务目标■■

　　能够打开工作簿。

■■任务说明■■

　　要对已存在的工作簿进行编辑，必须先打开它。张影老师要对"学生成绩表"进行美化，首先需要打开"学生成绩表"。

■■任务实现■■

　　在 D：\张影文件夹中找到名为"学生成绩表"的工作簿，双击该工作簿图标打开该工作簿。

　　还有以下方法可以打开工作簿：

　　（1）单击"文件"选项卡→"打开"→"计算机"→"浏览"按钮，打开"打开"对话框，如图 4-32 所示，确定工作簿文件所在的文件夹，单击选定文件，单击"打开"按钮。

　　（2）单击快速启动工具栏中的"打开"按钮，其余步骤同上。

　　（3）选择"文件"选项卡→"打开"→"最近使用的工作簿"命令，在打开的列表中单击选定文件。Excel 2013 会自动记住最近编辑过的工作簿文件名。

图 4-32　"打开"对话框

常用关闭工作簿文件的方法有以下几种：

（1）选择"文件"选项卡→"关闭"命令。

（2）单击工作簿窗口的"关闭"按钮。

（3）双击工作簿窗口左上角的控制菜单按钮。

（4）按组合键 Alt+F4。

在关闭工作簿前，若工作簿文件被编辑过而未保存，则系统会提示用户是否保存修改，用户可以根据情况选择"是"或"否"。

任务 2　学生成绩表的格式设置

■■任务目标■■■■■■■■■■■■■■■■■■■■■■■■■■■■■■■■■■■■■

（1）掌握格式设置的方法。

（2）能够设置字符格式、边框与底纹、行高、列宽、对齐方式。

■■任务说明■■■■■■■■■■■■■■■■■■■■■■■■■■■■■■■■■■■■■

掌握学生成绩表的格式设置方法，主要包括设置数值型数据的格式、设置字符格式、设置任务标题居中与单元格数据对齐、设置边框与底纹、设置行高和列宽。张影老师要求对字体、对齐方式、边框、底纹、行高和列宽等进行设置，完成学生成绩表的美化，效果如图 4-33 所示。具体要求如下：

（1）标题"学生成绩表"设置为 26 号字，使用"黑体"字体、加粗、字体颜色为深蓝色，合并后居中、橙色底纹。

（2）列标题格式设置为"仿宋"字体、倾斜加粗、14 号字、字体颜色为黑色；表中其他文字设为"宋体"、12 号字，全体数据上、下、左、右均居中。

（3）表中所有的列宽设为"自动调整列宽"，标题行行高为"42"，列标题行行高为"25"，其他各行行高为"16.25"。

（4）表中数值类型的数据除名次列外，所有的数字格式设置为"保留两位小数"。

（5）除标题行外，表的外边框设定为黑色粗实线，内边框设定为黑色细实线。

（6）将所有不及格的学生的成绩设置为红色、加粗、倾斜，加单下划线。

图 4-33　学生成绩表的格式设置效果

任务实现

1. 合并后居中"学生成绩表"标题单元格

表格的标题总是在一个单元格中输入，在该单元格中居中是无意义的，而应该根据表格的宽度跨单元格居中，这就需要先对表格宽度内的单元格合并然后居中。操作方法如下。

选定标题单元格 A1：L1，单击"开始"选项卡→"对齐方式"组→"合并后居中"按钮，如图 4-34 所示。

2. 设置"学生成绩表"中的字体格式

为使表格美观或突出某些数据，可以对有关单元格进行字符格式化。字符格式化有两种方法。

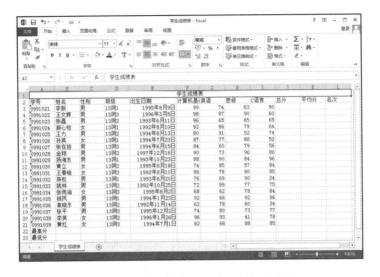

图 4-34　单击"合并后居中"按钮的效果

1）使用"开始"选项卡"字体"组中的按钮

按照张影老师的要求，用"字体"组中的按钮来设置标题字体、列标题字体。

步骤 1：选定标题"学生成绩表"（即 A1：L1），选择"开始"选项卡→"字体"组，在"字体"下拉列表中，选择"黑体"；在"字号"下拉列表，选择"26"；在"字体颜色"下拉列表中，选择"深蓝色"，如图 4-35 所示；单击"加粗"按钮。

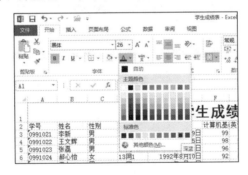

图 4-35　设置标题格式

步骤 2：选定列标题（即 A2：L2），选择"开始"选项卡→"字体"组，在"字体"下拉列表中，选择"仿宋"，在"字号"下拉列表中，选择"14"，在"字体颜色"下拉列表中，选择"黑色"，单击"加粗"按钮，单击"倾斜"按钮。

2）使用"设置单元格格式"对话框中的"字体"选项卡

使用"设置单元格格式"对话框中的"字体"选项卡，设置除标题行、列标题行外的其他字符格式。

步骤 1：选定字符数据（即 A3：L23），单击"开始"选项卡"字体"组中的对话框启动器按钮，打开"设置单元格格式"对话框，如图 4-36 所示。

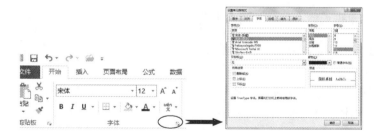

图 4-36　打开"设置单元格格式"对话框

步骤 2：选择"字体"选项卡，在"字体"列表框中选择"宋体（正文）"，在"字形"列表框中选择"常规"，在"字号"列表框中选择"12"。

步骤 3：单击"确定"按钮，完成设置。

3. 设置"学生成绩表"的对齐方式

数据在单元格内的对齐方式有以下几种：

（1）水平方向：左对齐、右对齐、居中对齐。

（2）垂直方向：靠上、居中、靠下。

（3）数据还可以旋转一定的角度。

在 Excel 2013 中设置对齐方式的方法主要有两种：选择"开始"选项卡→"对齐方式"组，单击对齐方式按钮 ；使用"设置单元格格式"对话框中的"对齐"选项卡。

张影老师要求上、下、左、右均居中，具体操作如下：

步骤 1：选定要设置的单元格（即 A1：L23），单击"开始"选项卡"对齐方式"组中的对话框启动器按钮，打开"设置单元格格式"对话框。

步骤 2：选择"对齐"选项卡，在"水平对齐"下拉列表中选择"居中"选项，在"垂直对齐"下拉列表中选择"居中"选项，如图 4-37 所示。如果需要倾斜角度，在"方向"文本框中输入要旋转的角度。

步骤 3：单击"确定"按钮，完成设置。

图 4-37　"设置单元格格式"对话框

4. 设置"学生成绩表"的行高和列宽

要改变行高和列宽，方法有以下几种。

1）鼠标拖动法

将鼠标指针指向目标行号（或列号）的边线上，鼠标指针变成上、下（或左、右）双向箭头，然后上、下（或左、右）拖动鼠标到合适位置，松开鼠标。

2）快捷菜单命令法

选定目标行（或列），右击，在弹出的快捷菜单中选择"行高"（或"列宽"）命令，打开"行高"（或"列宽"）对话框，如图4-38所示，输入行高值（或列宽值），单击"确定"按钮。

（a）"行高"对话框

（b）"列宽"对话框

图 4-38 "行高"和"列宽"对话框

3）使用"开始"选项卡"单元格"组

注意

> 如果要使行高（列宽）最适合单元格中的数据，可以将鼠标指针指向目标行号（或列号）的下边线（或右边线），然后双击即可。

按照张影老师的要求，对学生成绩表进行如下操作：

步骤 1：选定 A:L 列，选择"开始"选项卡→"单元格"组→"格式"→"自动调整列宽"命令。

步骤 2：选定标题行，选择"开始"选项卡→"单元格"组→"格式"→"行高"命令，打开"行高"对话框，在"行高"文本中输入"42"，单击"确定"按钮。

步骤 3：同理将列标题行行高设为"25"，其他各行行高设为"16.25"。设置后结果如图4-39所示。

5. 设置"学生成绩表"的边框

在 Excel 2013 工作表中显示的灰色网格线并不是实际的表格线，在表格中增加实际表格线才能打印出表格线。有两种方法可给表格增加表格线。

1）使用"开始"选项卡"字体"组

单击"开始"选项卡→"字体"组→"边框"下拉按钮，打开如图 4-40 所示的下拉列表。

图 4-39　设置行高、列宽结果

2）使用"设置单元格格式"对话框中的"边框"选项卡

操作步骤如下：

步骤 1：选定要加边框的单元格区域（即 A1：L23），单击"开始"选项卡"字体"组中的对话框启动器按钮，打开"设置单元格格式"对话框。

步骤 2：选择"边框"选项卡，如图 4-41 所示。在"样式"列表框中选择"粗实线"，在"颜色"下拉列表中选择"黑色"；在"预置"选项组中选择"外边框"。

图 4-40　"边框"下拉列表

图 4-41　"边框"选项卡

189

步骤 3：在“样式”列表框中选择“细实线”；在“预置”选项组中选择“内部”。

步骤 4：单击“确定”按钮，设置后结果如图 4-42 所示。

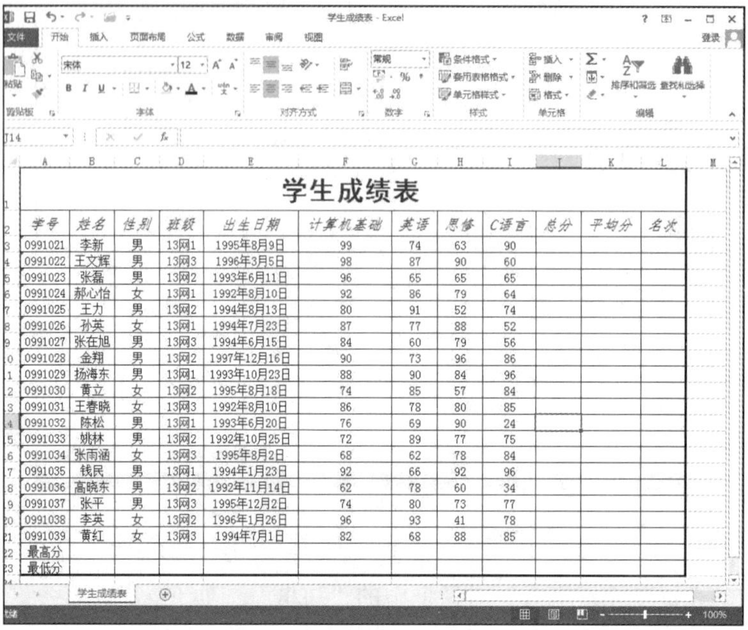

学生成绩表

学号	姓名	性别	班级	出生日期	计算机基础	英语	思修	C语言	总分	平均分	名次
0991021	李新	男	13网1	1995年8月9日	99	74	63	90			
0991022	王文辉	男	13网3	1996年3月5日	98	87	90	60			
0991023	张磊	男	13网2	1993年6月11日	96	65	65	65			
0991024	郝心怡	女	13网1	1992年8月10日	92	86	79	64			
0991025	王力	男	13网2	1994年8月13日	80	91	52	74			
0991026	孙英	女	13网1	1994年7月23日	87	77	88	52			
0991027	张在旭	男	13网3	1994年6月15日	84	60	79	56			
0991028	金翔	男	13网2	1997年12月16日	90	73	96	86			
0991029	扬海东	男	13网1	1993年10月23日	88	90	84	96			
0991030	黄立	女	13网2	1995年8月18日	74	85	57	84			
0991031	王春晓	女	13网3	1992年8月10日	86	78	80	85			
0991032	陈松	男	13网1	1993年6月20日	76	69	90	24			
0991033	姚林	男	13网2	1992年10月25日	72	89	77	75			
0991034	张雨涵	女	13网3	1995年8月2日	68	62	78	84			
0991035	钱民	男	13网1	1994年1月23日	92	66	92	96			
0991036	高晓东	男	13网2	1992年11月14日	62	78	60	34			
0991037	张平	男	13网3	1995年12月2日	74	80	73	77			
0991038	李英	女	13网2	1996年1月26日	96	93	41	78			
0991039	黄红	女	13网3	1994年7月1日	82	68	88	85			
最高分											
最低分											

图 4-42　设置边框结果

注意

Excel 2013 默认的边框颜色是黑色。在“预览”选项组中可以看到实际的效果。

对于系统默认显示的单元格之间的灰色网格线，如果不希望其显示，可以将它设置为不显示。方法：选择“视图”选项卡→“显示”组，取消勾选“网格线”复选框。

6. 设置“学生成绩表”的背景

有时为表格的一些区域添加上颜色或图案，会使这些区域更加醒目，也使表格显得更加美观。如果只是为单元格添加颜色，可以使用“开始”选项卡“字体”组中的“填充颜色”按钮，如果还要为单元格添加图案，需要使用“设置单元格格式”对话框，操作方法如下：

步骤 1：选中要添加图案和颜色的单元格区域（即 A1：L1），单击“开始”选项卡“字体”组中的对话框启动器按钮，打开“设置单元格格式”对话框。

步骤 2：选择“填充”选项卡，如图 4-43 所示，在“背景色”选项组和“图案颜色”下拉列表、“图案样式”下拉列表中选择颜色和图案。按张影老师的要求，在“背景色”选项组中选择“橙色”。

步骤 3：单击“确定”按钮，设置后结果如图 4-44 所示。

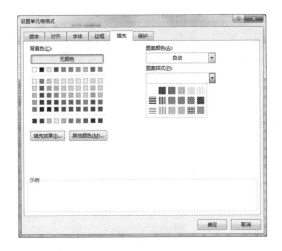

图 4-43　"填充"选项卡

图 4-44　设置背景颜色结果

7. 设置"学生成绩表"数值型数据的格式

数据格式的设置主要有两种方法。

1）使用"开始"选项卡上"数字"组

单击"开始"选项卡→"数字"组→"数字格式"下拉按钮，会出现 11 种数字格式，如图 4-45 所示。

2）使用"设置单元格格式"对话框中的"数字"选项卡

步骤1：选定要设置格式的单元格（即F3：K23），单击"开始"选项卡"数字"组中的对话框启动器按钮，打开"设置单元格格式"对话框。

步骤2：选择"数字"选项卡，在"分类"列表框中选择"数值"，"小数位数"文本框中输入"2"。

步骤3：单击"确定"按钮，设置后结果如图4-46所示。

图4-45　"数字格式"下拉列表　　　　图4-46　数值型数据的设置结果

注意

可以根据不同的需要设置单元格中数字不同的格式，如数值格式、货币格式、会计专用格式、日期格式、时间格式、百分比格式、分数格式、科学计数格式、文本格式、特殊格式、自定义格式。

8. 条件格式

步骤1：选定要使用条件格式的单元格（即F3：K23），选择"开始"选项卡→"样式"组→"条件格式"→"突出显示单元格规则"（图4-47）→"小于"命令，打开"小于"对话框，如图4-48所示。

步骤2：在"小于"对话框左侧的文本框中输入数值"60"，在"自定义格式"下拉列表中选择"自定义格式"，打开"设置单元格格式"对话框。

步骤3：选择"字体"选项卡，在"字形"列表框中选择"加粗倾斜"，在"下划线"下拉列表中，选择"单下划线"，在"颜色"下拉列表中选择"红色"，单击"确定"按钮，返回"小于"对话框。

图 4-47　"条件格式"下拉列表

图 4-48 "小于"对话框

步骤 4：单击"确定"按钮，设置结果如图 4-49 所示。

图 4-49　条件格式设置结果

注意

"条件格式"各项规则说明如下。

1）突出显示单元格规则

通过使用大于、小于、等于、包含等比较运算符限定数据范围，对属于该数据范围内的单元格设定格式。

2）项目选取规则

可以将选定单元格区域中的前若干个值或后若干个值、高于或低于该区域平均值的单元格设定特殊格式。

3）数据条

数据条可帮助用户查看某个单元格相对于其他单元格的值。数据条的长度代表单元格中的值。数据条越长，表示值越高；数据条越短，表示值越低。

4）色阶

通过使用两种或三种颜色的渐变效果来直观地比较单元格区域中的数据，用来显示数据分布和数据变化。一般情况下，颜色的深浅表示值的高低。

5）图标集

可以使用图标集对数据进行注释，每个图标代表一个值的范围。

条件格式还可以通过自定义规则实现高级格式化，实现新建规则、清除规则、管理规则。

知识链接

1. "0" 值的隐藏

在 Excel 2013 工作表中，许多时候会有 "0" 这样的数据出现，为了整个工作表的整洁、美观，用户不希望这些 "0" 值出现，使用以下方法可以隐藏。

选择 "文件" 选项卡→ "选项" 命令，打开 "Excel 选项" 对话框，选择 "高级" 选项卡，在 "此工作表的显示选项" 选项组中取消勾选 "在具有零值的单元格中显示零" 复选框，如图 4-50 所示。单击 "确定" 按钮，完成设置。

图 4-50　设置 "0" 值的隐藏

2. 复制格式

如果表格中有很多格式相同的单元格区域，可以先设置好一个，然后使用 Excel 2013 的 "复制格式" 按钮，可以快速地将设置好的格式复制到其他的单元格区域。方法如下：

选定已经设置好格式的单元格区域，单击 "开始" 选项卡→ "剪贴板" 组→ "格式刷" 按钮 （如果要多次复制，双击该按钮），选定目标单元格区域，完成格式的复制。

3. 建立模板

如果某工作簿文件的格式建立以后要经常使用，可以把已经建立好的工作簿保存成为一个模板，这样以后再使用这些格式时，只需要以这个模板重新建立一个工作簿文件，就可以快速地建立一个与该模板有相同格式的工作簿文件。方法如下：

创建并设置好所有的格式，选择"文件"选项卡→"另存为"命令，在打开的"另存为"对话框中选择保存位置。在"另存为"对话框的"保存类型"下拉列表中选择"Excel 模板"选项，在"文件名"文本框中输入模板的文件名，单击"确定"按钮，完成模板的建立。

4. 自动套用格式

对已经存在的工作表，可以套用 Excel 2013 为用户提供的各种格式，快速地达到美化表格的目的。步骤如下：

选定要套用格式的单元格区域，单击"开始"选项卡→"样式"组→"套用表格格式"下拉按钮，在打开的下拉列表中根据需要选择格式，如图 4-51 所示，单击"确定"按钮。

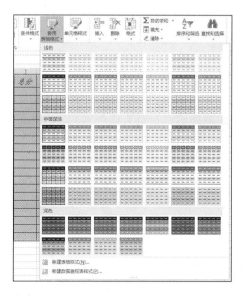

图 4-51　"套用表格格式"下拉列表

■■强化训练■■■■■■

一、选择题

1. 在 Excel 2013 中，工作表的行高可以通过（　　　）。
   A. 选择"开始"选项卡→"单元格"组→"格式"→"行高"

    B．选择"样式"选项卡→"单元格样式"组→"格式"→"行高"

    C．选择"开始"选项卡→"单元格样式"组→"格式"→"行高"

    D．选择"样式"选项卡→"单元格"组→"格式"→"行高"

2．在 Excel 2013 中，下列序列不属于 Excel 2013 智能填充序列的是（　　）。

    A．星期一、星期二、星期三、……

    B．一车间、二车间、三车间、……

    C．甲、乙、丙、……

    D．Mon、Tue、Wed、……

3．在 Excel 2013 中，填充柄位于（　　）。

    A．当前单元格的左下角　　　　　　　B．标准工具栏中

    C．当前单元格的右下角　　　　　　　D．当前单元格的右上角

4．在 Excel 2013 中采用智能填充序列，如果单元格 A1 中为"Mon"，那么向下拖动填充柄到 A3，则单元格 A3 中应为（　　）。

    A．Wed　　　　　　B．Mon　　　　　　C．Tue　　　　　　D．Fri

二、实操题

1．打开"成绩单.xlsx"工作簿。

2．将"期末考试成绩表"格式化：将 A1：H1 合并居中显示，"期末考试成绩表"设置为"黑体"，大小为"16"，第 1 行行高为"35"；将所有单元格中的内容居中显示，并将第 2～11 行的行高设置为"20"；将 A2：H2 的底纹设置为橙色，图案为 25%灰色，并将文本加粗显示；将 A3：A11 的底纹设置为浅绿色，图案为 25%灰色，并将文本加粗、倾斜显示；将 A2：H11 区域的外边框设置为蓝色双线，内边框设置为黑色实线。最终效果如下图所示。

3．将"成绩单.xlsx"重命名为"期末考试成绩表.xlsx"，并保存在"文档"中。

项目 3　学生成绩的统计分析

◖ 项目背景 ◗

　　张影老师在完成"学生成绩表"格式化设置后，想对表中数据进行统计分析，利用公式和函数计算总分、平均分、最高分、最低分、名次，最后利用图表更直观地反映学生的成绩。本项目的任务是利用公式和函数完成"学生成绩表"的计算以及利用"学生成绩表"中的数据完成图表的建立，通过本项目的学习要求掌握求和、求平均值、求最大值、求最小值、排名的操作及图表的建立方法。

任务 1　公式与函数的使用

▌任务目标

　　（1）掌握公式与函数的相关概念。
　　（2）了解错误信息提示符。
　　（3）能够利用公式与函数，实现求和、求平均值、求最大值、求最小值、排名的操作。

▌任务说明

　　在学生成绩表中，利用公式和函数计算出各个学生的总分、平均分、名次，各门功课的最高分、最低分，完成学生成绩的计算，如图 4-52 所示。

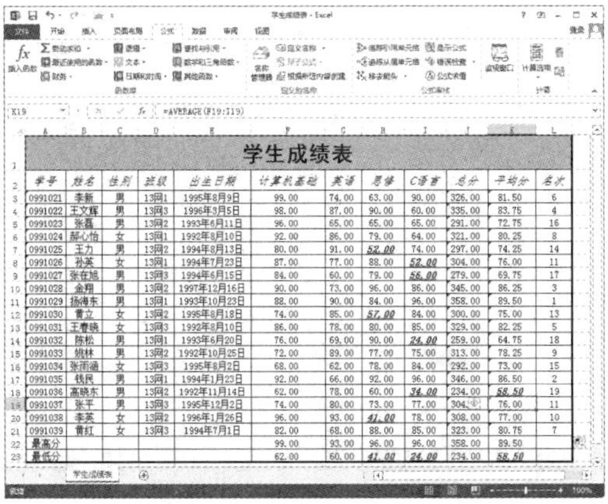

图 4-52　学生成绩计算效果

■任务实现

1. 计算总分——"自动求和"按钮的使用

使用 Excel 2013 "开始"选项卡的"编辑"组中的"自动求和"按钮$\sum$可以方便、快速地输入求和公式。一般的使用方法是，先选定要放置求和结果的单元格，再单击"自动求和"按钮，然后选定参与求和的单元格，最后按 Enter 键确认即可。

操作步骤如下：

步骤 1：选定单元格 J3，单击"自动求和"按钮，如图 4-53（a）所示，按 Enter 键确定。

步骤 2：选定单元格 J3，拖动填充柄到 J21，结果如图 4-53（b）所示，完成所有学生总分的计算。

（a）利用"自动求和"按钮来求和

（b）求和的结果

图 4-53　自动求和

注意

"公式"选项卡"函数库"组中同样含有"自动求和"按钮。

利用"自动求和"下拉列表（图4-54）可实现求平均值、求最大值、求最小值、计数等操作，方法同上。

图 4-54　"自动求和"下拉列表

2. 计算平均分（最高分或最低分）——函数的使用

Excel 2013 为用户提供了大量的函数，函数就是一种特殊的公式，用户通过使用这些函数对复杂的数据进行计算。参与运算的数据称为函数的参数，参数可以是数字、文本、逻辑值、数组、常量、公式、其他函数、单元格引用等。

操作步骤如下：

步骤 1：选定单元格 K3（或 F22 或 F23），单击"公式"选项卡→"函数库"组→"插入函数"按钮 *fx*，或单击数据编辑栏中的"插入函数"按钮 *fx*，打开"插入函数"对话框，如图 4-55 所示。

步骤 2：在"或选择类别"下拉列表中选择"常用函数"，在"选择函数"列表框中选择函数"AVERAGE（或 MAX 或 MIN）"，单击"确定"按钮，打开"函数参数"对话框，如图 4-56 所示。

步骤 3：在"Number1""Number2"文本框中输入参数，即在 Number1 文本框中输入 F3：I3（或 F3：F21 或 F3：F21），或者单击每个文本框后的拾取按钮 ，然后在工作表中选定区域 F3：I3（或 F3：F21 或 F3：F21）。

步骤 4：单击"确定"按钮，完成函数计算。

步骤 5：单击单元格 K3（或 F22 或 F23），拖动填充柄到 K21（或 K22 或 K23）。

图 4-55　"插入函数"对话框

3. 计算名次

步骤 1：选定单元格 L3，单击"公式"选项卡→"函数库"组→"插入函数"按钮，打开"插入函数"对话框，如图4-55所示。

步骤2：选择函数"RANK"，单击"确定"按钮，打开"函数参数"对话框，如图4-57所示。

图4-56　"函数参数"对话框-AVERAGE

图4-57　"函数参数"对话框-RANK

步骤3：在"Number"文本框中输入"K3"，在"Ref"文本框中输入"K\$3：K\$21"，或者单击文本框后的拾取按钮，然后在工作表中选定区域K3：K21，然后在数字3和21前加上符号"\$"。

其中，"K3"为第一个学生平均分所在的单元格地址，"K\$3：K\$21"为所有学生平均分所在的单元格区域，"\$"是绝对地址的引用方法（绝对地址的引用方法见"知识链接"）。

步骤4：单击"确定"按钮，完成函数计算，如图4-58所示。

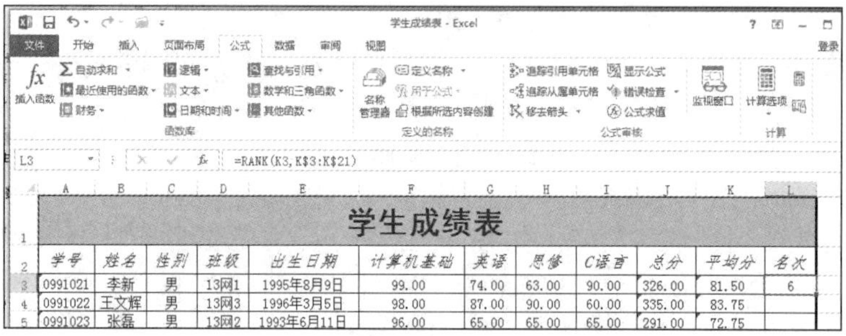

![学生成绩表]

图4-58　利用"RANK"函数计算名次结果

步骤5：选定单元格L3，拖动填充柄到L21，分别计算其他学生的名次。

■■知识链接■■■■■■

1. 公式

公式在单元格或编辑栏中输入时，必须以"="开头，其形式为"=表达式"。一个公式中可以包含运算符、常量、变量、函数、单元格引用等，但表达式中不能含有空格。

1）表达式

常用的运算符有算术运算符、文本运算符、逻辑运算符、引用运算符四大类，表 4-1 所示按优先级从高到低的顺序列出了常用运算符及其功能。

表 4-1　常用运算符及其功能

类　　型	运算符	功　　能	优先级
引用运算符	:	区域运算符，包含一个区域内的所有单元格的引用	高
	,	联合运算符，将多个引用合并为一个引用	
	空格	交叉运算符，同时隶属两个区域的单元格区域的引用	
算术运算符	-	负号	
	%	百分数	
	^	乘方	
	*, /	乘，除	
	+, -	加，减	
文本运算符	&	字符串连接	
逻辑运算符	=, <>	等于，不等于	
	>, >=	大于，大于等于	低
	<, <=	小于，小于等于	

2）输入公式

例如，计算学生的总分，要求计算机基础成绩占总分的 30%、英语成绩占总分的 30%、思修成绩占总分的 20%、C 语言成绩占总分的 20%，将计算结果放到单元格区域 M3：M21 中。此时如果要完成要求，就需要在单元格中输入公式，具体方法如下：

选定单元格 M3，在数据编辑区输入"=F3*0.3+G3*0.3+H3*0.2+I3*0.2"，如图 4-59 所示。按 Enter 键，拖动填充柄到 M21。

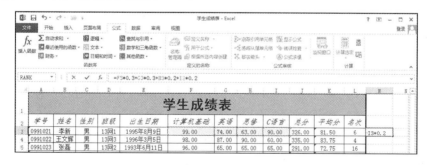

图 4-59　输入公式

若要修改公式，则可以直接在数据编辑区中修改，修改完成后按 Enter 键即可。

3）复制公式

复制公式可以避免大量重复输入公式的工作，当复制公式时，可以根据不同情况使用不同的单元格引用。

复制公式的操作类似于单元格数据的智能填充操作，其中单元格地址的变化由 Excel 2013 自动推算。

（1）相对地址。相对地址指某一单元格相对于当前单元格的相对位置。当公式在复制时，随公式复制的单元格位置变化而变化。

以复制单元格 M3 中的公式到单元格 M4 为例，操作步骤如下：选定单元格 M3，鼠标指针指向单元格 M3 的填充柄，向下拖动到单元格 M4 完成操作。

这时 M4 单元格数据编辑区中出现的公式为"=F4*0.3+G4*0.3+H4*0.2+I4*0.2"，这正是单元格 M4 中的公式。原位置在 M3 单元格，而目标位置在 M4 单元格，相对于原位置，目标位置的列号不变，而行号增加 1，所以由复制得到的公式中单元格地址列号不变，行号也增加 1（由 3 变为 4）。

用同样的方法，可以将单元格区域 M5：M21 的公式很快地复制出来。

（2）绝对地址。绝对地址是指不随公式复制的单元格的位置变化而变化的单元格地址。表示形式是行号和列号之前加"$"符号。在上例中，如果 M3 的公式为"=$F$3*0.3+G3*0.3+H3*0.2+I3*0.2"，则通过填充柄公式复制后 M4 的公式应为"=$F$3*0.3+G4*0.3+H4*0.2+I4*0.2"，此时因为$F$3 为绝对地址，所以不随单元格位置的变化而变化。

（3）混合地址。混合地址是指在单元格的地址的行号或列号前加上"$"符号。在复制公式时，有时需要将列号固定不变而行号变化（如 K$3，列号固定为 K，而行号变化）；或者行号固定不变而列号变化，这样就要使用混合地址。

（4）不同工作表的单元格地址引用。公式可能会用到另一工作表中的数据，要在公式中使用其他工作表中的数据，就要使用加工作表名的单元格地址，其形式如下：［工作簿文件名］工作表名！单元格地址。

同一工作簿中不同工作表间的单元格地址的引用可以省略"［工作簿文件名］"；同一工作表单元格的地址可以省略"工作表名！"。例如，"=Sheet2！A1+Sheet3！$B$3+A8"这个公式计算的是工作表 Sheet2 中单元格 A1 中的数据加上工作表 Sheet3 中单元格 B3 中的数据，再加上当前工作表中单元格 A8 中的数据。其中工作表 Sheet3 中的单元格 B3 表示的是绝对地址。

2. 函数

对于一些复杂的运算，用户自己设计公式来完成比较困难，Excel 2013 为用户提供了 11 类易使用的函数，可以有效地提高运算速度。

1）函数的形式

函数的形式如下：函数名（［参数 1］，［参数 2］）。

其中函数的参数可以有一个或多个，也可以没有，但是圆括号不能省略。

例如：

AVERAGE（A1：A5，B2：D6）表示单元格区域 A1：A5 和区域 B2：D6 的平均值。

NOW（）返回用户计算机系统的当前日期和时间，此函数没有参数。

2）常用函数

常用函数如表 4-2 所示。

表 4-2　常用函数

函数名	格　　式	功　　能	说　　明
SUM	SUM（VALUE1，VALUE2，…）	求各参数的和	参数可以是数值或含有数值的单元格引用。示例：SUM（12，34，78）的结果是 124
AVERAGE	AVERAGE（VALUE1，VALUE2，…）	求各参数的算术平均数	参数可以是数值或含有数值的单元格引用。示例：AVERAGE（12，34，78）的结果是 41.33
MAX	MAX（VALUE1，VALUE2，…）	求各参数的最大值	参数可以是数值或含有数值的单元格引用。示例：MAX（12，34，78）的结果是 78
MIN	MIN（VALUE1，VALUE2，…）	求各参数的最小值	参数可以是数值或含有数值的单元格引用。示例：MIN（12，34，78）的结果是 12
COUNT	COUNT（VALUE1，VALUE2，…）	求各参数中数值型数据的个数	参数的数据类型不限。示例：COUNT（12，34，78）的结果是 3
ROUND	ROUND（VALUE1，VALUE2）	根据参数 VALUE2 的值对 VALUE1 进行四舍五入	VALUE2>0 表示舍入到 VALUE2 位小数，即保留 VALUE2 位小数。VALUE2=0 表示保留整数。VALUE2<0 表示从整数的个位开始向左第 K 位进行舍入，其中 K 表示 VALUE2 的绝对值。示例：ROUND（123.546，-2）的结果是 100
INT	INT（VALUE1）	取不大于 VALUE1 的最大整数	示例：INT（12.34）的结果是 12；INT（-12.34）的结果是-13
ABS	ABS（VALUE1）	取 VALUE1 的绝对值	示例：ABS（12.34）的结果是 12.34；ABS（-12.34）的结果是 12.34
IF	IF（VALUE，T，F）	若 VALUE 的值为真，则取表达式 T 的值；否则，取表达式 F 的值	VALUE 是能够产生逻辑值（TRUE 或 FALSE）的表达式，T，F 是表达式。IF 函数可以嵌套使用，最多可以嵌套 7 层。示例：IF（0>5，1，-1）的结果是-1。因为表达式 0>5 的值为假，所以取表达式 F 的值
NOW	NOW（）	返回用户计算机系统的当前日期和时间	该函数无参数

3. 有关错误信息

在单元格中输入或编辑公式后，有时会出现诸如"######"或"#NAME"等的错误提示，令用户莫名其妙，感到茫然不知所措。其实，出错是难免的，关键是要知道出错的原因和如何纠正错误。下面对常见的错误信息进行分析说明。

1）######!

出现原因：

（1）单元格所含的数字、日期或时间比单元格宽。

（2）单元格的日期时间公式产生了一个负值。

解决方法：

（1）增加列宽。

（2）应用不同的数字格式。

（3）保证日期与时间公式的正确性。

2）#DIV/O！

出现原因：在公式中，除数为0。如果运算对象是空白单元格，Excel 2013 将此空值解释为零值。

解决方法：修改单元格引用，或者在用作除数的单元格中输入不为零的值。

3）#VALUE！

出现原因：

（1）在需要数字或逻辑值时输入了文本，而 Excel 2013 不能将文本转换为正确的数据类型。

（2）在公式中使用了不正确的参数或运算符。

（3）公式用到的行或列不在数值区域内。

解决方法：

（1）确认公式或函数所需的运算符或参数正确，并且公式引用的单元格中包含有效的数值。

（2）将数值区域改为单一数值。

（3）修改数值区域，使其包含公式所在的数据行或列。

4）#NAME

出现原因：

（1）删除了公式中使用的名称。

（2）公式中使用了不存在的名称。

解决方法：确认使用的名称确实存在。

5）#REF！

出现原因：单元格引用无效的结果。

解决方法：更改单元格引用。

6）#NUM！

出现原因：

（1）在需要数字参数的函数中使用了不能接受的参数。

（2）由公式产生的数字太大或太小，超出 Excel 2013 规定的范围。

解决方法：

（1）确认函数中使用的参数类型正确。

（2）修改公式，使其结果在-10307 和 10307 之间。

任务 2　学生成绩表图表的建立

■任务目标■

（1）掌握图表的建立方法。

（2）能够建立、编辑和修改图表。

■任务说明■

通过建立图表，可以更加直观地表现数字及它们之间的关系和趋势，本任务要求掌握图表的建立及修改方法。

张影老师在完成了"学生成绩表"中学生成绩的统计计算之后，发现以数字的形式来反映成绩不够直观，想以图表的形式来表达，使数字图形化，更加直观地反映各个学生各门课的成绩。具体要求如下：

（1）以计算机基础、英语、思修、C 语言为 X 分类轴，以姓名为数据系列建立簇状柱形图。

（2）将图表放置在 A25：J45 区域中。

（3）图表标题为"学生成绩表"。

（4）图例位置放置于靠右，图例字体为 15 号字。

（5）坐标轴（Y 轴）最大值为 100，主要刻度单位为 5，字体为 15 号字；坐标轴（X 轴）字体为 15 号字。

■任务实现■

图表可以嵌入工作表中，也可以单独成为一张工作表。为了能更加直观地反映各个学生各门课的成绩，完成图表的建立，如图 4-60 所示。

1. 建立图表

步骤 1：选择要绘图的单元格区域 B2：B21，然后按 Ctrl 键选定 F2：I21。

步骤 2：单击"插入"选项卡→"图表"组→"插入柱形图"下拉按钮，打开"插入柱形图"下拉列表，如图 4-61 所示。

步骤 3：在"插入柱形图"下拉列表中，选择"二维柱形图"选项组的"簇状柱形图"，生成图表，如图 4-62 所示。

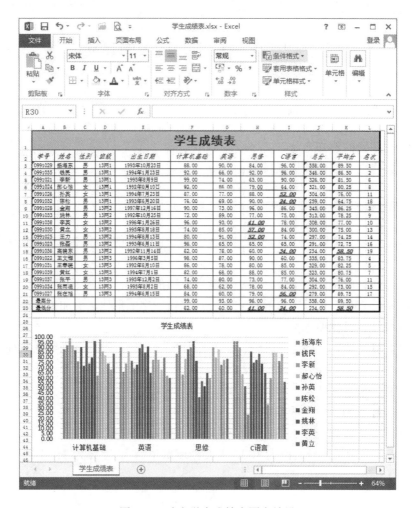

图 4-60　建立学生成绩表图表效果

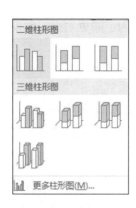

图 4-61　"插入柱形图"下拉列表

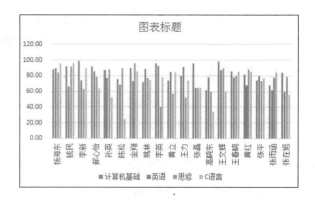

图 4-62　生成图表

注意

在创建图表之前，由于已经选定了数据区域，图表中将反映出该区域的数据。如果想改变图表的数据来源，可单击"图表工具-设计"选项卡→"数据"组→"选择数据"按钮，打开"选择数据源"对话框，在其中编辑数据源即可。

2. 移动和缩放图表

嵌入式图表制作完毕后，如果对其位置或大小不满意，可以进行修改。

步骤 1：在图表周围的白色区域单击，选中图表，此时，图表的最外面会出现 8 个控制点，单击拖动图表到合适的位置后松开即可。本任务中拖动图表使得图表的左上角与单元格 A25 对齐。

步骤 2：将鼠标指针放在这 8 个控制点上，指针将变为双箭头样式，拖动鼠标即可改变图表的大小。将鼠标指针放在右下角控制点上，拖动鼠标与单元格 J45 对齐，如图 4-63 所示。

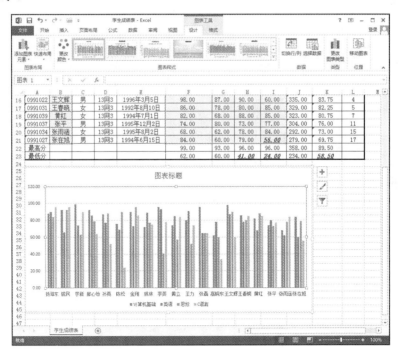

图 4-63　图表的移动和缩放效果

3. 修改图表

1）修改图表中的数据系列

选中图表，单击"图表工具-设计"选项卡→"数据"组→"切换行/列"按钮，将 X 轴和 Y 轴上的数据进行交换，结果如图 4-64 所示。

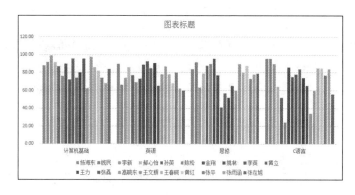

图 4-64　修改图表中的数据系列

2）编辑图表标题

选择图表上方的"图表标题"占位符，输入文字"学生成绩表"。

注意

　　如果需要添加图表标题，选中图表，选择"图表工具-设计"选项卡→"图表布局"组→"添加图表元素"→"图表标题"命令，可按需求添加图表标题。

　　通过"添加图表元素"命令，可以进行坐标轴、轴标题、图表标题、数据标签、数据表、误差线、网格线、图例、线条、趋势线、涨/跌柱线的设置。

3）设置图例

选中图表，选择"图表工具-设计"选项卡→"添加图表元素"→"图例"→"右侧"命令，设置图例的位置，如图 4-65 所示。

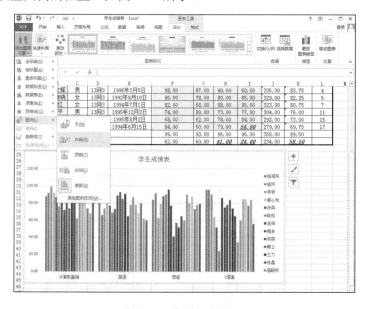

图 4-65　设置图例的位置

右击"图例"，在弹出的快捷菜单中选择"字体"命令，打开"字体"对话框，如图 4-66 所示，在"大小"文本框中输入"15"，单击"确定"按钮，完成图例字体的设置。

图 4-66　"字体"对话框

注意

默认情况下，生成的图表位于所选数据的工作表中。可以根据实际需要，单击"图表工具-设计"选项卡→"位置"组→"移动图表"按钮，打开"移动图表"对话框，如图 4-67 所示，则可将图表作为新的工作表插入。

图 4-67　"移动图表"对话框

4. 设置图表格式

设置坐标轴格式的步骤台下：

步骤 1：选中图表，双击坐标轴，弹出"设置坐标轴格式"窗格，如图 4-68 所示。

步骤 2：在"坐标轴选项"选项组的"最大值"文本框中输入"100.0"，在"主要"文本框中输入"5.0"。

步骤 3：右击坐标轴（Y 轴），在弹出的快捷菜单中选择"字体"命令，打开"字体"对话框，在"大小"文本框中输入"15"，单击"确定"按钮，完成字体的设置。使用同样的方法，完成坐标轴（X 轴）字体的设置。设置效果如图 4-69 所示。

图 4-68　"设置坐标轴格式"窗格

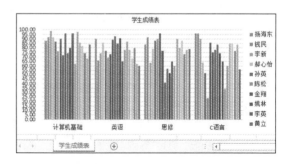

图 4-69　设置坐标轴格式效果

知识链接

1. 数据系列与数据点的概念

1）数据系列
数据系列是一组相关的数据，通常来源于工作表的一行或一列。
2）数据点
数据点是数据系列中的一个独立数据，通常来源于一个单元格。

2. 修改图表数据

图表建立后，有时希望增加数据系列和数据点，例如，增加一门科目，或者减少一个学生，或者数据区中的学生成绩有误需要修改。

图表与相应的数据区是关联的，因此，修改数据区中的数据，相应图表也会自动修改。所以，如果只是修改数据的数值，无须再修改图表。

如果图表中的某些选项需要修改，先选定图表（单击该图表），同时在图表右侧出现"图表元素"按钮、"图表样式"按钮和"图表筛选器"按钮，如图 4-70 示，使用各按钮，可以快速地修改图表。

3. 改变图表区背景

以将图表的背景色设置为浅蓝为例。选中图表，单击"图表工具-格式"选项卡→"形状填充"→"浅蓝"按钮，或在图表空白处双击，弹出"设置图表区格式"窗格，在"填充"选项组中设置颜色。设置效果如图 4-71 所示。

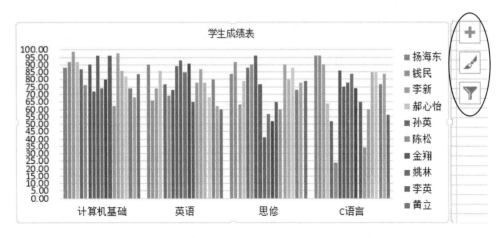

图 4-70　快速修改图表按钮

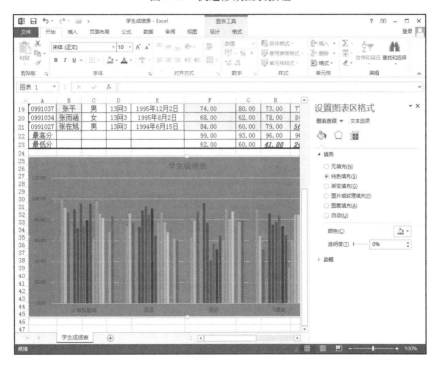

图 4-71　设置图表区背景结果

强化训练

一、选择题

1. 在 Excel 2013 中，计算平均值的函数是（　　）。

  A. COUNT   B. AVERAGE   C. SUM   D. COUNT

2．在 Excel 2013 中，计算最大值的函数是（　　）。

A．MAX　　　　B．COUNT　　　　C．IF　　　　D．AVERAGE

3．如下图所示，在 G2 单元格中计算购买"趣味动物乐园"图书"总金额"的公式是（　　）。

A．=E2*F2　　　　　　　　　　B．E2*F2

C．=SUM（E2，F2）　　　　　　D．=MAX（E2：F2）

4．在 Excel 2013 的 Sheet1 工作表的 G8 单元格中，求 G2 到 G6 区域的和，可在 G8 单元格中输入（　　）。

A．=SUM（G2，G6）　　　　　　B．=SUM（G2：G6）

C．SUM（G2：G6）　　　　　　D．SUM（G2，G6）

5．在 Excel 2013 中，如果使该单元格显示 0.3，应该输入（　　）。

A．6/20　　　　　　　　　　B．" 6/20 "

C．= " 6/20 "　　　　　　　D．=6/20

6．在 Excel 2013 中，公式"=$C1+E$1"是（　　）。

A．相对引用　　　　　　　　B．绝对引用

C．混合引用　　　　　　　　D．任意引用

二、实操题

1．打开"期末考试成绩表.xlsx"工作簿。

2．计算每位学生的总分和平均分，其中平均分要求保留两位小数，求出各科成绩的最高分和最低分。

3．将"期末考试成绩表.xlsx"中的数据复制到一个新的工作簿中，命名为"期末考试成绩数据图.xlsx"，并保存在"文档"中。对"期末考试成绩数据图.xlsx"中的数据，创建"三维簇状柱形图"，标题为"期末考试成绩数据图"。

4．修改生成的图表：设置"图例"中的字体为"隶书"，大小为"10"；将"张建锋"的系列颜色改为黄色；将图表区设置为白底黄色的"宽上对角线"图案填充，图表区边框选用宽 1 磅的黑色实线。最终效果如下图所示。

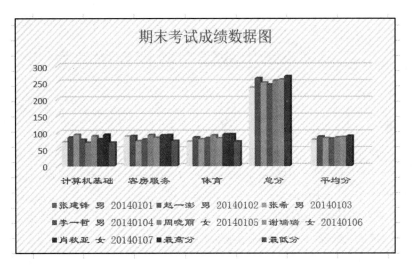

5．保存该文档。

项目 4　学生成绩表数据库的建立

◎ 项目背景 ◎

　　张影老师在对"学生成绩表"数据统计完成之后，想进一步对学生成绩进行分析，例如，对 3 个班的学生进行排序，筛选平均分在 70～85 分的学生信息，按班级汇总出学生总分的平均值。可以利用 Excel 2013 的数据库功能实现张影老师的要求。本项目的任务是完成"学生成绩表"的排序、筛选及分类汇总，通过本项目的学习要求掌握排序、筛选、分类汇总的方法。

任务 1　数据的排序

■任务目标

　　（1）掌握数据排序的方法。
　　（2）能够完成数据排序。

■任务说明

　　通过排序功能，可以根据特定的要求，重新排列数据，本任务要求掌握数据排序的方法。张影老师要求将"学生成绩表"中的数据按班级进行升序排序，同一个班的学生则按总分进行降序排序，如果总分相同按学号进行升序排序。

■任务实现

　　数据可以进行简单的排序，也可以进行多条件的复杂排序。
　　1）简单排序
　　两种方法如下：
　　（1）单击某字段名，该字段为排序关键字，选择"开始"选项卡→"编辑"组→"排序和筛选"→"升序"或"降序"命令。
　　（2）单击某字段名，单击"数据"选项卡→"排序和筛选"组→"升序"或"降序"按钮。
　　2）复杂排序
　　按照张影老师的要求，对"学生成绩表"中的数据进行排序。

步骤 1：选择数据区域 A2：L21，单击"数据"选项卡→"排序和筛选"组→单击"排序"，打开"排序"对话框，如图 4-72 所示。

步骤 2：在"主要关键字"下拉列表中选择"班级"选项，在"排序依据"下拉列表中选择"数值"选项，在"次序"下拉列表中选择"升序"选项。

步骤 3：单击"添加条件"按钮，添加次要关键字，并按要求设置次要关键字，设置方法同步骤 2。

步骤 4：再次单击"添加条件"按钮，添加次要关键字，并按要求设置次要关键字，设置方法同步骤 2。设置结果如图 4-73 所示。

图 4-72   "排序"对话框   图 4-73   排序设置结果

注意

如需删除条件，单击"删除条件"按钮；如需复制条件，单击"复制条件"按钮。如需交换条件顺序，单击"上移"或"下移"按钮；如需区分大小写、按行或列排序、按字母或笔画排序，单击"选项"按钮进行设置。

步骤 5：勾选"数据包含标题"复选框，表示标题行不参加排序。

步骤 6：单击"确定"按钮，结果如图 4-74 所示。

图 4-74   数据排序结果

■■知识链接■■■■■■■■

Excel 2013 对汉字的排序按拼音的顺序进行排序，如果要按笔画顺序排序，在"排序"对话框中，单击"选项"按钮，打开"排序选项"对话框，如图 4-75 所示，在"方法"选项组中点选"笔画排序"单选按钮即可。

图 4-75　"排序选项"对话框

任务 2　数据的筛选

■■任务目标■■■■■■■■

（1）掌握数据筛选的方法。
（2）了解高级筛选的方法。
（3）能够完成数据筛选。

■■任务说明■■■■■■■■

通过数据筛选可以快速地寻找和使用数据清单中的数据子集，本任务要求掌握数据筛选的方法。张影老师要求将"学生成绩表"复制到新的工作表，并将工作表命名为"学生成绩筛选表"。在"学生成绩筛选表"中，将平均分在 70～85 分（包含 70 分）的学生信息筛选出来。

■■任务实现■■■■■■■■

利用 Excel 2013 的筛选功能可以显示出符合筛选条件的数据。在 Excel 2013 中有两个筛选数据的命令："筛选"和"高级"。一般情况下，使用"筛选"命令就能够满足大部分的需要，但是，当筛选条件比较复杂时，就必须使用"高级"命令。

1．将"学生成绩表"复制到 Sheet2

步骤 1：选中"学生成绩表"中的数据，单击"开始"选项卡→"剪贴板"组→"复制"按钮。

步骤 2：选中工作表 Sheet2，单击"开始"选项卡→"剪贴板"组→"粘贴"按钮，完成复制。

2. 将 Sheet2 重命名为"学生成绩筛选表"

步骤 1：右击工作表标签 Sheet2，在弹出的快捷菜单中选择"重命名"命令。
步骤 2：输入文字"学生成绩筛选表"，单击工作表任意单元格，完成工作表的重命名。

3. 筛选

步骤 1：单击"数据"选项卡→"排序和筛选"组→"筛选"按钮，此时每个字段名右边都出现了下拉按钮，如图 4-76 所示。单击下拉按钮，会打开下拉列表。（在"开始"选项卡"编辑"组的"排序和筛选"下拉列表中也可实现筛选。）

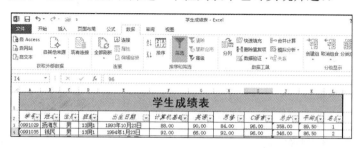

图 4-76　"筛选"按钮

步骤 2：单击"平均分"下拉按钮，在打开的下拉列表中选择"数字筛选"→"自定义筛选"命令，打开"自定义自动筛选方式"对话框。在左上方的下拉列表中选择"大于或等于"选项，在右上方的文本框中输入（或选择）运算对象"70"；用同样的方法还可以在下方的两个框中定义第二个条件："小于""85"。

步骤 3：两个条件中间的关系有"与"和"或"两种。"与"指的是两个条件必须同时满足，"或"指的是两个条件中满足其中任何一个即可。按要求点选"与"单选按钮，如图 4-77 所示。

图 4-77　"自定义自动筛选方式"对话框

步骤 4：单击"确定"按钮，筛选的结果如图 4-78 所示。

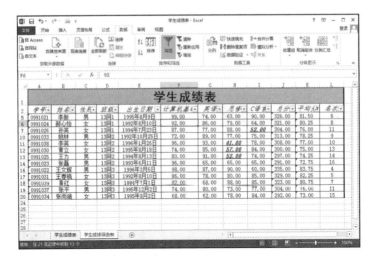

图 4-78　筛选结果

知识链接

1. 取消自动筛选

对于不再需要的筛选数据，可以采用下列方法将筛选条件取消。

（1）如果要取消列的筛选，可单击该列旁的下拉按钮，然后从打开的下拉列表中选择"从……中清除筛选"选项。

（2）如果要取消全部筛选，单击"数据"选项卡→"排序和筛选"组→"筛选"按钮（或"清除"按钮）。

2. 高级筛选

在自动筛选中，筛选条件只能是一个字段的一个或两个条件，对于涉及两个或两个以上的字段，如"英语>70 且 C 语言<80"，用筛选实现就比较麻烦（要分两次才能完成），而使用高级筛选，就能一次完成。

1）构造筛选条件

插入若干个空行，空行的个数以能够容纳的条件为限。根据条件在相应字段的上方输入字段名，并在字段名下方输入筛选条件。用同样的方法构造其他筛选条件。多个条件的"与""或"关系采用如下方法实现：

（1）表示"与"关系的条件必须出现在同一行。

例如，"英语>70 且 C 语言<80"表示如下：

英语　　C 语言

>70　　<80

（2）表示"或"关系的条件不能出现在同一行。

例如，"英语>70 或 C 语言<80"表示如下：

英语　　C 语言

＞70

　　　　＜80

2）执行高级筛选

以筛选条件"英语＞70 且 C 语言＜80"为例。

步骤 1：在单元格 A25：B26 中分别输入"英语""C 语言"">70"、"<80"，如图 4-79
所示。

步骤 2：单击"数据"选项卡→"排序和筛选"组→"高级"按钮，打开"高级筛
选"对话框，如图 4-80 所示。

25	英语	C语言
26	>70	<80

图 4-79　输入筛选条件

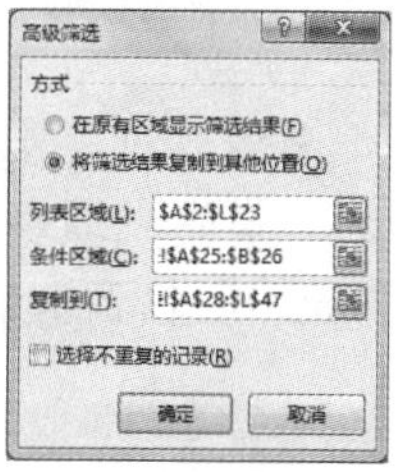

图 4-80　"高级筛选"对话框

步骤 3：在"方式"选项组中选择筛选结果的位置（即将筛选结果复制到其他位置），
在"列表区域"文本框中输入数据所在的区域（即$A$2：$L$23），在"条件区域"文本
框中输入筛选条件所在的区域（即$A$25：$B$26），在"复制到"文本框中输入筛选结
果存放的位置（即$A$28：$L$47）。

步骤 4：单击"确定"按钮。筛选结果如图 4-81 所示。

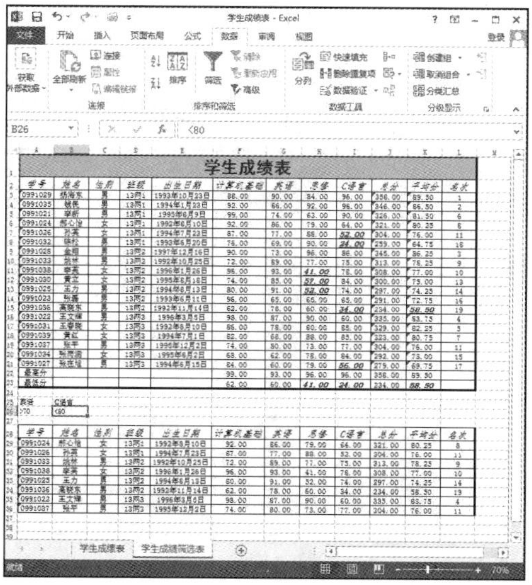

图 4-81　筛选结果

219

任务 3　数据的分类汇总

■■任务目标

（1）掌握数据分类汇总的方法。

（2）掌握工作表的打印设置及方法。

（3）能够完成数据分类汇总。

■■任务说明

通过分类汇总可以对工作表中的数据进行分析，本任务要求掌握分类汇总的方法。张影老师要求将"学生成绩表"复制到新的工作表，并将工作表命名为"学生成绩汇总表"。在"学生成绩汇总表"中，按班级求出学生总分的平均分。

■■任务实现

（1）将"学生成绩表"复制到 Sheet3（步骤见单元 4 项目 1 任务 2）。

（2）将 Sheet3 重命名为"学生成绩汇总表"（步骤见单元 4 项目 1 任务 2）。

（3）分类汇总。

步骤 1：按班级进行排序（详见单元 4 项目 4 任务 1）。

步骤 2：选定数据区域（即 A2：L21），单击"数据"选项卡→"分级显示"组→"分类汇总"按钮，打开"分类汇总"对话框，如图 4-82 所示。

步骤 3：在"分类字段"下拉列表中选择"班级"选项；在"汇总方式"下拉列表中选择"平均值"选项；在"选定汇总项"列表框中选定一个或多个字段，这里勾选"总分"复选框。

步骤 4：单击"确定"按钮。分类汇总结果如图 4-83 所示。

图 4-82　"分类汇总"对话框

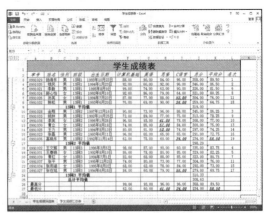

图 4-83　分类汇总结果

注意

在分类汇总表左侧出现了"摘要"按钮 ⊟。"摘要"按钮所在的行就是汇总数据所在的行。单击该按钮，则按钮变成 ⊞，且隐藏该类数据，只显示该类数据的汇总结果。单击 ⊞ 按钮，会使隐藏的数据恢复显示。在汇总表的左上方有层次按钮 ①②③。单击 ① 按钮，只显示汇总结果，不显示数据；单击 ② 按钮，显示总的汇总结果和分类汇总结果，不显示数据；单击 ③ 按钮，显示全部数据和汇总结果。

▌▌知识链接▌

1. 数据透视图/表

如果需要对现有的图表进行分析，可以建立数据透视表或数据透视图，建立方法如下：

步骤 1：选中数据区域的任一单元格，选择"插入"选项卡→"图表"组→"数据透视图"→"数据透视图和数据透视表"命令，打开"创建数据透视表"对话框，如图 4-84 所示。

图 4-84　"创建数据透视表"对话框

步骤 2：在"请选择要分析的数据"选项组中，点选"选择一个表或区域"单选按钮，选择数据区域。

步骤 3：在"选择放置数据透视表的位置"选项组中，可以选择"新工作表"，则数据透视表、数据透视图将创建在新的工作表中；也可以选择创建在"现有工作表"中。

步骤 4：单击"确定"按钮，完成创建，产生默认的数据透视表和数据透视图，并在右侧显示"数据透视图字段"窗格，如图 4-85 所示。

步骤 5：在"数据透视图字段"窗格中，将"姓名"字段拖至"行标签"，将"计算机基础""英语""思修""C 语言"拖至"Σ值"，效果如图 4-86 所示。

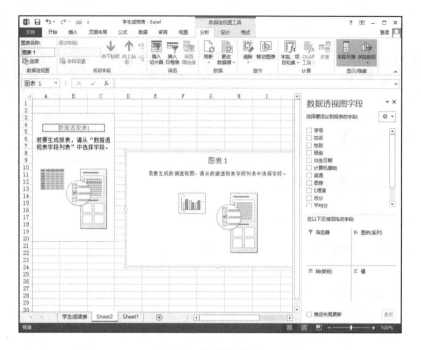

图 4-85　数据透视表

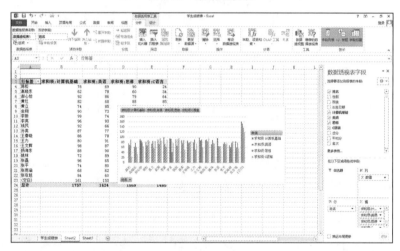

图 4-86　数据透视表和数据透视图设置结果

步骤 6：如图 4-86 所示，单击数据透视表中"行标签"对应的下拉按钮或单击数据透视图中"姓名"下拉按钮，可以在打开的下拉列表中选择需要的数据进行查看，以达到对数据透视的目的。

2. 工作表的打印设置

建立好工作表和图表后，可以将其打印出来。在打印工作表之前，首先对工作表的页面进行设置，或进行人工分页，然后进行打印工作。

1）页面设置

单击"页面布局"选项卡"页面设置"组中的对话框启动器按钮，打开"页面设置"对话框，如图 4-87 所示。

图 4-87　"页面设置"对话框

在"页面设置"对话框中，可以对页面、页边距、页眉/页脚、工作表进行设置。

（1）页面的设置。选择"页面"选项卡，如图 4-87 所示，其中各部分的功能如表 4-3 所示。

表 4-3　"页面"选项卡各部分的功能

名　　称	功　　能
"方向"选项组	选择打印内容是以横向还是纵向方式打印到纸上
"缩放"选项组	放大或缩小要打印的工作表。缩放的范围为 10%～400%
"纸张大小"下拉列表	从下拉列表中选择打印纸的类型
"打印质量"下拉列表	用户可根据实际情况选择打印质量
"起始页码"文本框	可以对打印的文件添加连续的页码

（2）页边距的设置。选择"页边距"选项卡，如图 4-88 所示，可以设置上、下、左、右的边距及页眉、页脚上、下页边的距离。"居中方式"选项组可以设置文档的内容是否对齐及对齐的方式。

（3）页眉/页脚的设置。选择"页眉/页脚"选项卡，如图 4-89 所示。用户可以利用"页眉/页脚"选项卡对页眉/页脚进行编辑、修改、添加、删除等操作。用户也可以使用 Excel 2013 已经定义好的页眉/页脚格式。

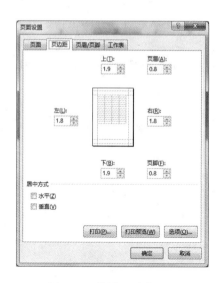

图 4-88 设置"页边距"

① 使用 Excel 2013 内部的默认页眉/页脚格式。选择"页眉/页脚"选项卡，在"页眉"或"页脚"下拉列表中选择一种合适的格式。

② 自定义页眉/页脚。在"页眉/页脚"选项卡中单击"自定义页眉（或页脚）"按钮，打开"页眉（或页脚）"对话框，如图 4-90 所示。

图 4-89 设置"页眉/页脚"

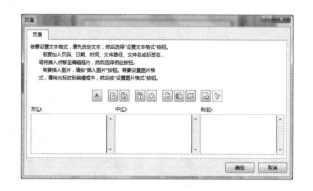

图 4-90 "页眉"对话框

单击"左"（或"中"或"右"）文本框，输入文本或单击需要的功能按钮，可以对文本框中的内容进行编辑，单击"确定"按钮。此时，文本框中的内容将显示在每一页的页眉（或页脚）的左方（或中间或右方）。

（4）工作表的设置。选择"工作表"选项卡，如图 4-91 所示，可以对工作表的一些打印设置进行选择，满足用户对打印工作表时的特殊要求。

图 4-91 设置工作表打印选项

"工作表"选项卡中各部分的作用如表 4-4 所示。

表 4-4 "工作表"选项卡各部分的功能

名　称	功　能
"打印区域"文本框	设置打印的范围，空白时为全表打印
"打印标题"选项组	设置每一页都要打印的相同的标题行和列
"网格线"复选框	决定是否在工作表中打印网格线
"单色打印"复选框	只进行黑白打印
"草稿品质"复选框	可减少打印时间，但不打印网格线和大多数图表
"行号列标"复选框	在打印页中标出行号和列号
"批注"下拉列表	可打印单元格的注释
"打印顺序"选项组	对过宽的工作表选择打印顺序

2）人工分页

工作表中的内容超出一页时，Excel 2013 会自动将工作表分成多页，如果自动分页不能满足用户需求，就需要用户对工作表进行手动分页，即插入分页符对工作表进行强制分页。

（1）插入分页符。插入的分页符分为水平分页符和垂直分页符两种。

方法：单击新起页第一行（或列）所对应的行号（或列号），选择"页面布局"选项卡→"页面设置"组→"分隔符"→"插入分页符"命令，可以插入水平（或垂直）分页符。

（2）删除分页符。当不需要插入的人工分页符时，可以将其删除。

方法：单击新起页第一行（或列）所对应的行号（或列号），选择"页面布局"选项卡→"页面设置"组→"分隔符"→"删除分页符"命令，可以删除分页符。

3）打印预览

在打印工作表之前，用户可以使用 Excel 2013 提供的打印预览功能来查看工作表的实际打印效果。这样既可以检查工作表是否满足自己的要求，又可以直接在打印预览状态下修改页面设置，以达到理想的效果，避免了因为对工作表的细节不满意而重新打印造成的浪费。

通常使用以下两种方法切换到打印预览窗口。

（1）选择"文件"选项卡→"打印"命令，切换到打印和打印预览界面，如图 4-92 所示。

（2）单击快速启动工具栏中的"打印预览"按钮 。

4）打印选项的设置

如果对打印预览的效果满意，在图 4-92 所示的界面中进行设置就可以打印了。

（1）份数：在"份数"文本框中输入打印份数。

（2）打印机：在"打印机"选项组中的名称下拉列表中选择要使用的打印机。

（3）设置：可设置打印范围、单双面打印、打印次序、纸张方向、纸型、自定义页边距、缩放。

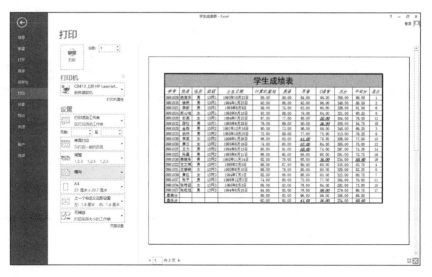

图 4-92　打印和打印预览界面

强化训练

一、选择题

1. 在 Excel 2013 中，执行插入工作表的操作后，新插入的工作表位于（　　　）。

　　A. 当前工作表之前　　　　　　　　B. 当前工作表之后

　　C. 所有工作表的前面　　　　　　　D. 所有工作表的后面

2．在 Excel 2013 中，要改变工作表的标签，可以使用的方法是（　　）。

    A．单击工具栏上按钮　　　　　　　　B．单击

    C．双击　　　　　　　　　　　　　　D．右击

3．在 Excel 2013 中，某公式引用了一组单元格，它们是（A1：F4），该公式引用的单元格总数为（　　）。

    A．4　　　　　　　B．12　　　　　　　C．16　　　　　　　D．24

二、实操题

1．打开"期末考试成绩表.xlsx"工作簿。

2．将"期末考试成绩表.xlsx"中的数据复制到 Sheet2 工作表中，清除格式，并将平均分设置为两位小数。对该工作表中的数据按性别升序排列，性别相同者按总分降序排列。

3．筛选出"体育"成绩在 80～90 分的女同学。查看结果，再恢复原状。

4．按性别分类，对"平均分"求平均值，保留两位小数。最终效果如下图所示。

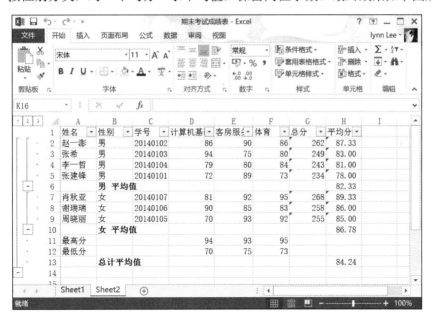

单元 5 PowerPoint 2013 的使用

PowerPoint 和 Word、Excel 等应用程序一样，均为 Microsoft 公司推出的 Office 系列产品。随着办公自动化在企业中的普及，作为 Microsoft Office 2013 重要组件之一的 PowerPoint 2013 得到越来越广泛的使用。它和 Microsoft Office 2013 中其他软件一样，界面友好、操作方便、功能强大、易学易会，在设计制作多媒体课件中得到了广泛应用。利用它可以制作图文并茂、表现力和感染力极强的演示文稿，并能通过计算机屏幕、幻灯片、投影仪或网络发布，也可以将演示文稿打印出来，制作成胶片，以便应用到更广泛的领域。因此，该软件深受广大用户喜爱。

项目 1　学生职业生涯规划演示文稿的制作

◯ 项目背景 ◯

职业生涯规划，对大学生而言，就是在自我认知的基础上，根据自己的专业特长和知识结构，结合社会环境与市场环境，对将来要从事的职业以及要达到的职业目标所做的方向性的方案。通过对自己职业生涯的规划，大学生可以尽早确定自己的职业目标，选择自己职业发展的地域范围，把握自己的职业定位，保持平稳和正常的心态，有条不紊、循序渐进地达到自己的目标和理想。

本项目的任务是为在校大学生制作一个大学生职业生涯规划的演示文稿，通过本次任务，要求掌握 PowerPoint 2013 中演示文稿创建、文本编辑、自选图形的处理、幻灯片版式和样式的处理等。

本项目共 8 张幻灯片，原始演示文稿效果如图 5-1 所示。

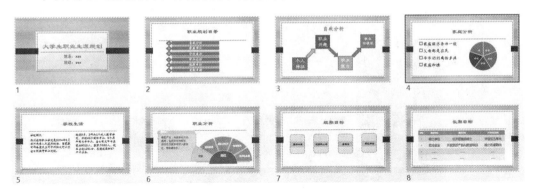

图 5-1　原始演示文稿效果

任务 1　策划书文档的创建

■任务目标■

1. 掌握演示文稿的建立方法

建立文档一般有 3 种方法，常用的方法：直接启动 PowerPoint 2013，自动建立一个名为"演示文稿 1"的 PowerPoint 2013 演示文稿。

2. 掌握演示文稿的保存方法

如果是新建的文档，需要选择"文件"选项卡→"保存"命令，在"另存为"对话框中进行保存。如果是已经存在的文档，若不需要修改文件名或文件存放位置，可以直接选择"文件"选项卡→"保存"命令；若需要修改文件名或文件存放位置，可以选择"文件"选项卡→"另存为"命令，打开"另存为"对话框进行保存。同时可以为文件添加保护措施。

■任务说明

新建一个文件名为"大学生职业生涯规划"的演示文稿，并将演示文稿保存在 D 盘中，同时设置"用密码进行加密"等保护演示文稿的措施。

■任务实现

步骤 1：选择"开始"→"所有应用"→"Microsoft Office 2013"→"PowerPoint 2013"命令，在弹出的窗口中选择计算机中已安装的 PowerPoint 模板类型，如选择"空白演示文稿"，如图 5-2 所示。

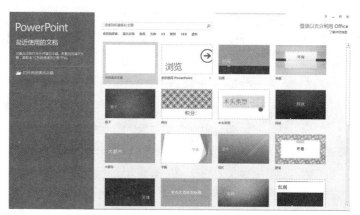

图 5-2　创建空白演示文稿

步骤 2：选择"文件"选项卡→"保存"命令，在打开的界面中选择保存位置。可以选择保存到"最近访问的文件夹"中，也可以单击"浏览"（如果需要将文件保存到云，可以单击"OneDrive"或"添加位置"）按钮。单击"计算机"→"浏览"（在默认状态下直接单击"浏览"）按钮，打开"另存为"对话框，如图 5-3 所示，将"演示文稿 1"命名为"大学生职业生涯规划"，保存位置为"此电脑/本地磁盘（D：）"。

步骤 3：单击"文件"选项卡→"信息"→"保护演示文稿"按钮，在打开的下拉列表中选择"标记为最终状态""用密码进行加密""限制访问"、"添加数字签名"等保护措施，如图 5-4 所示。

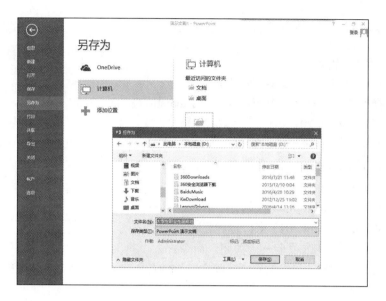

图 5-3　选择保存位置

图 5-4　保护演示文稿

■ 知识链接

1. PowerPoint 2013 的特点

PowerPoint 2013 是专门为制作演示文稿(电子幻灯片)设计的软件。利用 PowerPoint 2013 可以把各种信息如文字、图片、动画、声音、影片、图表等合理地组织起来,制作出集多种元素于一体的演示文稿。其主要功能如下:①建立演示文稿;②编辑演示文稿;③美化演示文稿;④放映演示文稿。

它能合理、有效地将图形、图像、文字、声音及视频剪辑等多媒体元素集于一体,并且可以生成网页,在 Internet 上展示。

2. PowerPoint 2013 的启动和退出

1）启动 PowerPoint 2013

启动 PowerPoint 2013 的方法有以下 3 种：

（1）选择"开始"→"所有应用"→"Microsoft Office 2013"→"PowerPoint 2013"命令，启动 PowerPoint 2013。

（2）若桌面上有 PowerPoint 2013 快捷方式图标，双击它，可以启动 PowerPoint 2013。

（3）双击 PowerPoint 2013 文档启动 PowerPoint 2013。

2）退出 PowerPoint 2013

通常，退出 PowerPoint 2013 的方法有以下几种：

（1）单击 PowerPoint 2013 窗口标题栏右端的"关闭"按钮$\times$。

（2）选择"文件"选项卡→"关闭"命令。

（3）单击 PowerPoint 2013 窗口标题栏左端的控制菜单按钮P，在打开的下拉列表中选择"关闭"命令。

（4）直接按组合键 Alt+F4。退出的方法有多种，但是无论使用哪种方法，退出之前一定要对所编辑的文档进行保存。如果对文档更改后忘记保存，选择退出时会弹出提示对话框询问是否要保存该文档。

3. PowerPoint 2013 窗口的组成

PowerPoint 2013 的窗口和 Word 2013 的窗口基本相同，由标题栏、功能区、幻灯片窗格和状态栏等组成，如图 5-5 所示。

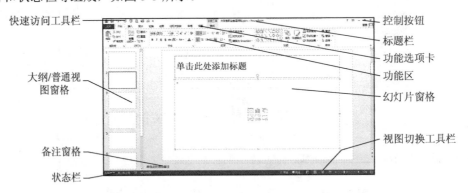

图 5-5　PowerPoint 2013 窗口的组成

1）标题栏

标题栏：由控制菜单按钮和"最小化"、"最大化/还原"、"关闭"3 个控制按钮组成。

功能：调整窗口的大小、移动窗口和关闭窗口。

2）功能区

功能区：由"文件""开始""插入""设计""切换""动画""幻灯片放映""审阅"

"视图"等选项卡组成，每一个选项卡都包含若干组命令按钮。

功能：使用命令按钮，可以完成全部 PowerPoint 2013 的操作。

3）幻灯片窗格

幻灯片窗格位于 PowerPoint 2013 工作窗口的中心位置，它是编辑、修改幻灯片内容的地方。在该窗格中可以为幻灯片添加文本，插入图片、表格、图表、电影、声音、超链接和动画等内容。

在幻灯片窗格中选定某一张幻灯片的方法：

（1）直接拖动幻灯片窗格右边的垂直滚动条上的滚动块。

（2）在幻灯片窗格右侧的垂直滚动条中单击按钮 和 ，可分别切换到当前幻灯片的前一张和后一张幻灯片中。

（3）按 PageUp 键切换到上一张幻灯片，按 PageDown 键切换到下一张幻灯片，按 Home 键切换到第 1 张幻灯片，按 End 键切换到最后一张幻灯片。

4）备注窗格

备注窗格位于工作区域的下方，通过备注窗格可以添加与观众共享的演说者备注或信息。如果将演示文稿保存为 Web 页，那么可以显示出现在每张幻灯片屏幕上的备注。备注可以在现场演示文稿时向观众提供背景和详细信息。它是演讲者对每一张幻灯片的注释，用于添加与每个幻灯片内容相关的内容，所以只能添加文字，不能添加其他对象。该内容仅供演讲者使用，不能在幻灯片上显示。

5）大纲/普通视图窗格

大纲/普通视图窗格位于幻灯片窗口的最左侧，单击 PowerPoint 2013 窗口右下方视图切换工具栏中的"普通视图"按钮，可以在两个视图模式之间相互切换。

（1）大纲窗格。在大纲窗格内，可以输入演示文稿的所有文本，大纲窗格也可以显示演示文稿的文本内容（大纲），包括幻灯片的标题和主要文本信息，适合组织和创建演示文稿的内容。按序号从小到大的顺序和幻灯片的内容层次关系显示文稿中全部幻灯片的编号、标题和主体中的文本。

（2）普通视图窗格。幻灯片窗格可以从整体上查看和浏览幻灯片的外观；为单张幻灯片添加图形和声音、建立超链接和添加动画；按幻灯片的编号顺序显示全部幻灯片的图像等。

当大纲/普通视图窗格变窄时，"大纲"和"幻灯片"标签变为显示图标。

4．PowerPoint 2013 的视图模式

PowerPoint 2013 提供了 5 种演示文稿视图模式：普通视图、大纲视图、幻灯片浏览视图、备注页视图和阅读视图。

1）视图之间的切换

几种视图模式之间可以相互切换，以方便地满足不同的编辑环境。

（1）选择"视图"选项卡→"演示文稿视图"组，通过单击该组内 5 个按钮来切换不同的视图模式（其中阅读视图模式启动后可按 Esc 键退出）。

（2）可以单击 PowerPoint 2013 窗口右下角视图切换工具栏中相应的按钮来切换，如表 5-1 所示。

表 5-1　演示文稿视图模式的切换

按　钮	名　称	作　用
▣	普通视图按钮	切换到普通视图或大纲视图
▦	幻灯片浏览视图按钮	切换到幻灯片浏览视图
▤	阅读视图按钮	切换到阅读视图
▢	幻灯片放映视图按钮	切换到幻灯片放映视图

2）各种视图简介

（1）普通视图。普通视图是 PowerPoint 2013 默认的视图显示模式。普通视图主要包含 3 部分内容：左侧的幻灯片（缩略图）窗格、下侧的备注窗格以及幻灯片窗格，如图 5-6 所示。鼠标可移动到其中两部分之间的分界线上，根据需要拖动鼠标改变各部分窗格的大小。

图 5-6　普通视图

在该视图下可以查看当前幻灯片中所包含的文本信息及其格式，可以输入文本信息，插入图片、声音、视频剪辑，可以创建超链接，并可以对该幻灯片中的各项元素设置动画，以及设置该幻灯片的模板、切换方式等。在备注窗格中，可以添加演讲者的备注。注意：如果要在备注中添加图形，必须在备注页视图下才能完成。

（2）大纲视图。单击"视图"选项卡→"演示文稿视图"组→"大纲视图"按钮，或单击 PowerPoint 2013 窗口右下角视图切换工具栏中的"普通视图"按钮切换进入大纲视图模式。将大纲窗格放大，可以在左侧显示演示文稿的大纲结构和文本内容，不显示图形、图像、表格、声音等元素。按序号显示全部的幻灯片编号、主标题、各层次标题和文本内容。在这种视图下，可以从全局的角度审视演示文稿整体内容的取舍和前后逻辑的编排。

大纲视图模式下主要有文本的展开与折叠、文本行或整张幻灯片的移动、文本的升级或降级等操作，这些操作可以在大纲窗格右击实现。按 Tab 键可以将当前的文本降级显示，按组合键 Shift+Tab 可以将当前的文本升级显示，如图 5-7 所示。

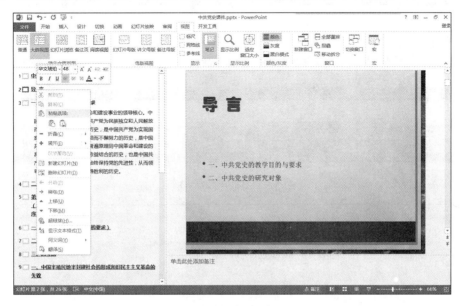

图 5-7　大纲视图

（3）幻灯片浏览视图。图 5-8 所示为幻灯片浏览视图。在幻灯片浏览视图下，每张幻灯片以缩略图的形式按编号顺序依次显示，从而可以看到全部幻灯片连续变化的过程。在这种视图下，可以对幻灯片进行复制、剪切、粘贴、删除和隐藏操作，可以对幻灯片的排序进行调整，还可以设置某一张幻灯片的切换方式，但不能对某一张幻灯片中的具体内容进行编辑修改。在任意一张幻灯片上双击便切换到显示该张幻灯片的幻灯片视图。

（4）备注页视图。在此视图下可以建立、编辑和显示演讲者对每一张幻灯片的备注，如图 5-9 所示。

（5）阅读视图。阅读视图的作用是像幻灯机一样动态地播放演示文稿的全部幻灯片。在这种视图下，可以测试每张幻灯片的播放效果，但是在这种视图下不能对幻灯片进行任何编辑和修改。其实，阅读视图就是实际播放演示文稿的视图。

制作演示文稿是在这几种视图的结合下完成的。和写一篇文章一样，在制作一个演示文稿之前应该首先设计大纲、收集素材、编排层次，再利用 PowerPoint 2013 将这些素材按照设计想法组织起来，然后经过多次的测试，最后形成一个演示文稿。

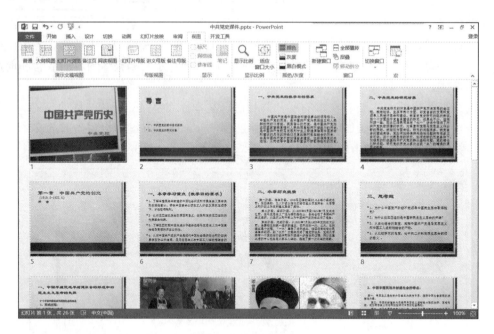

图 5-8　幻灯片浏览视图

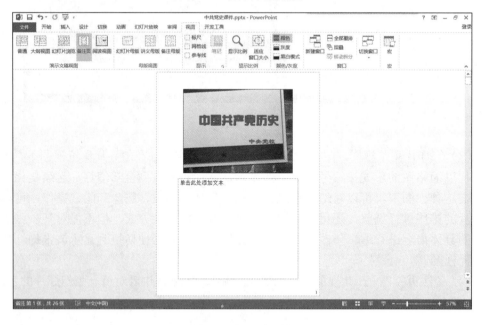

图 5-9　备注页视图

PowerPoint 2013 也有完整的帮助系统，可以单击标题栏控制按钮左侧的"Microsoft PowerPoint 帮助"按钮 ? 或按 F1 键来启动帮助系统。

任务 2 幻灯片主题的设置

▋▊任务目标▋▊▊▊

1. 理解演示文稿和幻灯片的概念

演示文稿是用 PowerPoint 2013 建立和操作的文件，用来存储用户建立的幻灯片。一个演示文稿由若干张幻灯片组成，来表达同一个主题。演示文稿默认文件的扩展名是.pptx，一个演示文稿对应一个扩展名为.pptx 的文件，该类文件的图标是 （而旧版本演示文稿（PowerPoint 97～2003）默认的扩展名为.ppt，其图标是 ）。

幻灯片隶属于演示文稿，幻灯片上可以包括文字、表格、图形、声音和视频等元素，以及这些元素的版面设置和放映设置。每张幻灯片都有一个编号，这个编号顺序就是放映演示文稿时幻灯片出现的顺序。

2. 熟练使用"主题"

"主题"是一种整体改变外观设计的、全局性的方法。每种主题模板中都包含了定义好格式的幻灯片和标题母版、配色方案，以及可生成特殊"外观"的字体格式。还可以使用"变体"组的命令对已有主题进行颜色、字体、效果、背景等的自定义修改，对幻灯片主题进行再修饰。

3. 掌握文本处理的方法

幻灯片中的标题、项目等信息都是文本。PowerPoint 2013 中处理文本的常用操作包括输入文本、编辑占位符与文本框、设置文本格式。

▋▊任务说明▋▊▊▊

为"大学生职业生涯规划"演示文稿创建第 1 张幻灯片，为幻灯片设计"环保"主题，输入文字，设置字体格式。

▋▊任务实现▋▊▊▊

1. 设置幻灯片"主题"

步骤 1：选择"文件"选项卡→"新建"→"空白演示文稿"命令，新建空白演示文档，如图 5-10 所示。

步骤 2：选择"设计"选项卡→"主题"组，找到并单击选择"环保"主题模板，右击该模板，在弹出的快捷菜单中选择"应用于所有幻灯片"命令，如图 5-11 所示。

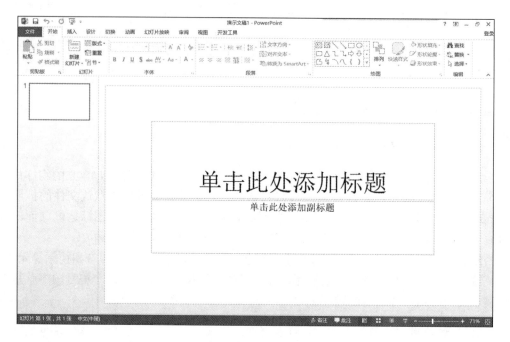

图 5-10　新建空白演示文稿

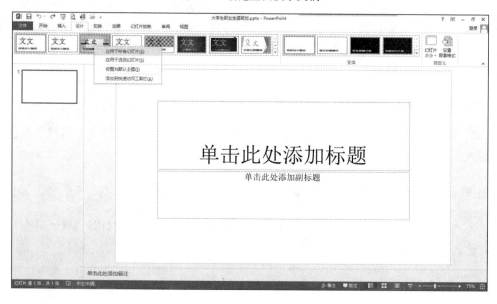

图 5-11　选择主题模板

2. 输入文字并设置字体格式

设置主标题字体为"隶书"，字号为"56"；副标题字体为"宋体"，字号为"32"，并根据实际情况，添加、补充信息，增加新幻灯片并保存，如图 5-12 所示。

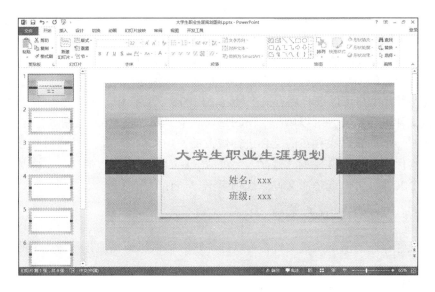

图 5-12　标题幻灯片

■知识链接■

1. 创建演示文稿文件

创建一个新的演示文稿的方法有以下几种：①选择"文件"选项卡→"新建"命令；②单击快速访问工具栏上的"新建"按钮；③按组合键 Ctrl+N。

创建演示文稿主要有以下几种方式：从空白演示文稿创建和根据设计模板创建等。

（1）从空白演示文稿创建：既没有内容的建议又没有版面设计，给用户更多的创作空间，不过对版面的设计可以在后期制作中添加。

（2）根据设计模板创建：系统提供给用户各式各样的主题模板，这些模板规定了演示文稿的外观样式，但不包含对内容的建议，用户可以在"开始"选项卡"幻灯片"组中的"版式"下拉列表（图 5-13）中设置演示文稿的版式，甚至可以以增加幻灯片的方式复制选中幻灯片、重用幻灯片等。

2. 演示文稿的保存

当使用上述方法新建文件时，在 PowerPoint 2013 的标题栏中系统会按创建顺序给出默认的文件名，如演示文稿 1、演示文稿 2 等，演示文稿的扩展名为.pptx。制作的演示文稿要及时保存到硬盘中，以免发生意外，如断电、死机时丢失未保存的内容。保存演示文稿的方法：

（1）选择"文件"选项卡→"保存"或"另存为"

图 5-13　幻灯片版式

命令。

（2）单击快速访问工具栏中的"保存"按钮■。

（3）按组合键 Ctrl+S。

当对一个新的演示文稿进行保存时，需要选择要保存的路径，系统提供了最近访问过的保存路径，用户可以选择保存到"最近访问的文件夹"中，也可以单击"浏览"（如果需要将文件保存到云，可以单击"OneDrive"或"添加位置"）按钮进行保存。

如果对一个原来已经存在的文件进行修改后使用保存命令，系统直接在原来文件的基础上进行保存，将不再提示"另存为"对话框。如果不想修改原文件，而是想将其存为另外一个文件，可以选择"文件"选项卡→"另存为"命令。

3. 演示文稿的打开

对于已经存在的演示文稿文件，可以打开它继续编辑或播放。打开一个演示文稿的方法：

（1）选择"文件"选项卡→"打开"命令。

（2）单击快速访问工具栏中的"打开"按钮 ■。

（3）按组合键 Ctrl+O。

以上 3 种方法使用的前提是 PowerPoint 2013 程序已经启动，均会打开如图 5-14 所示的"打开"界面。系统默认提供了"最近使用的演示文稿"和最近访问过的计算机文件夹。若选择"最近使用的演示文稿"单击"最近使用的演示文稿"选项组中的文件即可打开。若选择最近访问过的计算机文件夹，找到该文件并选中后，单击"打开"按钮。

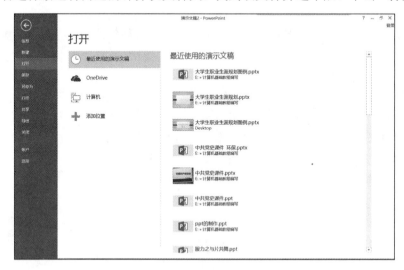

图 5-14 "打开"界面

（4）双击该文件所对应的图标。双击后在打开文件的同时会打开 PowerPoint 2013 的程序窗口，没有"打开"对话框的弹出。

4. 应用"主题"

在创建演示文稿的初期即可选定"主题",但是一般情况下,在创作初期都将注意力放在演示文稿内容的创建上,待整体创建完成后再根据演示文稿的内容来选定一种与之相适合的外观表现形式。当然,对已经设置了主题的演示文稿页可以重新选择其他的模板来替换。设置主题的步骤如下:

(1)打开演示文稿。

(2)选择"设计"选项卡→"主题"组,打开如图 5-15 所示的主题下拉列表。

图 5-15　主题下拉列表

(3)主题下拉列表中显示的是可供当前演示文稿使用的系统所提供的主题。

(4)选中某个主题,右击该主题图标,打开如图 5-16 所示的下拉列表,根据具体情况选择"应用于所有幻灯片"或"应用于选定幻灯片"。

完成以上步骤后,所选的主题将应用到当前打开的演示文稿中。主题的应用将使演示文稿中所有幻灯片的背景、字体、字体格式等改变为新模板中的设置,简单易用。但是在实际制作过程中,可能并不是所有的幻灯片都要使用同一种样式,PowerPoint 2013支持对某一张幻灯片进行单独的模板应用。

对演示文稿应用主题之后,新主题中的设置将会替代原先所做的设置,并且新插入的幻灯片也将自动应用该设计模板。

5. 文本的编辑和排版

文本搭配图形、声音等多媒体元素构成的演示文稿文件才能体现 PowerPoint 2013的特色,因此,在 PowerPoint 2013 中对于文字的操作与 Word 中相比就简单得多。只要掌握了 Word 中对文字的基本操作,在这里便能熟练使用。

1)文字的输入

在标题、文本和条列项目类型的占位符中可以输入文字。按照占位符中的提示单击,便进入编辑状态,如图 5-17 所示。此时,该占位符中有光标闪动,并且边框四周出现 8个控制手柄,用来调整占位符的大小。

输入文字后，光标可以通过 ↑、↓、→、← 键来移动。当输入的文字超出占位符的宽度时，PowerPoint 2013 会自动换到下一行显示，也可手动按组合键 Shift+Enter 来换行。直接按 Enter 键的作用是另起一个段落。文字输入完毕后在空白处单击使操作生效。

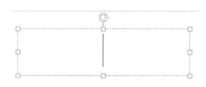

图 5-16　主题应用快捷菜单　　　　　　　　　图 5-17　在占位符中输入文字

对于输入的文字可以进行字号、字体等效果的修饰。首先要选中要进行修饰的对象，如果是对占位符中的所有文字设置相同的修饰，可以单击占位符的边框使得虚线边框变为实线边框，或选择所有文字使之呈反灰显示（表示选中状态）；如果是对占位符中的部分文字设置单独的修饰，则选择需要设置的文字使之呈反灰显示（表示选中状态）。使用"开始"选项卡"字体"组中的命令按钮或选中文本后使用临时弹出的"格式工具栏"来设置字体、字号、加粗、倾斜等修饰。基本操作与 Word 相似。

2）项目符号的输入

在条列项目类型的占位符中输入文字的方法与上面相似，当按 Enter 键时另起一行并显示默认项目符号。可以按 Tab 键或按组合键 Shift+Tab 来使某一项目符号行升级或降级。

项目符号的样式可以更改：单击"开始"选项卡→"段落"组→"项目符号"下拉按钮，在打开的下拉列表中可使用常用项目符号，或单击"项目符号和编号"按钮，打开"项目符号和编号"对话框，如图 5-18 所示。

图 5-18　"项目符号和编号"对话框

在提供的项目符号样式上单击选中一项，此时该项周围会出现粗线框表示选定。如果对项目符号的默认颜色不满意，可以单击"颜色"下拉按钮，从打开的下拉列表中选择其他的颜色。可以通过"大小"方本框百分比的调整来更改项目符号的大小。

如果 PowerPoint 2013 本身提供的样式中没有满意的，可以单击"自定义"按钮，打开"符号"对话框，如图 5-19 所示。从"字体"下拉列表中选字体，如 Wingding、Wingding1、Winding2、Winding3 等特殊符号类的字体，再从下面的符号列表中选择满意的符号，单击"确定"按钮，返回"项目符号和编号"对话框，然后对项目符号的颜色和大小进行调整，最后单击"确定"按钮。

图 5-19　"符号"对话框

也可以用小图片来作为项目符号，使幻灯片更加美观。单击"项目符号和编号"对话框中的"图片"按钮，打开"插入图片"对话框，通过"浏览"图片或搜索图片，找到图片后单击"插入"按钮，可将图片作为项目符号使用。

3）设置段落格式

在 PowerPoint 2013 中对于段落的设置比较简单，有行间距的设置、段落间距的设置、段落的对齐方式和段落的划分。

（1）行间距的设置。和 Word 一样，在 PowerPoint 2013 中行与行之间的距离可以调整，从而使幻灯片的整体布局更加协调。单击"开始"选项卡"段落"组的对话框启动器按钮，打开"段落"对话框（也可以通过单击"段落"组里的"行距"按钮选择"行距选项"或通过选中段落，右击，在弹出的快捷菜单中选择"段落"命令来打开该对话框），如图 5-20 所示，在"行距"的数字文本框中可以通过微调按钮来调整行距或直接输入适当的数字来达到相同的效果。单位有两种：行和磅。单击"确定"按钮，使操作生效。

（2）段落间距的设置。段落之间的距离也可以调整，与设置"行距"相同，打开"段落"对话框，在"段前"和"段后"文本框中按照上面的方法调整或输入适当的数字，单击"确定"按钮使操作生效。图 5-21 所示是设置段落和行距前后的效果比较。

图 5-20 "段落"对话框

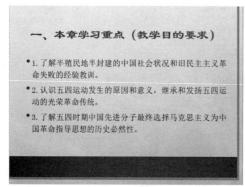

（a）设置之前的效果

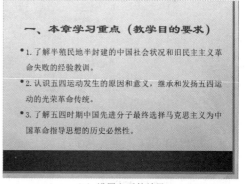

（b）设置之后的效果

图 5-21 设置段落和行距前后的效果比较

（3）段落的对齐方式。段落的对齐方式有 5 种：左对齐、右对齐、居中对齐、两端对齐和分散对齐。可以在选中需要设置的段落文字之后，选择"开始"选项卡→"段落"组，单击对齐按钮，或者单击"段落"组的对话框启动器按钮，打开"段落"对话框，选择"缩进和间距"选项卡，在"常规"选项组中设置对齐方式。

（4）段落的划分。在 PowerPoint 2013 中，以按 Enter 键来完成段落之间的划分。按组合键 Shift+Enter 是另起一行。在 PowerPoint 2013 中没有回车和软回车符号。

除了可以在特定的占位符中输入文本以外，还可以在需要的地方添加文本框来输入文本。方法如下：

① 单击"插入"选项卡→"文本"组→"文本框"下拉按钮，在打开的下拉列表中选择"横排文本框"或"垂直文本框"选项，或者单击"开始"选项卡→"绘图"组的按钮　。

② 用鼠标在幻灯片的适当位置单击或拖画出适当的大小。

③ 松开鼠标后在幻灯片中出现文本框，并且中间有光标闪动，表示是编辑状态。

④ 在光标处输入文本。

⑤ 输入完毕后在幻灯片的空白处单击使操作生效。

注意

单击和拖画出大小的不同：单击形成的文本框的大小没有固定，当输入的文字比较长时，文本框的长度会随着文本增长而不自动换行；拖画出固定大小形成的文本框中输入超过文本框长度的文本时，文本会自动换到下一行显示。

幻灯片中对于文本编辑和格式编排的操作与前面所学 Word 的操作一样，不过需要注意：当鼠标指针移动到文本框周围的小斜线边框上面，并且变成十字状时，单击拖动可以改变文本框的位置。

在文本框周围的边框线上面单击，边框四周会出现 8 个控制大小的正方形控制手柄，拖动相应的控制手柄可以调节文本框的大小。

单击"开始"选项卡→"绘图"组相应按钮（或单击对话框启动器按钮）或选中文本框右击，在弹出的快捷菜单中选择"设置形状格式"命令，可以设置文本框的"阴影""三维效果"，边框线条的样式、粗细和颜色，填充色等。

任务 3　幻灯片版式的设置

■任务目标

1. 更换幻灯片版式

幻灯片版式是指幻灯片的内容在幻灯片上的排列方式，由占位符组成。制作幻灯片时，首先要指定该幻灯片的版式，制作完幻灯片后，还可以更换幻灯片的版式。

2. 掌握幻灯片的操作

幻灯片的基本操作包括选择幻灯片、插入幻灯片、移动幻灯片、复制幻灯片、删除幻灯片和保护幻灯片，根据不同的需求，掌握相关操作。

3. 处理图形对象

幻灯片中除了文本信息外，还可以插入图形对象，这会使幻灯片图文并茂、丰富多彩。幻灯片中常用的图形对象有表格、图表、剪贴画、图片、图示和艺术字等。

■任务说明

为"大学生职业生涯规划"演示文稿创建第 2 张和第 3 张幻灯片，设置幻灯片版式，插入图形并设置格式。

■■**任务实现**■■■■■■■■■■■■■■

1. 插入新幻灯片的步骤

步骤 1：选择"插入"选项卡→"幻灯片"组→"新建幻灯片"→"标题和内容"命令，则插入一张新的幻灯片，如图 5-22 所示。

图 5-22 "标题和内容"版式

步骤 2：选择"开始"选项卡→"字体"组，设置标题字体为"隶书（标题）"，"44"号字，字体颜色为"蓝色"；插入菱形和圆角矩形，并分别编辑编号和文字，两个形状的颜色为"绿色"，编号的字号为"18"，圆角矩形中的文字字号为"28"，颜色均为"白色"。第 2 张幻灯片的效果如图 5-23 所示。

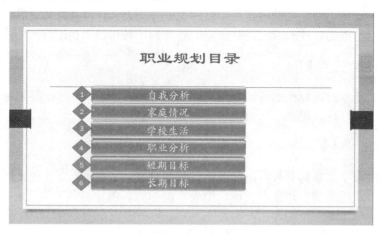

图 5-23 第 2 张幻灯片的效果

步骤 3：选择"插入"选项卡→"幻灯片"组→"新建幻灯片"→"空白"命令，

插入第 3 张幻灯片。选择"插入"选项卡→"文本"组→"文本框"→"横排文本框"命令，在幻灯片中插入文本框，输入文本并编辑标题，如图 5-24 所示。

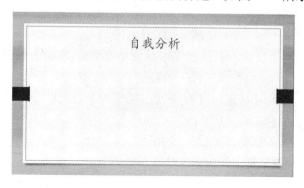

图 5-24　"空白"版式

步骤 4：选择"插入"选项卡→"插图"组→"形状"→"矩形"命令，如图 5-25（a）所示，绘制 4 个矩形（可进行一定旋转）；接着用同样的方法插入箭头，如图 5-25（b）所示，进行一定旋转。

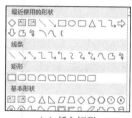

（a）插入矩形

（b）插入箭头

图 5-25　插入矩形和箭头

步骤 5：选中矩形，右击，在弹出的快捷菜单中选择"编辑文本"命令，输入相应文字，最终效果如图 5-26 所示。

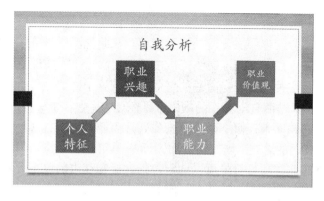

图 5-26　第 3 张幻灯片

■■知识链接■■■

1. 幻灯片的版式

PowerPoint 2013 所设计的版式的作用是使用户更方便地编排幻灯片中的文字、图形、表格、图表、声音等元素。它提供了特定的文字、图片、图表、表格或多媒体等构成元素的布局方式。PowerPoint 2013 在不同主题模板下均提供多种相同或不同版式，如为空白演示文稿默认提供一组 11 个名为 Office 主题的版式。版式由不同类型的占位符组合而成。占位符以文本框的形式出现，并且上面提示有"单击此处添加×××"的字样，如图 5-27 所示。占位符中的提示文字在放映视图下不出现。

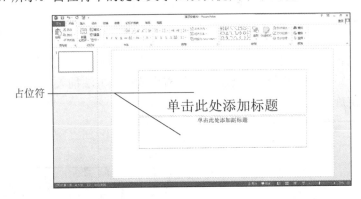

图 5-27　幻灯片版式

在占位符的边框上单击，边框变为带有 8 个控制手柄的虚线框。鼠标指针在占位符的边框上放置变为十字状时，拖动边框可以更改占位符的位置；鼠标指针放在 8 个控制手柄上单击并拖动可以调整占位符的大小。版式中不需要的占位符可以删除。

2. 幻灯片的基本操作

1）在大纲视图下

大纲视图比较适合创建层次分明的演示文稿。在此视图下，可以以结构、内容、论点和逻辑思路为制作重点，使演示文稿突出主题、层次分明、条理清晰、逻辑严密、具有较强的说服力。在这种视图下，文稿的整体外观则处于次要地位。

在大纲视图中，可以调整幻灯片的顺序，调整幻灯片中各个标题的层次顺序，删除、复制和移动各级标题和文本，对个别或全部幻灯片内容进行折叠或展开显示等。

（1）幻灯片或标题的选定。单击幻灯片图标1□可以选定整张幻灯片的内容，单击幻灯片中某一条标题前的项目符号可以选定包括此标题在内的以下各层标题和文本。在某一条标题或文本中单击则会选中该行标题或文本。

（2）幻灯片顺序的调整。拖动幻灯片图标到适当的位置可以改变幻灯片的顺序。或右击幻灯片图标，在弹出的快捷菜单中选择"上移"或"下移"命令，使该幻灯片上移或下移一个位置。

（3）标题层次或顺序的改变。

① 标题层次的改变。单击标题前的项目符号选定标题，单击"升级"或"降级"按钮，可以使该标题升或降一级，同时此标题下所含的各级标题和文本也同步升或降一级。若只选标题，则仅该标题升或降一级。也可以使用快捷键选定标题，按 Tab 键或按组合键 Shift+Tab，可以使该标题降或升一级。

② 标题顺序的改变。单击标题前的项目符号选定标题，单击"上移"或"下移"按钮，可以使标题上升或下降一个位置。此标题下所含的各级标题和文本也同步上升或下降一个位置。若只选该标题，则仅该标题上升或下降一个位置。

（4）幻灯片的折叠与展开。右击大纲窗格，在弹出的快捷菜单中选择"折叠"（或"展开"）→"全部折叠"（或"全部展开"）命令，演示文稿折叠成只显示幻灯片标题或显示演示文稿的全部内容。

选定某一张幻灯片右击，在弹出的快捷菜单中选择"折叠"或"展开"命令，则仅折叠或展开该幻灯片。

2）在幻灯片浏览视图下

在幻灯片浏览视图下，演示文稿以幻灯片的缩略图方式按顺序号自左向右、自上向下逐行显示在文稿窗口中。每张小幻灯片的下方右边显示该幻灯片的放映方式图标和切换时间，左边显示该幻灯片的编号。在此视图下，可以调整幻灯片的顺序，也可以复制、移动和删除幻灯片，也可以在演示文稿之间复制或移动幻灯片。

（1）幻灯片的选定。对整张幻灯片进行操作时，如复制、移动或删除，首先应选定它。选定幻灯片的操作有以下几种情况：

① 选定一张幻灯片：单击指定的幻灯片，其外围会被红色粗线包围，表示该幻灯片被选定。此时，可以使用键盘上的上、下、左、右方向键将红色粗线框移动到其前、后、左、右的位置。

② 选定连续的多张幻灯片：单击第 n 张幻灯片，再按 Shift 键，然后单击第 m 张幻灯片，则可以选定从第 n 张到第 m 张的所有幻灯片（包括第 n 和 m 张）。

③ 选定不连续的多张幻灯片：单击某张幻灯片，然后按 Ctrl 键，同时单击其他要选定的幻灯片，可以选定不连续的多张幻灯片。

④ 全选：选择"开始"选项卡→"编辑"组→"选择"→"全选"命令，或按组合键 Ctrl+A 可选定全部的幻灯片。

（2）幻灯片的删除与复制。

① 删除幻灯片。选定要删除的一张或多张幻灯片，右击，在弹出的快捷菜单中选择"删除幻灯片"命令；也可以按组合键 Ctrl+D 删除选定的幻灯片。按 Delete 键或Backspace 键同样可以删除选定的幻灯片。

② 复制幻灯片。

a．选定要复制的一张或多张幻灯片。

b．选择"开始"选项卡→"剪贴板"组→"复制"→"复制"命令；或右击，在弹出的快捷菜单中选择"复制"命令；或直接按组合键 Ctrl+C。

c．单击要复制到位置的前一张幻灯片，确定复制到的位置。

d．单击"开始"选项卡→"剪贴板"组→"粘贴"按钮；或在选中幻灯片位置的同时右击，在弹出的快捷菜单中选择"粘贴"命令；或按组合键 Ctrl+V，所复制的幻灯片则被粘贴到所选幻灯片之后。

（3）改变幻灯片的顺序。在幻灯片浏览视图下可以直接拖动幻灯片来改变其排列顺序。下面来看一个例子。

① 打开演示文稿，在幻灯片浏览视图下选中要移动位置的那张幻灯片为当前幻灯片，如图 5-28 所示，外围被红色粗线包围的幻灯片即为选中的幻灯片。

图 5-28　选定要移动位置的幻灯片为当前幻灯片

② 向所需的方向拖动所选中的幻灯片，如图 5-29 所示。

图 5-29　拖动幻灯片

③ 调整到正确位置后松开鼠标，此时幻灯片便移动到选定的位置，如图 5-30 所示。

图 5-30　选定幻灯片的位置

3. 在幻灯片中创建图形

PowerPoint 2013 具有功能齐全的绘画和图形功能，配有图形的幻灯片不仅能使文本更容易理解，而且是十分有效的修饰手段。具体步骤如下：

（1）选中要插入图形的幻灯片或新建一张幻灯片。

（2）选择"开始"选项卡→"绘图"组，如图 5-31 所示，可以单击最近使用过的图形，也可以打开图形下拉列表，选择更多线条或自选图形。

图 5-31　"绘图"组

（3）选择一种图形后，在幻灯片中单击，并拖动一定大小后松开鼠标，此时在幻灯片中将出现刚刚所创建的自选图形，并且图形周围会出现 8 个白色的控制手柄，在图形中还会出现一个环形箭头手柄。利用 8 个白色的控制手柄可以调整图形的大小，利用环形箭头手柄可以简单调整自选图形的样式。

在 PowerPoint 2013 中创建图形以及对图形进行修改的操作方法与在 Word 中是一样的，这里不再赘述。

任务 4　图表的插入

■任务目标■

掌握在幻灯片中插入图表的方法。图表用图形的方式来显示数据，生动直观，因此在幻灯片中经常使用。

■任务说明

为"大学生职业生涯规划"演示文稿创建第 4 张幻灯片，插入文本和图表，以直观地展示数据。

■任务实现

插入第 4 张幻灯片，在该幻灯片中插入文本和图表，最终效果如图 5-32 所示。

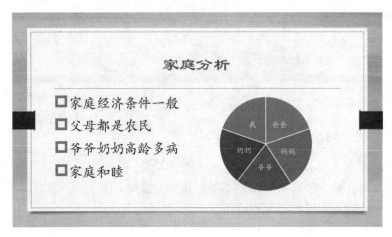

图 5-32　第 4 张幻灯片

步骤 1：选择"插入"选项卡→"幻灯片"组→"新建幻灯片"→"两栏内容"版式，则插入第 4 张幻灯片，如图 5-33 所示。

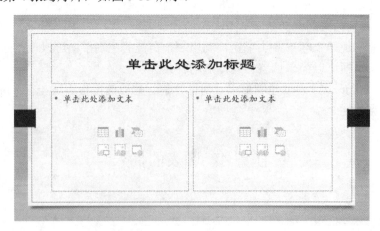

图 5-33　"两栏内容"版式

步骤 2：选择"开始"选项卡→"段落"组→"项目符号和编号"命令，对项目符号进行设定，并输入文本。

步骤 3：选择"插入"选项卡→"插图"组→"图表"命令，打开"插入图表"对话框，默认添加的是"柱形图"，如图 5-34（a）所示。选择"所有图表"中的"饼图"，如图 5-34（b）所示。

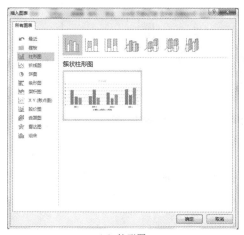

（a）柱形图　　　　　　　　　　　　　　　　（b）饼图

图 5-34　柱形图和饼图

知识链接

1. 插入图表

用图表表示数据最形象、直观，可以使用两种途径来插入图表。

（1）含有"图表"内容的幻灯片版式：单击如图 5-35 所示工作区内的"插入图表"图标，打开"插入图表"对话框，默认插入的是"柱形图"，单击"确定"按钮，打开如图 5-36 所示的数据表窗口。在"数据表"窗口中输入自己的数据，代替原来的示例数据。

图 5-35　含有"图表"内容的幻灯片版式

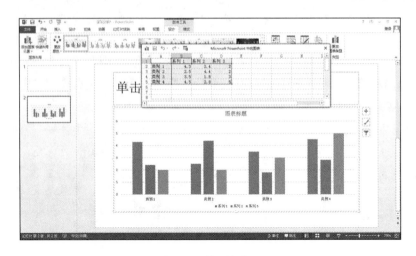

图 5-36 数据表窗口

（2）其他版式的幻灯片：选择"插入"选项卡→"插图"组→"图表"命令，打开"插入图表"对话框，默认插入的是"柱形图"，可根据需要选定图表类型。

2．插入表格

与 Word 中制作表格的操作类似，幻灯片中制作表格的步骤如下：

（1）若版式中含有"表格"内容，则单击如图 5-35 所示工作区内的"插入表格"图标，打开如图 5-37 所示的"插入表格"对话框（选择"插入"选项卡→"表格"组→"表格"→"插入表格"命令，同样可以打开"插入表格"对话框），填入要创建表格的行数、列数，如 2 行 5 列，单击"确定"按钮。

（2）在幻灯片上生成一个指定行列数的空表格，在"表格工具-设计""表格工具-布局"选项卡中可以对选中的表格进行设置，使用方法与 Word 中一样，这里不再赘述。

图 5-37 "插入表格"对话框

（3）在表格的单元格中单击，在出现光标的地方可以输入数据，可使用"开始"选项卡"字体"组的命令或右击使用快捷菜单里的命令对文字进行设置。

（4）单击表格的框线外任何位置，退出表格窗口，返回幻灯片视图。

3．插入图片或图像

1）在含有"图像"内容幻灯片版式的幻灯片中插入计算机内图片的方法

单击如图 5-35 所示工作区内的"图片"图标，打开如图 5-38 所示的"插入图片"对话框。选定合适的图片，并单击"插入"按钮，可将所选图片插入幻灯片中。

图 5-38　"插入图片"对话框

2）在不包含图片的版式的幻灯片中插入计算机内图片的方法

选择"插入"选项卡→"图像"组→"图片"命令，打开"插入图片"对话框，同样可将所选图片插入幻灯片中。

单击插入幻灯片中的图片或图像，利用图片四周的 8 个控制块，可以调整图片或图像的大小；也可以拖动它改变其位置，使用"图片工具-格式"选项卡中的命令可以对图片进行简单编辑。

4.　插入联机图片

插入联机图片是按照用户的需求在网络上搜索图片供幻灯片使用。PowerPoint 2013 没有提供剪贴画图库，以搜索"剪贴画"关键字为例，搜索网络上的素材。

忽略版式是否有"联机图片"图标的情况，以使用功能区命令方式插入联机图片示例如下：选择"插入"选项卡→"图像"组→"联机图片"命令，打开"插入图片"对话框，在搜索引擎里输入关键字"剪贴画"，如图 5-39 所示。

图 5-39　"插入图片"对话框

单击输入框右侧的搜索图标，搜索到关键字对应的网络图片，选中、插入即可，如图 5-40 所示。编辑方法同前面对图片的操作。

（a）

（b）

图 5-40　搜索、选中、插入联机图片

此外，还可以插入相册、视频、SmartArt 图形等。

强化训练

一、选择题

1. PowerPoint 2013 是（　　）。
   A. 信息管理软件　　　　　　　　　B. 通用电子表格软件
   C. 演示文稿制作软件　　　　　　　D. 图形文字出版物制作软件

2. 在 PowerPoint 2013 中，在磁盘上保存的演示文稿的文件扩展名是（　　）。
   A. .pot　　　　　　B. .pptx　　　　　　C. .dotx　　　　　　D. .ppt

二、实操题

1. 新建一个演示文稿，并将该文档以"学校简介.pptx"为名保存在"文档"中。

2. 在标题占位符中输入"郑州旅游职业学院"作为标题，字体为"华文中宋"，加粗，大小为"54 磅"。在副标题占位符中输入"——阳光的产业"。

3. 新建幻灯片，版式选择"仅标题"样式，在"标题"占位符中输入"学院简介"。插入文本框，并在文本框中输入下面的内容。

> 郑州旅游职业学院是河南省唯一以培养旅游人才为主的办公高等职业学院，地处郑州市区，环境优美，设施先进，是河南省数字化校园示范工程院校。现有五系二部及成人教育学院，开设 24 个专业，在校生一万余名。学院秉承"以人为本、人人成才"的办学理念，已为国家培养了 3 万余名高素质技能型人才。学院先后参加了北京奥运会、上海世博会等高端服务工作，与洲际集团、日本国际酒店交流协会等单位以及郑州大学、河南大学、奥地利莫杜尔学院等高校先后建立了长期合作关系，为毕业生实习、就业、深造搭建了广阔平台。常和国家领导人刘延东、陈至立等领导曾视察学院，对学院的办学成绩给予了高度评价。学院以鲜明的办学特色、过硬的学生素质、高端的社会服务、国际化的就业方向而享誉国内外。

4．新建幻灯片，版式选择"空白"样式，插入"郑州旅游职业学院"图片，调整图片大小，将图片移动到幻灯片的右边。在左边插入竖排文本框，输入内容"我们欢迎您!"，设置字号为"40"。

5．新建幻灯片，版式选择"标题和内容"样式，在"标题"占位符中输入"学院荣誉"，在"文本"占位符中输入下面的内容。

> 全国职业教育先进单位
> 全国职业指导工作先进单位
> 河南省最具特色的十佳职业院校
> 中国旅游协会教育分会副会长单位

6．将第 3 张幻灯片移动到最后。

7．将幻灯片主题改为"回顾"，且选用第 2 种浅绿色变体。最终效果如下图所示。

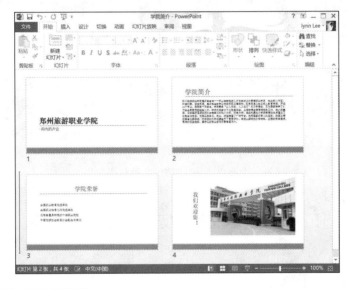

8．保存该幻灯片并退出。

项目 2　电子贺卡的制作

⬡ 项目背景 ⬡

在新年到来之际，为了表达对朋友的思念和祝福之情，制作一个以新年祝福为主题的电子贺卡。可以用 PowerPoint 2013 来制作这样一个演示文稿。

本项目共 8 张幻灯片，原始演示文稿效果如图 5-41 所示。

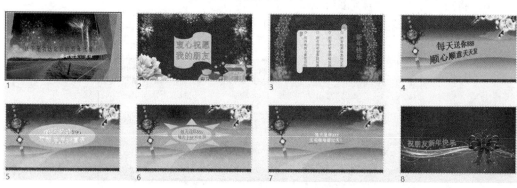

图 5-41　原始演示文稿效果

任务 1　演示文稿的建立及页面格式化

▉任务目标▉

（1）熟练掌握幻灯片的操作，包括幻灯片的添加、删除、移动、复制。

（2）熟练掌握幻灯片文本的设置方法。

（3）掌握在幻灯片中插入艺术字和图片的方法。

▉任务说明▉

在 D 盘新建名为"新年祝福贺卡"的演示文稿，设计 8 张幻灯片并格式化。

▉任务实现▉

步骤 1：选择"开始"→"所有应用"→"Microsoft Office 2013"→"PowerPoint 2013"命令，启动 PowerPoint 2013。在弹出的窗口中选择"空白演示文稿"选项，建立一个名为"演示文稿 1"的演示文稿文件，这时的演示文稿中只有一张幻灯片，如图 5-42 所示。

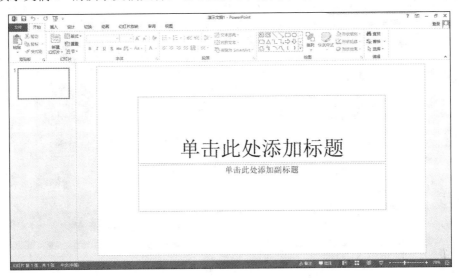

图 5-42　新建演示文稿窗口

步骤 2：选择"插入"选项卡→"幻灯片"组→"新建幻灯片"命令，或按组合键 Ctrl+M 或选中第 1 张幻灯片后按 Enter 键就可以在当前幻灯片后面再增加一张幻灯片。重复操作 7 次，此时演示文稿由 8 张幻灯片组成，如图 5-43 所示。

图 5-43　插入 7 张新幻灯片

步骤 3：在"大纲/幻灯片"窗格中选择第 1 张幻灯片，然后选择"设计"选项卡→ "主题"组，打开主题下拉列表，找到"平面"主题模板，右击模板，在弹出的快捷菜单中选择"应用于选定幻灯片"命令，第 1 张幻灯片的效果如图 5-44 所示。

图 5-44　第 1 张幻灯片的效果

步骤 4：在"大纲/幻灯片"窗格中继续选择第 1 张幻灯片，选择"设计"选项卡→"自定义"组→"设置背景格式"命令，在"幻灯片"窗格右侧出现"设置背景格式"窗格，如图 5-45（a）所示，点选"图片或纹理填充"单选按钮，单击"文件"按钮，打开"插入图片"对话框，选择计算机中的图片，单击"打开"按钮，效果如图 5-45（b）所示。

（a）"设置背景格式"窗格

（b）插入图片背景效果

图 5-45　插入图片背景

用同样的方法将后 7 张幻灯片的背景也设置成预先准备的图片，效果如图 5-46 所示。

步骤 5：设置字体和段落格式。每张幻灯片要输入的文字如下。

第 1 张：以下是我送给你的新年祝福，你的朋友：佳佳。

第 2 张：衷心祝愿，我的朋友。

第 3 张：所有的期待都能出现，所有的梦想都能实现，所有的希望都能如愿，所有的努力都能成功。

　　第 4 张：每天送你 888，顺心顺意天天发。

　　第 5 张：每天送你 999，前前后后都富有。

　　第 6 张：每天送你 555，每天上班不辛苦。

　　第 7 张：每天送你 333，无论做啥都过关！

　　第 8 张：祝朋友新年快乐。

图 5-46　幻灯片背景展示

　　（1）选择第 1 张幻灯片，在占位符里输入标题和副标题，设置文字格式。第一张幻灯片的效果如图 5-47 所示。

图 5-47　第 1 张幻灯片的效果

　　（2）选择第 2 张幻灯片，将版式设置为"空白"。选择"插入"选项卡→"文本"组→"艺术字"命令，打开艺术字库，选中需要的艺术字类型，如图 5-48（a）所示。在"绘图工具-格式"选项卡中对艺术字进行编辑，如图 5-48（b）所示（艺术字的编辑方法与 Word 相同）。

（a）插入艺术字

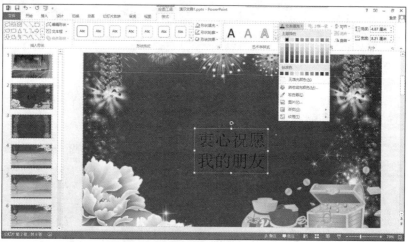

（b）编辑艺术字

图 5-48　插入和编辑艺术字

为追求美感，可插入、编辑形状，与文字相衬。第 2 张幻灯片的效果如图 5-49 所示。

图 5-49　第 2 张幻灯片的效果

（3）选择第 3 张幻灯片，用同样的方法在幻灯片右侧插入艺术字"新年快乐"，文本竖排；在左侧插入艺术字并输入相应文字，编辑后选择"开始"选项卡→"段落"组→"项目符号和编号"命令，打开"项目符号和编号"对话框，如图 5-18 所示，单击"自定义"按钮，打开"符号"对话框，如图 5-19 所示，找到并选择◎。

第 3 张幻灯片的效果如图 5-50 所示。

图 5-50　第 3 张幻灯片的效果

（4）用同样的方法给第 4～8 张幻灯片输入文字和艺术字，效果如图 5-51～图 5-55所示。

图 5-51　第 4 张幻灯片的效果

图 5-52　第 5 张幻灯片的效果

图 5-53　第 6 张幻灯片的效果

图 5-54　第 7 张幻灯片的效果

图 5-55　第 8 张幻灯片的效果

知识链接

1. 艺术字的插入

插入艺术字是一种通过特殊效果使文字突出显示的快捷方法。

（1）打开一个演示文稿，选择其中一张幻灯片，单击"插入"选项卡→"文本"组→

"艺术字"下拉按钮，打开艺术字库，然后选择所需的艺术字样式。如图 5-56 所示，在艺术字库中，字母 A 表示应用于输入的所有文字的不同设计。

图 5-56　艺术字库

（2）根据自己的喜好和需要，选择一种艺术字样式后单击该样式，如图 5-57 所示，输入自己的文本，替换占位符文本，并设置好文字的字体、大小。

图 5-57　艺术字文本框

像 Word 插入艺术字一样，可以对所插入的艺术字进行自定义，可以通过"艺术字样式"组的"文本填充""文本轮廓"和"文本效果"实现对文本的自定义编辑，如图 5-58 所示。

图 5-58　"艺术字样式"组

可以通过"文本填充"来选定文本的颜色，通过"文本轮廓"来修饰文本边缘颜色，通过"文本效果"来实现"阴影""映像""发光""楼台""三维旋转"和"转换"效果。以创建弯曲或圆形艺术字为例，首先设置文本"计算机应用基础实用教程"的颜色、轮廓，单击"文本效果"下拉按钮，在打开的下拉列表中选择"转换"选项，在级联菜单中选择需要的"转换"效果。效果如图 5-59 所示。

图 5-59　"转换"效果

同理，也可以在幻灯片上插入形状，使用"绘图工具-格式"选项卡→"插入形状"组→"编辑形状"来更改形状，实现形状多样化，需要在形状上添加文本框时，可以选择文本框文字方向；通过"绘图工具-格式"选项卡→"形状样式"组的"形状填充""形状轮廓"和"形状效果"可以实现对形状的自定义编辑，如图 5-60 所示。

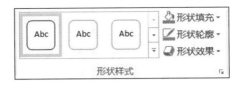

图 5-60　"形状样式"组

2. 幻灯片母版的设置

在 PowerPoint 2013 中有 3 种母版，它们是幻灯片母版（包括标题母版和幻灯片母版）、讲义母版及备注母版，可用来制作统一标志和背景的内容，设置标题和主要文字的格式，包括文本的字体、字号、颜色和阴影等特殊效果，在幻灯片母版上设置的字体格式、背景色和插入的图片等将在演示文稿中的每张幻灯片中反映出来，可以利用母版对创建完成的演示文稿在排版和外观上进行统一的调整。

1）幻灯片母版

幻灯片母版中包含文本占位符和页脚（如日期、时间和幻灯片编号）占位符。如果需要对演示文稿中的幻灯片进行统一的外观布局，不必对幻灯片逐张进行添加修改，而只需在幻灯片母版上进行一次修改即可。PowerPoint 2013 会自动应用到已有的幻灯片中，并对以后新插入的幻灯片也应用此修改。幻灯片母版上的内容会出现在除标题幻灯片以外的所有幻灯片上。

2）标题母版

如果希望标题幻灯片与演示文稿中其他幻灯片的外观不同，可改变标题母版。它只是影响使用了"标题幻灯片"版式的幻灯片。

对幻灯片母版的设置方法与一般幻灯片类似。利用母版调整幻灯片整体效果的方法如下：

（1）打开某一演示文稿。

（2）选择"视图"选项卡→"母版视图"组→"幻灯片母版"命令，进入母版编辑状态，如图 5-61 所示。

图 5-61　母版编辑状态

（3）对母版上的标题占位符、文本占位符进行字体、字号、颜色、段落格式、项目符号等修饰设置。仅进行修饰的设置，不必填入具体的文字内容。

（4）对母版上的日期、页脚和数字占位符，需要输入固定的文字或数字，也可对文字进行适当的修饰，这些文字或数字及修饰会显示在每张幻灯片的相同位置。

（5）拖动占位符的边框可以更改它的位置，修改将应用到每张幻灯片上。

（6）选择"幻灯片母版"选项卡→"背景"组→"背景样式"命令，可以在打开的下拉列表中选择背景，也可以选择"设置背景格式"选项进行自定义（详见下面"幻灯片背景的设置"）背景设置。

（7）可根据需要在适当的位置插入专用的徽标、图片、图形，甚至其他图表等，并可调整大小；插入文本框输入需要显示的固定文本。

设置完毕以后，选择"幻灯片母版"选项卡→"关闭"组→"关闭母版视图"命令，退出母版编辑，返回演示文稿编辑窗口，查看结果，若不满意，可重新进入进行修改。

3. 页眉和页脚的设置

在幻灯片母版中，预留了日期、页脚和数字这 3 种占位符，占位符中的内容不能在幻灯片中直接输入，需要在"页眉和页脚"对话框中输入。

在设置幻灯片母版状态下，选择"插入"选项卡→"文本"组→"页眉和页脚"命令，打开"页眉和页脚"对话框，在该对话框中选择"幻灯片"选项卡，如图 5-62 所示。

图 5-62　"幻灯片"选项卡

在"幻灯片"选项卡中，可以进行以下操作：

（1）勾选"日期和时间"复选框，可在幻灯片的日期占位符中添加日期和时间，否则不能添加日期和时间。

（2）勾选"日期和时间"复选框后，如果再点选"自动更新"单选按钮，系统将自动插入当前日期和时间，插入的日期和时间会根据演示时的日期和时间自动更新。插入日期和时间后，还可从"自动更新"下的 3 个下拉列表中选择日期和时间的格式、日期和时间所采用的语言、日期和时间所采用的日历类型。

（3）勾选"日期和时间"复选框后，如果再点选"固定"单选按钮，可直接在下面的文本框中输入日期和时间，插入的日期和时间不会根据演示时的日期和时间自动更新。

（4）勾选"幻灯片编号"复选框，可在幻灯片的数字占位符中显示幻灯片编号，否则不显示幻灯片编号。

（5）勾选"页脚"复选框，可在幻灯片的页脚占位符中显示页脚，否则不显示页脚。页脚的内容在其下面的文本框中输入。

（6）勾选"标题幻灯片中不显示"复选框，则在标题幻灯片中不显示页眉和页脚，否则显示页眉和页脚。

（7）单击"全部应用"按钮，对所有幻灯片设置页眉和页脚，同时关闭该对话框。

（8）单击"应用"按钮，对当前幻灯片或选定的幻灯片设置页眉和页脚，同时关闭该对话框。

4. 幻灯片背景的设置

1）幻灯片背景的调整

改变背景的操作可以应用到一张或全部的幻灯片。步骤如下：

（1）打开演示文稿，在普通视图或幻灯片视图下选定一张幻灯片。

（2）选择"设计"选项卡→"自定义"组→"设置背景格式"命令，或在幻灯片上空白处右击，在弹出的快捷菜单中选择"设置背景格式"命令，弹出"设置背景格式"窗格，如图 5-63 所示。

（3）在"设置背景格式"窗格中，点选"纯色填充"或"渐变填充"单选按钮，在"颜色"下拉列表中，选择"颜色"背景。

（4）若设置的背景为图片，"设置背景格式"窗格还可以对图片进行艺术效果设置，也能对图片进行颜色等设置，如图 5-64 所示。

在"设置背景格式"窗格中有"纯色填充""渐变填充""图片或纹理填充""图案填充"等 4 个填充单选按钮，点选其中一个单选按钮，如"渐变填充"，设置"预设渐变"为"浅色渐变-着色 3"，"类型"为"射线"，"方向"为"从右上角"，"颜色"填充为浅绿色。其设置最后的效果将在"渐变光圈"中显示。

"图片或纹理填充"选项中图片填充可以从本机磁盘选择合适的图片作为背景，也可以联机下载图片设置背景，而纹理的效果有纸莎草纸、画布、绿色大理石等，并支持导入其他纹理。"图案填充"选项中的效果是以各种线条、点以及所选择的前景、背景色组成的图案。

图 5-63 "设置背景格式"窗格   图 5-64 图片背景格式设置

(5) 调整满意后，可关闭"设置背景格式"窗格，保存即可。

若只想改变当前幻灯片的背景，选中"填充"方式及其背景后，更换其他幻灯片为新的操作对象或保存操作即可；若想改变全部幻灯片的背景，则单击"全部应用"按钮。

当"设置背景格式"对话框关闭后，所进行的调整已应用到相应的幻灯片中。注意：若"隐藏背景图形"一项被选中，则相应幻灯片所应用的母版中的背景图形将被去掉。

2）配色方案的调整

幻灯片的配色可以通过"设计"选项卡中的"变体"组进行调整，使用"变体"组的命令对已有主题进行颜色、字体、效果、背景样式等的自定义修改。配色方案的调整操作如下：

(1) 在幻灯片视图下打开演示文稿，选定要调整配色方案的那张幻灯片。

(2) 如图 5-65 所示，在"变体"组选中一个已有的配色方案，右击，弹出快捷菜单，根据具体情况选择"应用于所有幻灯片"或"应用于选定幻灯片"命令。

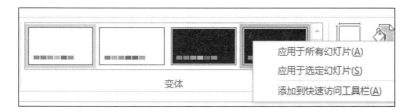

图 5-65 选定已有配色方案

(3) 如果想修改某种配色方案，可以单击配色方案右下角箭头，打开"变体"下拉列表，如图 5-66 所示，分别对颜色、字体、效果、背景样式等进行选择或自定义修改。

图 5-66　"变体"下拉列表

注意

在针对某项进行自定义修改时，有直接单击选择和快捷菜单选择两种执行命令的方式，快捷菜单中包含"应用于所有幻灯片"和"应用于选定幻灯片"的其中一个或两个命令，可根据实际需要进行选择，如图 5-67 所示。

图 5-67　选择应用范围

任务 2　幻灯片切换效果和动画效果的设置

■■任务目标■■

1．设置幻灯片切换效果

最基本的幻灯片放映方式是一张接一张地放映，但显得单调，PowerPoint 2013 中提供了不同的切换方式，从而增强了幻灯片的表现效果。

2．创建动画效果

幻灯片切换设置完成之后，还可以对幻灯片中的每个元素进行动画效果的设置，以提高演示文稿的趣味性，也可突出重点、控制信息的流程。

■■**任务说明**■■■■■■■■■■■■■■■■■■■■■

　　在 D 盘找到名为"新年祝福贺卡"的演示文稿，设置切换方式和动画效果，使"新年祝福贺卡"动起来。

■■**任务实现**■■■■■■■■■■■■■■■■■■■■■

　　1. 设置幻灯片的自动切换

　　步骤 1：在 D 盘中找到名为"新年祝福贺卡"的演示文稿，双击该演示文稿图标打开演示文稿。

　　步骤 2：选择第一张幻灯片，选择"切换"选项卡→"计时"组，勾选"设置自动换片时间"复选框，输入"00：02：30"，然后单击"全部应用"按钮。

　　2. 为演示文稿添加幻灯片切换效果

　　步骤 1：选择第一张幻灯片，选择"切换"选项卡→"切换到此幻灯片"组，选择"推进"切换方式，"效果选项"设置为"自右侧"。

　　步骤 2：用同样的方法将第 2～8 张幻灯片的切换方式分别设置为"分割""随机线条""揭开""缩放""飞机""页面卷曲""门"。

　　3. 为幻灯片上的文本等元素设置动画效果

　　步骤 1：选择第 1 张幻灯片，选中艺术字对话框或直接选中艺术字对话框里的文字，选择"动画"选项卡→"动画"组，打开动画库下拉列表，选中所需动画图标，如"飞入"。

　　步骤 2：使用"高级动画"合并两个或更多动画效果，选中步骤 1 设置的艺术字，选择"动画"选项卡→"高级动画"组→"添加动画"命令，添加另一种效果。在"动画"选项卡"计时"组中的"开始"下拉列表中选择"与上一动画同时"。

　　步骤 3：用同样的方法设置第 1 张幻灯片上的其他文本和元素的动画效果。

　　步骤 4：用同样的方法设置第 2～8 张幻灯片的动画效果。

■■**知识链接**■■■■■■■■■■■■■■■■■■■■■

　　1. 幻灯片的切换效果

　　幻灯片的切换效果是指放映时幻灯片离开和进入所产生的视觉效果，它可以使幻灯片的过渡更加自然，吸引观众的注意力。

　　1）手动切换幻灯片

　　设置幻灯片切换的操作如下：

　　（1）打开演示文稿。

　　（2）选定要设置切换效果的一张或多张幻灯片。

（3）选择"切换"选项卡→"切换到此幻灯片"组，打开切换方式下拉列表，选择切换方式，如图 5-68 所示。

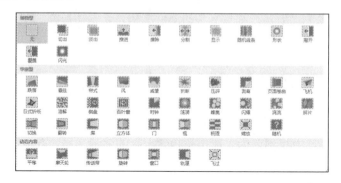

图 5-68　选择切换方式

（4）从效果列表中选定一种切换效果后，可以选择"切换"选项卡→"计时"组，在"持续时间"文本框中，输入该幻灯片切换的持续时间，为幻灯片设定一个切换速度，如输入"00：02：30"。

（5）换片方式是指手动换片或自动换片。若勾选"单击鼠标时"复选框，则只有在单击的情况下才切换页面，而不管该张幻灯片页面在播放时停留多长时间。若勾选"设置自动换片时间"复选框并输入一定的时间长度，则会在规定时间后自动切换页面。若既勾选"单击鼠标时"复选框又勾选"设置自动换片时间"复选框，系统会默认自动切换。

（6）在"声音"框中，可以从下拉列表中选定一种作为切换时的声音效果。当制作在展台上自动播放的产品展示一类的演示文稿时，需要在播放幻灯片的同时加上柔和的背景音乐来增添气氛。从声音列表中选择"其他声音"，然后从计算机硬盘中选择要播放的声音文件，并且选择"播放下一段声音之前一直循环"选项，声音会以背景音乐的方式一直播放直到有其他的声音。

（7）若所有幻灯片均采用这种切换方式，则可选择"应用于所有幻灯片"选项来将此设置应用到全部幻灯片中。

2）定时切换幻灯片

有时在演讲者讲解的同时，需要幻灯片定时以适当的速度切换到下一页，这就要求对每张幻灯片在屏幕上显示的时间进行设定。有以下两种方式：

（1）通过"设置自动换片时间"设定。这种方式比较简单，只需选择"切换"选项卡→"计时"组，勾选"设置自动换片时间"复选框，输入自动换片时间，如输入"00：02：30"即可，不过这种方法设定的效果比较简单。

（2）用试讲的方法来设定时间（"排练计时"或"录制幻灯片演示"）。以"排练计时"方式为例，通过主讲人在幻灯片播放的同时进行试讲来设定时间，这种方法是比较切合演讲实际的。操作步骤如下：

① 选择"幻灯片放映"选项卡→"设置"组→"排练计时"命令，则自第 1 张幻灯片起开始放映幻灯片。此时，在幻灯片左上角显示如图 5-69 所示的"录制"工具栏。

② 从第 1 张幻灯片放映开始,演讲者可以根据内容进行试讲。随着试讲的进行,"录制"工具栏中左端显示播放当前幻灯片所用的时间,右端显示排练的总计时。试讲完一张幻灯片后,可单击"下一项"按钮显示下一张幻灯片,再对下一张幻灯片进行试讲、计时。单击"重复"按钮可以重新计时。如此反复,可将所有幻灯片设定时间。

　　③ 当设定完最后一张幻灯片的播放时间后,会弹出一个对话框显示演示文稿放映所需的总时间,并询问是否保留幻灯片计时,如图 5-70 所示,单击"是"按钮,结束录制,每张幻灯片的演示时间将出现在幻灯片浏览视图中每张幻灯片下方。

图 5-69　"录制"工具栏

图 5-70　询问是否保留幻灯片计时

　　"录制幻灯片演示"与"排练计时"过程基本相同,"录制幻灯片演示"可以录制"旁白"以及使用激光笔等。

　　(3)设定时间的使用。幻灯片切换时间设定后,选择"幻灯片放映"选项卡→"设置"组→勾选"使用计时"复选框,在放映演示文稿时,就能使用所录制的时间自动切换了。

　　2. 幻灯片动画效果的设置

　　幻灯片动画效果的设置方法分为"动画"和"高级动画"两种。"动画"是系统对幻灯片中主体文本预先设定了各种动画方式,页面之间切换效果也预先进行了设定,使用起来比较简单方便;"高级动画"提供给制作者更大的发挥空间,根据需要自己为幻灯片中的文本等元素设定动画效果和出现顺序。

　　1)动画

　　系统事先预设了一些组合动画方案,这种设置动画的方法比较简单。

　　(1)打开要设定动画效果的演示文稿文件,进入普通视图,选定要设置动画的幻灯片上的文本或其他元素。

　　(2)选择"动画"选项卡→"动画"组,打开动画库下拉列表。

　　(3)动画库下拉列表中列出了系统提供的动画方案,如图 5-71 所示。单击某效果,则选定并播放该动画方案的动画效果。

　　完成上述步骤之后,所选定的幻灯片的动画效果已经设定完成,若想删除幻灯片的动画效果,在动画效果下拉列表中选择"无"即可。

　　2)高级动画

　　"动画"操作虽简单,但提供的效果比较少。"高级动画"提供给制作者更广阔的发挥空间,可以根据制作者要求,通过合并两个或更多动画效果,或绘制动作路径来创建更精彩的动画效果。下面简单介绍其操作方法:

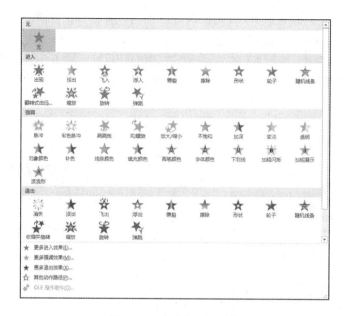

图 5-71 动画库下拉列表

（1）在普通视图下打开要设定动画效果的演示文稿，并选定一张幻灯片为当前幻灯片，选定要制作动画的幻灯片上的对象。

（2）选择"动画"选项卡→"动画"组，打开动画库下拉列表，选中需要的动画方案。

（3）如图 5-72 所示，选择"动画"选项卡→"高级动画"组→"添加动画"命令，添加另一种效果。

（4）如图 5-72 所示，选择"动画"选项卡→"计时"组，在"开始"下拉列表中选择动画运行开始时间。"开始"下拉列表中包含"单击时""与上一动画同时"和"上一动画之后"3 种方式。默认是"单击时"，表示放映时单击可启动该对象的动画，选择"与上一动画同时"表示该对象的动画与前一个对象动画同时启动，选择"上一动画之后"表示前一个对象动画结束后才启动该对象的动画。

图 5-72 "高级动画"和"计时"组

（5）在"动画"选项卡"计时"组，还可以设置"持续时间"和"延迟"，以达到需要的动画效果。

（6）已设置的动画会出现在"动画窗格"中，其左侧的数字表示该动画的出现序号。可以根据需要调整动画窗格中已存在的动画的出现顺序，选中动画窗格中某个动画对象，单击右上方的上、下按钮即可，或者通过单击"计时"组中的"向前移动""向后移动"按钮实现对动画的重新排序。

（7）如果想对动画效果加以声音加强效果，在动画窗格中选择某个对象，单击右侧的下拉按钮，在打开的如图 5-73 所示的下拉列表中选择"效果选项"，弹出效果对话框，如"飞入"对话框，如图 5-74 所示。单击"声音"下拉按钮选择一个声音，单击"确定"按钮。

图 5-73　动画窗格动画对象下拉列表

图 5-74　"飞入"对话框

（8）可以使用"动画刷"快捷设置动画效果。

（9）重复以上操作，可以对多个对象设置自定义动画。

（10）设置结束后，单击"预览"按钮可以直接观看效果，如不满意可重新设置。

任务 3　给"新年祝福贺卡"添加背景音乐

▌▌任务目标▌▌

（1）给演示文稿插入音频或视频。

（2）给演示文稿添加超链接。

▌▌任务说明▌▌

声音、影像在演示文稿中使用频率较高，也是最常用的多媒体对象。为"新年祝福贺卡"演示文稿添加声音对象，使其真正有声有色。

▌▌任务实现▌▌

步骤 1：在 D 盘中找到名为"新年祝福贺卡"的演示文稿，双击该演示文稿图标打开演示文稿。

步骤2：选择"插入"选项卡→"媒体"组→"音频"→"PC上的音频"命令，打开"插入音频"对话框，如图5-75所示，选中插入的音频文件"新年好-群星．mp3"，单击"插入"按钮。

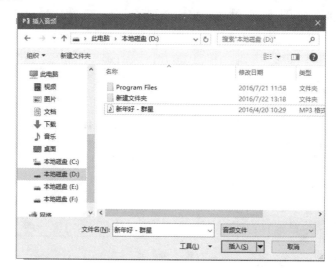

图5-75 "插入音频"对话框（一）

步骤3：幻灯片上出现一个喇叭图标（及音频播放控制工具栏），调整好该图标在幻灯片中的位置。选中该声音图标，选择"音频工具-播放"选项卡→"音频选项"组，在"开始"下拉列表中选择"自动"选项，如图5-76所示。

图5-76 设置声音开始方式

知识链接

1. 给演示文稿插入音频或视频

制作好了漂亮的幻灯片，如果添加上背景音乐，或者在适当的地方加上声音会为演示文稿添色不少。

插入音频的方法如下：

（1）选定要插入音频的幻灯片。

（2）选择"插入"选项卡→"媒体"组，在"音频"下拉列表选择音频来源——"联机音频""PC上的音频"和"录制音频"。这里选择"PC上的音频"选项，打开"插入音频"对话框，如图5-77所示。

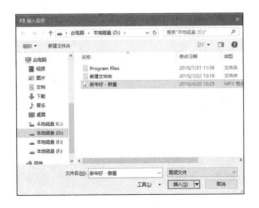

图 5-77　"插入音频"对话框（二）

（3）从计算机里找到文件目录，选定后从下面的文件列表中选择一个音频文件。PowerPoint 2013 支持多种类型的声音格式，如.wav、.mid、.mp3 等。

（4）单击"插入"按钮，幻灯片上即出现一个小喇叭图标（及音频播放控制工具栏），拖动调整好该图标在幻灯片的位置。选中该声音图标，选择"音频工具-播放"选项卡→"音频选项"组，在"开始"下拉列表中选择"自动"或"单击时"，默认为"单击时"。选择"自动"选项，则在播放该幻灯片时声音自动播放；选择"单击时"选项，则在该幻灯片上单击时才播放该声音。

默认情况下，插入的声音按照设置的方式播放一遍便停止，也可以进行适当的设置使声音连续播放。步骤如下：

单击选中小喇叭图标，选择"播放"选项卡→"音频选项"组（图 5-78），默认情况下，未勾选"循环播放，直到停止"复选框，音频文件播放一遍便停止。勾选该复选框后，当该幻灯片播放时，声音循环播放，如果同时勾选"跨幻灯片播放"复选框，在幻灯片切换播放过程中循环播放音频。此外，还可勾选"放映时隐藏""播完返回开头"等复选框。

图 5-78　"音频选项"组

插入视频的方法与插入音频的方法类似，不再赘述。

注意

当插入图片时，图片会添加到制作的演示文稿文件中，但是插入的声音和影片文件仅仅是将文件的链接地址插入演示文稿中，所以，当把制作好的含有声音或影片的演示文稿文件更换到其他的计算机中演示时，要把插入的声音或影片同时复制过去才行。

2. 添加超链接

在普通视图下，可以为文本、图片、自选图形等元素添加超链接。超链接就好像一个指针，它可以指向硬盘中的某一个文件、网络中的网页文件或电子邮件，也可以指向当前演示文稿中的任意一张幻灯片。链接到网页文件和本文档中的某张幻灯片的情况比较常见。

添加超链接的步骤如下：

（1）选中需要添加超链接的对象，如文本（一个句子或词）、图片等。

（2）选择"插入"选项卡→"链接"组→"超链接"命令，打开"插入超链接"对话框，如图 5-79 所示。

（3）对话框的左侧是"链接到"的类型选择，有 4 种："现有文件或网页""本文档中的位置""新建文档"和"电子邮件地址"。默认选中的是"现有文件或网页"。例如，链接到"郑州旅游职业学院"的网站，可以在"地址"文本框中直接输入网址 http://www.zztrc.edu.cn。

图 5-79 "插入超链接"对话框（一）

一般将链接指向"本文档中的位置"的情况比较多。将链接到的类型选为"本文档中的位置"，如图 5-80 所示。

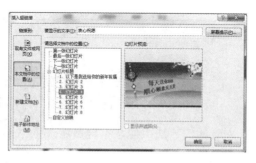

图 5-80 "插入超链接"对话框（二）

从"请选择文档中的位置"列表框中选择要指向的那张幻灯片，选中后会在"幻灯片预览"处显示该幻灯片的缩略图。

（4）选择完毕后单击"确定"按钮，返回幻灯片编辑状态，此时添加链接的文字下面会出现下划线，并且文字的颜色会有所更改。

（5）在播放状态下，将鼠标指针放到添加超链接的文字上面时，会变为🖑状，单击此链接，会弹出链接到的网页或跳转到指向的文档中的那张幻灯片。

PowerPoint 2013 还提供了一组动作按钮来快速地创建超链接。单击"插入"选项卡 → "插图"组 → "形状"下拉按钮，在打开的下拉列表中找到"动作按钮"，可以看到 PowerPoint 2013 提供的几种动作按钮。在每个动作按钮上面都包含了常见的形状如"帮助""后退""前进"等，如图 5-81 最下端所示。添加动作按钮的步骤如下：

（1）单击其中的某个按钮并在幻灯片中单击一下，在幻灯片中会出现该按钮，同时会打开"操作设置"对话框，如图 5-82 所示。

（2）选择"单击鼠标"或"鼠标悬停"选项卡，选定在按钮上单击时启动动作还是鼠标悬停按钮时启动动作。默认打开的是"单击鼠标"选项卡。

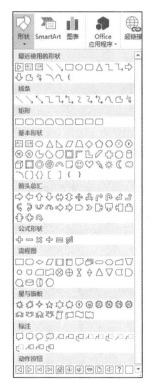

图 5-81　动作按钮

图 5-82　"操作设置"对话框

（3）选择"超链接到"下拉列表中适当选项。同时，如果需要在单击时发出声音，勾选"播放声音"复选框，并且在下拉列表中选择声音。

（4）完毕后单击"确定"按钮。超链接添加后只有在放映时才能被激活。如果创建的超链接转到某张幻灯片，那么这张幻灯片中最好也要加一个返回原幻灯片的链接。

任务4　放映电子贺卡

■任务目标

掌握使用多种方式播放演示文稿。

■任务说明

幻灯片制作和设置完成后，可供用户放映。播放演示文稿有多种方式。

■任务实现

步骤1：在 D 盘中找到名为"新年祝福贺卡"的演示文稿，双击该演示文稿图标打开演示文稿。

步骤2：选择"幻灯片放映"选项卡→"开始放映幻灯片"组→"从头开始"命令，或单击右下角"视图工具栏"的幻灯片放映图标，演示文稿将自动播放，包括动画和声音。

■知识链接

PowerPoint 2013 提供了 3 种幻灯片放映的方式：演讲者放映（全屏幕）、观众自行浏览（窗口）和在展台浏览（全屏幕）。默认是演讲者放映方式。

选择"幻灯片放映"选项卡→"设置"组→"设置幻灯片放映"命令，打开"设置放映方式"对话框，如图 5-83 所示。

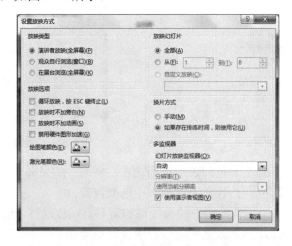

图 5-83　"设置放映方式"对话框

在"放映类型"选项组中可以看到幻灯片放映 3 种方式的单项选择项。

演讲者放映（全屏幕）：该项是默认的放映方式，也是最常用的放映方式。在此放映方式下，演讲者具有完全的控制权，可采用自动或人工的方式放映。演讲者可以根据现场需要播放或暂停，可以使用屏幕绘图笔在屏幕中做临时板书，还可以在放映过程中录下旁白。在测试幻灯片的播放效果时一般使用此方式。该放映方式是全屏幕放映，一般在大屏幕或显示器中播放。

观众自行浏览（窗口）：如图 5-84 所示，在此方式下，观众有较多的控制权。演示文稿出现在小型窗口中，观众使用窗口中的菜单（快捷菜单或工具栏菜单按钮）可以按照需要放大（缩小）、复制、编辑和打印幻灯片，也可以向后或向前播放幻灯片。

图 5-84　观众自行浏览方式

在展台浏览（全屏幕）：在此方式下演示文稿是按照设置的动画和切换方式自动播放的。一般使用在会场或会议中的展台等，无须人员看管自动运行播放的情况下。在这种方式下，大多数的菜单和命令都不可用，鼠标单击也将不起作用，可按 Esc 键中止播放。

启动幻灯片放映的方法也有多种：①可以启动 PowerPoint 2013，从中打开需要播放的文件然后放映；②可以将幻灯片放映存为一个文件直接放映；③也可以找到一个演示文稿文件，在不打开的情况下直接放映。

1. 在 PowerPoint 2013 中放映演示文稿

演示文稿制作完毕后，就可以放映观看了。当然，在制作过程中，也可以放映演示文稿以观察其制作效果。在 PowerPoint 2013 中放映演示文稿的方法有 4 种。

（1）选择"幻灯片放映"选项卡→"开始放映幻灯片"组→"从头开始"命令，则从第 1 张幻灯片开始（如果执行"从当前幻灯片开始"命令，从当前幻灯片开始播放），按顺序播放演示文稿，并且按照制作时设置的切换方式（手动或自动）切换到下一张幻灯片，直到放映到最后一张。

（2）单击快速访问工具栏中的"从头开始"按钮，则从第 1 张幻灯片开始，按顺序播放演示文稿，并且按照制作时设置的切换方式（手动或自动）切换到下一张幻灯片，直到放映到最后一张。

（3）按快捷键 F5，则从第 1 张幻灯片开始，按顺序播放演示文稿，并且按照制作时设置的切换方式（手动或自动）切换到下一张幻灯片，直到放映到最后一张。

（4）单击右下角视图切换工具栏中的"幻灯片放映"按钮，则从当前幻灯片开始，按顺序播放演示文稿，并且按照制作时设置的切换方式（手动或自动）切换到下一张幻灯片，直到放映到最后一张。

如果中途要结束放映，可以按 Esc 键，或右击幻灯片上任意处，在弹出的快捷菜单中选择"结束放映"命令即可。

2. 将幻灯片放映保存后放映

PowerPoint 2013 可以将幻灯片放映保存为 . ppsx 文件，双击便可直接放映。幻灯片放映文件也可从 PowerPoint 2013 中打开，此时文件处于编辑状态，可以修改并保存。

将幻灯片放映保存的方法：设置好放映方式后，选择"文件"选项卡→"另存为"命令，在打开的对话框中选择保存位置，更改保存类型为"PowerPoint 放映（*.ppsx）"，如图 5-85 所示。

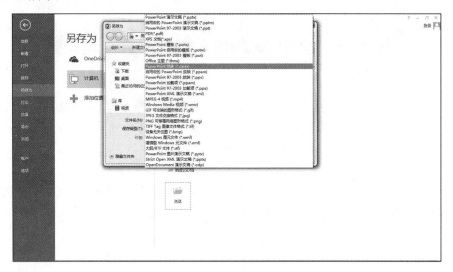

图 5-85　另存为 PowerPoint 放映

3. 直接放映演示文稿

如果制作的演示文稿文件仅是为了播放而不需要再次修改，那么可以直接放映演示文稿，同时不必启动 PowerPoint 2013 编辑窗口。方法如下：

打开"此电脑"本地存储位置，找到要播放的演示文稿文件，在该图标上右击，如图 5-86 所示，在弹出的快捷菜单中选择"显示"命令，该演示文稿便开始放映。按 Esc

键可中途退出播放。

4. 放映控制菜单

幻灯片播放进程中，在幻灯片任意处右击，可以打开"控制放映"快捷菜单，如图 5-87
所示。利用快捷菜单中的"查看所有幻灯片"，可浏览所有幻灯片，单击目标幻灯片缩
略图，则演示文稿直接跳转至所选择的幻灯片。在"指针选项"子菜单中可选择各种颜
色的绘图笔，单击它可以将光标显示为绘图笔，利用它可以在幻灯片上进行即时书写。
书写完毕可以选择"指针选项"子菜单中的"橡皮擦"或"删除幻灯片上的所有墨迹"
命令删除标记内容。

图 5-86　选择"显示"命令

图 5-87　"控制放映"快捷菜单

5. 隐藏/显示幻灯片

在播放演示文稿时，可以将不希望放映的幻灯片隐藏起来。

隐藏幻灯片的方法：选中那些需要隐藏的幻灯片，选择"幻灯片放映"选项卡→"设置"组→"隐藏幻灯片"命令，或在普通视图的大纲窗格、浏览视图下右击幻灯片缩略图，在弹出的快捷菜单中选择"隐藏幻灯片"命令。

取消隐藏的方法：选中那些隐藏的幻灯片，选择"幻灯片放映"选项卡→"设置"组→"隐藏幻灯片"命令，或在普通视图的大纲窗格、浏览视图下右击幻灯片缩略图，在弹出的快捷菜单中选择"隐藏幻灯片"命令，取消隐藏属性。

任务 5　打包电子贺卡

■■任务目标■■

贺卡完成后要和朋友一起分享，如果在一台计算机上制作的 PowerPoint 文件想在另一台计算机上顺利放映，可以用 PowerPoint 2013 提供的"导出"向导，把演示文稿及其附带的音频等其他文件一起打包。

■■任务说明■■

把演示文稿打包，再把打包文件复制到其他计算机上，放映幻灯片。

■■任务实现■■

步骤 1：在 D 盘中找到名为"新年祝福贺卡"的演示文稿，双击该演示文稿图标打开演示文稿。

步骤 2：选择"文件"选项卡→"导出"→"将演示文稿打包成 CD"→"打包成 CD"命令，打开"打包成 CD"对话框，如图 5-88 所示。

图 5-88　"打包成 CD"对话框

步骤 3：单击"添加"按钮，将"新年祝福贺卡"演示文稿和"新年好．mp3"文件一起添加，并将 CD 命名，如图 5-89 所示。

　　步骤 4：单击"复制到文件夹"按钮，打开"复制到文件夹"对话框，选择好自己的文件夹，单击"确定"按钮，复制完成后，单击"关闭"按钮。

图 5-89　添加打包文件

知识链接

　　1. 演示文稿的打印

　　演示文稿可以以多种形式进行打印，其操作步骤如下：

　　（1）打开要进行打印的演示文稿。

　　（2）选择"文件"选项卡→"打印"命令，或单击快速访问工具栏中的"打印"按钮，弹出如图 5-90 所示的"打印"窗格。

图 5-90　"打印"窗格

（3）在打印机名称列表中选择打印机型号。

（4）打印范围可以选择"打印全部幻灯片""打印所选幻灯片""打印当前幻灯片"或"自定义范围"（输入要打印特定幻灯片的编号）。

（5）在打印内容中可以选择按照"整页幻灯片""备注页""大纲""讲义"4种方式进行打印。通常情况下都是选择"讲义（每页 6 张幻灯片）"方式进行打印，这样比较节省纸张，又能比较详细地显示幻灯片内容。

（6）在"份数"中输入打印份数；确定打印顺序，选择"调整"则会逐份打印，即打印完第一份幻灯片后再打印第二份，选择"取消排序"则会逐页打印。

（7）各项参数选定以后，单击"打印"按钮，开始打印。

2．演示文稿的打包

PowerPoint 2013 提供了一个非常有用的"打包"工具，利用它可以将演示文稿和其中的链接文件、TrueType 字体等相关文件一起打包生成一个完整文件夹，以便在大多数计算机上观看此演示文稿，也可以打包刻录到 CD。步骤如下：

（1）打开要打包的演示文稿。

（2）选择"文件"选项卡→"导出"→"将演示文稿打包成 CD"→"打包成 CD"命令，打开"打包成 CD"对话框，如图 5-88 所示。

（3）在"打包成 CD"对话框中的"要复制的文件"列表框列出了当前要打包的演示文稿，若需要将其他演示文稿一起打包，则单击"添加"按钮，打开"添加文件"对话框，如图 5-91 所示，选择目标文件添加。

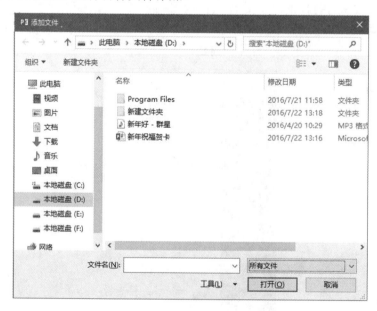

图 5-91　"添加文件"对话框

（4）默认情况下，打包包含与演示文稿有关的链接文件，如果想改变这些设置或希望演示文稿设置打开密码，可单击"选项"按钮，在打开的"选项"对话框中进行设置，如图 5-92 所示。

图 5-92　"选项"对话框

（5）单击"复制到文件夹"按钮，打开"复制到文件夹"对话框，输入文件夹名称和位置（图 5-93），单击"确定"按钮，系统将开始打包并将打包文件存放到指定位置。

图 5-93　"复制到文件夹"对话框

（6）单击"复制到 CD"按钮可将演示文稿打包到 CD，前提是安装有光盘刻录设备。

3．创建 PDF/XPS 文档

制作完成的演示文稿可以创建成 PDF/XPS 文档，其操作步骤如下：
（1）打开要导出的演示文稿。
（2）选择"文件"选项卡→"导出"→"创建 PDF/XPS 文档"→"创建 PDF/XPS"命令，打开"发布为 PDF 或 XPS"对话框，如图 5-94 所示，可自定义"选项"内容。
（3）在"文件名"文本框中输入文件名，在"保存类型"下拉列表中选择一种受支持的文件格式，然后单击"发布"按钮即可。

4．创建视频

PowerPoint 2013 提供了创建视频的导出功能，可以将演示文稿文件保存为".mp4"".wmv"格式的视频文件。其操作步骤如下：
（1）打开要导出的演示文稿。

图 5-94 "发布为 PDF 或 XPS"对话框

（2）选择"文件"选项卡→"导出"→"创建视频"→"计算机和 HD 显示"命令，然后在打开的下拉列表中执行下列操作之一：若要创建质量很高的视频（文件会比较大），则选择"计算机和 HD 显示"选项；若要创建具有中等文件大小和中等质量的视频，则选择"Internet 和 DVD"选项；若要创建文件最小的视频（质量低），则选择"便携式设备"选项，然后执行下列操作之一：如果没有录制语音旁白和激光笔运动轨迹并对其进行计时，选择"不要使用录制的计时和旁白"（每张幻灯片的放映时间默认设置为 5s，若要更改此值，在"放映每张幻灯片的秒数"右侧，单击微调按钮来增加或减少秒数）；如果录制了旁白和激光笔运动轨迹并对其进行了计时，选择"使用录制的计时和旁白"选项，如图 5-95 所示。

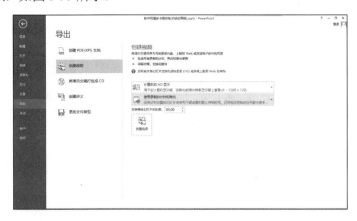

图 5-95 "创建视频"对话框

（3）单击"创建视频"按钮，打开"另存为"对话框，在"文件名"文本框中输入文件名，在"保存类型"下拉列表中选择一种受支持的视频文件格式，然后单击"保存"按钮。

■■强化训练■■■■■■■■■■■■■■■■■■■■■■■■■■■■■■■

一、选择题

1．在 PowerPoint 2013 中，如果要进入幻灯片母版设计窗口，更改幻灯片的母版，应执行（　　）。

　　A．"工具"→"幻灯片母版"命令　　B．"格式"→"幻灯片母版"命令

　　C．"编辑"→"幻灯片母版"命令　　D．"视图"→"幻灯片母版"命令

2．在 PowerPoint 2013 中，在幻灯片上绘制图形时，如果要用椭圆工具画出的图形为正圆形，应按（　　）。

　　A．Shift 键　　　　B．Ctrl 键　　　　C．Alt 键　　　　D．Tab 键

3．在 PowerPoint 2013 中，设置幻灯片的动画效果可以通过执行"动画工具栏"中的（　　）。

　　A．"建立和安排"命令　　　　　　B．"动作设置"命令

　　C．"添加动画"命令　　　　　　　D．"幻灯片切换"命令

4．在 PowerPoint 2013 中，下列说法正确的是（　　）。

　　A．单击"格式刷"只能复制一次文本格式

　　B．单击"格式刷"可以复制多次文本格式

　　C．双击"格式刷"只能复制一次文本格式

　　D．双击"格式刷"可以复制艺术字文本格式

二、实操题

1．打开演示文稿"学校简介.pptx"。

2．为第 2～4 张幻灯片添加"http：//www.zztrc.edu.cn"，字体为"Times New Roman"，大小为"20"，颜色为白色，并将其放置在幻灯片的右下方。

3．设置第 2 张幻灯片的切换方式为"形状"，效果为"菱形"，换片方式为"单击鼠标时"；设置第 3 张幻灯片的切换方式为"推进"，效果为"自右侧"，换片方式为"单击鼠标时"；设置第 4 张幻灯片的切换方式为"分割"，效果为"中央向左右展开"，换片方式为"单击鼠标时"。

4．设置第 1 张幻灯片中标题文字的动画方式为"单击时"开始，"浮入"进入；设置第 4 张幻灯片图片的动画方式为"上一动画之后"，延迟"00.25s"，"劈裂"进入，效果为"左右向中央收缩"。

5．将第 1 张幻灯片中的文字"郑州旅游职业学院"设置为超链接，链接到网址"http://www.zztrc.edu.cn/"；将第 4 张幻灯片中的图片设置为超链接，链接到第 1 张幻灯片。

6．放映该演示文稿并观看效果。

7．保存该文档并退出。

单元6 Internet 的应用

　　Internet 是一个信息和资源的海洋，通过它可以看新闻，查资料，买卖商品，交流沟通，下载音乐、电影、软件等。随着人类科技的快速发展，Internet 已经成为现代信息社会的基础性设施，是人们日常生活中必不可少的工具。本章介绍计算机网络的基础知识以及 Internet 的相关应用，必怎样使用浏览器以及申请、收发电子邮件等。

项目 1 网络基础和 Internet 概述

◎ 项目背景 ◎

随着计算机技术和网络技术的飞速发展，人们越来越多地通过网络来满足自身的信息需求。时至今日，网络已经成为人们生活中不可或缺的一部分，通过网络获取信息、交流信息已成为当代人类必备的技能之一。

任务 1 网 络 基 础

▌任务目标▌

（1）了解计算机网络的基本概念、构成和分类。

（2）了解计算机网络系统的组成。

（3）了解网络协议与网络体系结构。

▌知识链接▌

1. 计算机网络的概念

计算机网络是利用通信设备和通信线路，将分散在不同地理位置上具有独立功能的多个计算机系统互连，在网络软件的支持下在各个计算机之间实现数据传输和资源共享的系统。通俗来说，计算机网络就是计算机技术与通信技术相结合的产物。建立计算机网络的基本目的是实现数据通信和资源共享，其主要功能有以下几方面。

1）数据通信

数据通信即数据传输和交换，是计算机网络的基本功能之一。从通信的角度来看，计算机网络其实就是一种计算机通信系统，其本质是数据的传输和交换。例如，电子邮件可以即时发送、接收信息等。

2）资源共享

资源共享指的是网上用户能够部分或全部地使用计算机网络资源，使计算机网络中的资源互通有无、分工协作，从而大大地提高各种资源的利用率，这是计算机网络的基本功能之一。资源共享包括硬件、软件和数据资源的共享。例如，同一个办公室的计算机可以通过网络共同使用一台打印机。

3）提高可靠性

计算机系统可靠性的提高主要表现在计算机网络中每台计算机都可以依赖计算机网络互为后备机。一旦某台计算机出现故障，其他计算机可以马上承担起该故障机以前担负的任务，避免系统陷入瘫痪。

4）提高可用性

当计算机网络中某一台计算机负载过重时，计算机网络能够进行智能判断，并将新的任务转交给计算机网络中较空闲的计算机去完成，这样就能均衡每一台计算机的负载，提高每一台计算机的可用性，减少用户等待的时间。

5）实现分布式处理

在计算机网络中，每个用户可根据情况合理选择计算机网络内的资源，以就近的原则快速地处理信息。对于较大型的综合问题，在网络操作系统的调度和管理下，网络中的多台计算机可协同工作来解决，从而达到均衡网络资源、实现分布式处理的目的。

2．计算机网络的构成

从系统功能的角度看，计算机网络主要由资源子网和通信子网两部分组成。

资源子网主要包括联网的计算机、终端、外部设备、网络协议及网络软件等。其主要任务是收集、存储和处理信息，为用户提供网络服务和资源共享功能等。

通信子网即把各站点互相连接起来的数据通信系统，主要包括通信线路（即传输介质）、网络连接设备（如通信控制处理器）、网络协议和通信控制软件等。其主要任务是连接网上的各种计算机，完成数据的传输、交换和通信处理。资源子网与通信子网的关系如图 6-1 所示。

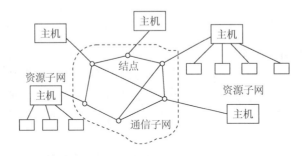

图 6-1　资源子网与通信子网的关系

3．计算机网络的分类

计算机网络的分类标准很多。按计算机网络的拓扑结构，可分为星形、总线型、环形、树形、不规则形网络等；按网络的传输介质，可分为双绞线、同轴电缆、光纤、无线网络等；按数据的传输方式，可分为点对点传播、广播式传播；按网络信道分类，可分为窄带网络、宽带网络；按网络覆盖的地理范围进行分类是最普遍的分类方法，因为它能较好地反映出网络的本质特征，依照这种方法，计算机网络可分为局域网、城域网、广域网三大类。

1）按网络覆盖的地理范围分类

（1）局域网。局域网（Local Area Network， LAN）是指在一个小区域内各种计算机网络设备互连在一起的通信网络，其覆盖范围一般在几千米之内，最大距离不超过10km。它是在微型计算机大量推广后被广泛使用的，适合于一个部门或一个单位组建的网络，如在一间办公室、一栋大楼，或是在一个校园内。它有成本低、容易组网、易维护、易管理、使用灵活方便等特点，因而深受广大用户的欢迎。其中最具代表性的是美国施乐公司研制的以太网（Ethernet），它是世界上第一个局域网产品规范。

（2）城域网。城域网（Metropolitan Area Network， MAN）是建立在一个城市范围内的网络，其覆盖范围介于局域网和广域网之间，一般在几千米到几十千米的范围内。其传输速率一般在 50Mb/s 左右。它可以满足多个局域网互联的需求，其用户多为需要在市内进行高速通信的较大单位或公司等。

（3）广域网。广域网（Wide Area Network， WAN）又称远程网络，是跨城市、跨地区甚至跨国家建立的计算机网络，覆盖范围比局域网大得多，其目的是使分布较远的各局域网互联，可从几十千米到几千千米。广域网通常使用电话线、微波、卫星或者它们的组合信道进行通信，传输速率比局域网低得多，一般为 96kb/s～45Mb/s。目前已形成国际性远程网络，如 Internet。

2）按计算机网络的拓扑结构分类

拓扑是研究与大小、形状无关的点、线和面构成的图形特征的方法。网络拓扑结构是指构成网络的结点和连接各个结点的链路组成的图形的共同特征。网络拓扑结构主要有星形、环形、总线型和树形等几种。

（1）星形结构。星形结构是最早的通用网络拓扑结构形式。其中每个站点都通过连线与主控机相连，呈辐射状排列在主控机周围，站点之间的通信都通过主控机进行，所以，要求主控机有很高的可靠性。这是一种集中控制方式的结构。星形结构的优点是结构简单、控制处理较为方便、增加工作站点容易；缺点是一旦主控机出现故障，会引起整个系统的瘫痪，可靠性较差。星形结构如图 6-2 所示。

（2）环形结构。环形结构中各工作站首尾相连形成一个闭合的环路，信息沿环形线路单向（或双向）传输，由目的站点接收。环形结构的优点是结构简单、成本低，缺点是环中任意一点的故障都会引起网络瘫痪，可靠性差。环形结构如图 6-3 所示。

图 6-2　星形结构　　　　　　　　　　图 6-3　环形结构

（3）总线型结构。总线型结构中各个工作站均经一根总线相连，信息可沿两个不同的方向由一个站点传向另一站点。这种结构的优点：工作站连入或从网络中卸下都非常方便，系统中某工作站出现故障也不会影响其他站点之间的通信，系统可靠性较高，结构简单，成本低，扩充容易。但是总线故障会使整个网络无法工作。这种结构是目前局域网中普遍采用的形式。总线型结构如图 6-4 所示。

（4）树形结构。树形结构由总线型结构演变而来，其结构看上去像一棵倒挂的树。最上端的结点称为根结点，一个结点发送信息时，根结点接收信息并向全树广播。这种结构易于扩展与故障隔离，但对根结点的依赖性大。树形结构如图 6-5 所示。

（5）网状结构。网状结构中的结点采用点对点的方式相互连接在一起。它的优点首先在于每个连接仅承担它自己的数据传送负载，这就排除了多个结点共享连接所引起的各种数据流动问题；其次，网状结构很健壮，如果一条连接因为某种原因不能使用，整个网络系统还能运行；再次，网状结构有较好的安全性，数据在专用链路上传送时，仅有预定的接收者才能看到，线路的物理特性防止了其他用户读取这些数据。但是由于结构复杂，必须采用路由协议、流量控制等方法。广域网中基本采用网状结构。网状结构如图 6-6 所示。

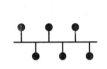

图 6-4　总线型结构

图 6-5　树形结构

图 6-6　网状结构

4．计算机网络系统的组成

与计算机系统类似，计算机网络系统也由网络软件和硬件设备两部分组成。网络操作系统对网络进行控制与管理。下面主要介绍常见的网络硬件设备。

1）网络主体设备

（1）服务器。服务器是网络的核心，为网络提供共享资源的基本设备，通常选择配置较高的机型，要求工作速度、硬盘容量及内存容量较高。服务器上一般运行多用户多任务操作系统，如 UNIX、NetWare、Windows Server 等。

（2）客户机。与服务器对应的其他网络计算机统称为客户机，客户机是网络用户入网操作的结点，用户可以通过客户机上网共享网络上的公共资源，也可单独工作。

2）网络连接设备

（1）网络接口卡。网络接口卡（简称网卡）是网络连接的基本设备，通常插入主机的主板扩展槽中，将计算机和通信电缆连接起来，以便在计算机之间进行高速数据传输。因此，每台连接到局域网的计算机都需要安装网卡，它们各有自己适用的传输介质和网络协议。

（2）交换机。交换机是一种基于 MAC 地址识别、能完成封装转发数据包功能的网络设备。以太网交换机是交换式以太网的核心。它的主要功能包括物理编址、网络拓扑结构、错误校验、帧序列以及流量控制。目前交换机还具备了一些新功能，如对 VLAN 以及链路汇聚的支持，甚至有的还具有防火墙的功能。目前交换机多采用存储转发模式，即当交换机收到数据帧后先进行缓存，读取数据帧中的目的地址，然后按照交换机维护的 MAC 地址表把数据帧转发到相应的接口。

（3）路由器。路由器（Router）是连接多个网络或网段的设备，它能将不同网络或网段之间的数据信息进行"翻译"，使得它们之间能够互相理解对方的数据，实现互联互通。当数据从某一子网传输到另一子网时，路由器用于检测数据的目的地址，对路径进行动态分配，根据不同的地址将数据分流到不同的路径中。如果存在多条路径，根据路径的工作状态和忙闲情况，选择一条合适的路径，动态平衡通信负载，使网络发挥更大效益。

（4）调制解调器。调制解调器（Modem）用来进行模拟信号和数字信号的转换，电话线上传输的多是模拟信号，计算机内使用的是数字信号。通信过程中，发送端的调制解调器将数字信号调制成模拟信号送入通信线路，即调制；接收端的调制解调器再将模拟信号解调还原成数字信号进行接收和处理，即解调。

3）网络的传输介质

网络的传输介质用于连接网络中的各种设备，是数据在网络上传输的通路。通常用带宽描述传输介质的传输容量，单位是每秒传输的二进制位数（b/s），介质容量越大，带宽越宽，传输率越高，通信能力就越强。

局域网中常用的传输介质有双绞线、同轴电缆、光纤和无线传输介质。

（1）双绞线。双绞线简称 TP，将一对以上的双绞线封装在一个绝缘外套中，为了降低信号的干扰程度，电缆中的每一对双绞线一般由两根绝缘铜导线相互扭绕而成，也因此把它称为双绞线。双绞线分为非屏蔽双绞线（UTP）和屏蔽双绞线（STP），根据性能又可分为 5 类、6 类和 7 类。

双绞线是目前综合布线工程中最常用的一种传输介质。其中 5 类非屏蔽双绞线因为价格便宜、安装容易，被广泛使用。双绞线两端通过安装 RJ-45 头，即水晶头，与网卡、集线器等网络连接设备相连，最大网线长度为 100m，如果要拓展网络范围，需安装中继器等网络设备。

传输数据时，双绞线只使用 8 根线芯中的 4 根，用于双向传输，根据连接两端的网络端口不同，分为直通线、交叉线和反转线 3 种。直通线主要用于不同类的两个端口的连接，如网卡-交换机、交换机的级联等；交叉线主要用于相同类的两个端口的连接，如网卡-网卡；而反转线则主要用于 RJ-45 转换器连接交换机或路由器的控制端口。

（2）同轴电缆。同轴电缆由一根空心的外圆柱导体和一根位于中心轴线的内导线组成，内导线和圆柱导体及外界之间用绝缘材料隔开，具有抗干扰能力强、连接简单等特点。按直径的不同，可分为粗缆和细缆两种。

细缆一般用于计算机局域网中，利用 T 型 BNC 接口连接器连接 BNC 接口网卡。细缆网络每段干线最大长度为 185m，最多可接入 30 个用户，如果要拓宽网络范围，需要使用中继器。其日常维护不方便，并且一旦一个用户出现故障，会影响其他用户的正常使用，因此，目前计算机局域网中很少使用细缆连接。

粗缆适用于较大局域网的网络干线，支持距离较长，可靠性较好。用粗缆组建的局域网虽各项性能较高，但因网络安装及维护比较困难，而且造价较高，目前已经大量被光纤所取代，仅广泛应用于有线电视和某些局域网中。

（3）光纤。光纤一般都是使用石英玻璃制成的，横截面积非常小，利用内部全反射原理来传导光束。光纤在使用前必须由几层保护结构包覆，包覆后的缆线即被称为"光缆"。光缆由光导纤维纤芯（光纤核心）、玻璃网层（内部敷层）和坚强的外壳组成（外部保护层）。

目前光纤分为单模和多模两种。其中单模光纤的纤芯直径很小，由激光作光源，传输频带宽，传输容量大，距离远，适用于 2km 以上的距离，多用于远程通信。多模光纤由二极管发光，相对于单模光纤来说，速度慢、距离近，适用于 2km 以内的距离。单模光纤要比多模光纤更加昂贵。当前最常使用的是 62.5/125 多模光纤，其次是 8.3/125 单模光纤。

随着计算机网络速度的迅猛提高，虽然目前光纤费用昂贵，但是光纤到户（Fiber To The Home，FTTH）作为宽带接入的最终发展方向已是不可逆转。

（4）无线传输介质。无线传输介质是指两个通信设备之间不使用任何物理连接，而是通过空间传输的一种技术。当通信线路之间要通过一些高山、岛屿等情况时，采用有线传输介质将变得不再可行，此时就要采用无线传输。无线传输介质主要有无线电波、微波、红外线等。

① 无线电波。无线电短波主要靠电离层的发射来实现通信，而电离层的不稳定所产生的衰落现象和离层反射所产生的多径效应使得短波信道的通信质量较差。一般来说，短波的信号频率低于 100MHz。当使用无线电短波来传输数据时，一般都是低速传输，只有在复杂的调制解调技术后，才能使数据的传输速率达到几千位每秒。

② 微波。无线电微波在数据传输中占有重要地位。微波的频率范围为 300MHz～300GHz，主要使用 2～40GHz 的频率范围。微波通信有两种方式：地面微波接力通信和卫星通信。由于微波是直线传输，而地球表面是球面，所以若要远距离传输，必须在一条无线电通信信道的两个终端之间建立若干中继站，从而形成信号的"接力"。

接力通信可传输电话、电报、图像、数据等信息，其主要特点如下：

a. 微波波段频率高，频段范围宽，因此，其通信信道的容量比较大。

b. 因为工业干扰和天电干扰的主要频谱成分比微波频率低很多，其对微波通信的干扰要比短波通信小得多，所以微波传输质量较高。

c. 微波接力信道不受地理位置等空间的限制，可以架设在高山或水面等地方，所以有较大的机动灵活性，抗自然灾害能力较强，可靠性较高。

d. 相邻中继站之间必须直视，不能有障碍物。

e. 隐蔽性和保密性差。

卫星通信是在地球站之间利用高空的人造同步地球卫星作为中继器的一种微波接力通信。通信卫星发出的电磁波覆盖范围广，3 个通信卫星就可以覆盖地球上的全部通信区域。卫星通信可以克服地面微波接力通信的距离限制，而且频段比地面微波接力通信更宽，通信容量更大，信号所受干扰更小，但是相对传播延时较长。

③ 红外线。红外线是太阳光线中众多不可见光线中的一种，又称为红外热辐射。红外线通信就是把要传输的信号转换为红外光信号直接在自由空间沿直线进行传播。它比微波通信具有更强的方向性，难以窃听、插入数据和进行电气、天电以及人为干扰，此外，红外线通信机体积小、质量小、结构简单、价格低廉。但是它必须在直视距离内通信，而且容易受天气的影响，因此，适合室内和近距离传播使用。

5. 网络协议与网络体系结构

1）网络协议

计算机网络中的计算机要进行通信，必须要遵循相同的信息交换规则。把在计算机网络中用于规定交换信息的格式以及如何发送和接收信息的整套规则称为网络协议或通信协议。

2）网络体系结构

所谓网络体系结构是指通信系统的整体设计，它为网络硬件、软件、协议、存取控制和拓扑提供标准。

各计算机厂家都在研究和发展计算机网络体系，相继发表了本厂家的网络体系结构，为了把不同体系结构的计算机网络互联起来，达到相互交换信息、资源共享、分布应用的目的，国际标准化组织（ISO）成立专门机构研究该问题，提出了"开放系统互连参考模型"（Open System Interconnection，OSI），该模型将计算机网络体系结构划分为 7 个层次，并在 1982 年形成国际标准草案，作为发展计算机网络的指导标准。图 6-7 展示了这一模型。

应用层
表示层
会话层
传输层
网络层
数据链路层
物理层

图 6-7　OSI/RM 网络体系结构模型

为了完成计算机间的通信合作，把每个计算机互联的功能划分成有明确定义的层次，规定了同层次进程通信的协议及相邻层之间的接口及服务。分物理层、数据链路层、网络层、传输层、会话层、表示层和应用层 7 个层次描述网络的结构。

物理层是 OSI/RM 的最底层，其任务是为数据链路层提供物理连接。该层将信息按照比特一位一位地从一台主机经过传输介质送往另一台主机，以实现主机间的比特流传输。物理层包括网络、传输介质、网络设备的物理接口，以及信号从一个设备传输到另外设备的规则。

数据链路层主要的功能是保证两个相邻结点间的数据以"帧"为单位无差错传输，本层为上层提供的主要服务是检测和控制差错。

网络层以数据链路层的无差错传输为基础，其主要功能是为网络内任意两个设备间数据的传递提供服务，并进行路径选择和拥塞控制。该层将数据分成一定长度的分组，并在分组头中标识源和目的结点的逻辑地址，这些地址就像是街区的门牌号，是每个结点的标识。网络层就是根据这些地址来获得从源到目的的路径，当有多条路径存在时还要负责进行路由选择。

传输层提供对上层透明（不依赖于具体网络）的可靠的数据传输。如果说网络层关心的是点到点的逐点传递，那么传输层关注的是端到端（源端到目的端）的最终效果。

会话层是用户到网络的接口。该层在网络实体间建立、管理和终止通信应用服务请求和响应等会话。

表示层主要处理用户信息的表示问题。它主要提供交换数据的语法，目的是解决用户数据格式和数据表示的问题。它定义了一系列代码和代码转换功能，以保证源端数据在目的端同样能被识别，如 ASCII 码、GIF 图像等。

应用层是 OSI/RM 面向用户的最高层，通过软件应用来实现网络与用户的直接对话。

任务 2　Internet 概述

■任务目标

（1）了解 Internet 的基本概念及其发展。

（2）掌握 TCP/IP 协议、IP 地址和域名系统。

■知识链接

Internet 中文名为因特网，它将全世界成千上万的局域网、广域网按照统一的协议连接起来。使得每一台接入 Internet 的计算机可以共享网上巨大的资源，可以在网络中自由传输信息。如今，Internet 已悄悄地进入社会的各个应用领域，如教育、科研、文化、经济、新闻、商业和娱乐等，正在并且已经影响和改变着人们的工作和生活方式。

1. Internet 概述

1）Internet 的发展

Internet 起源于美国。1969 年，美国军方为了测试建立基于分组交换协议网络的可行性，检验该网络在其一部分遭到打击并受到破坏的情况下，保持信息通畅的能力，开始实行 ARPAnet 计划。

1972 年，由 50 所大学和科研机构参与连接的 Internet 的雏形 ARPAnet 第一次公开向人们展示了它的魅力。20 世纪 80 年代中期，在美国国家科学基金会 NSF 主导和规划下，网络技术取得长足进步。此间，TCP/IP 协议开发成功，并于 1983 年 1 月在 ARPAnet 上得到全面应用。ARPAnet 成为 Internet 最早的主干。随后，两个著名的科学教育网 CSNET 和 BITNET 也成功建立。1986 年，在美国国家科学基金会 NSF 的资助下，使用 TCP/IP 协议的 NSFNET 开始建设，它鼓励各地区网吸收非学术的商业用户，最终取代了 ARPAnet 成为 Internet 的骨干网。NSFNET 停止运营之后，在美国各 Internet 服务提供商（Internet Service Provider，ISP）之间的高速链路成为美国 Internet 的骨干网。

1988 年，我国第一个与世界互通的网络——中国学术网（CANET）建立。1992 年，中关村地区教育与科研示范网络（NCFC）竣工投入使用。1994 年 4 月 20 日，NCFC 工程通过美国 Sprint 公司连入 Internet 的 64K 国际专线开通，实现了与 Internet 的全功能连接。

到 1996 年底，我国的 Internet 建设已经形成了四大主流网络体系：中国教育和科研计算机网（CERNET）、中国科技网（CSTNET）、中国公用计算机互联网（CHINANET）、中国国家公用经济信息通信网即金桥网（CHINAGBN）。前两个网络主要面向科研和教育机构，后两个网络向社会提供 Internet 服务，以经营为目的，属于商业性的。

Internet 是将以往相互独立的、散落在各个地方单独的计算机或相对独立的计算机局域网，借助已经发展得有相当规模的电信网络，通过一定的通信协议而实现更高层次的互联。

2）Internet 的功能

（1）万维网服务。万维网（World Wide Web，WWW）是 Internet 的多媒体信息查询工具，是 Internet 上发展最快和使用最广的服务。WWW 由遍布全球的 WWW 服务器组成，每一个 WWW 服务器通常称为 WWW 站点或网站。每个网站既包括自己的信息，又提供指向其他 WWW 服务器的信息链接。它使用的是超文本和链接技术，使用户能以任意次序自由地从一个文件跳转到另一个文件，浏览或查阅各自所需的信息。

（2）电子邮件服务。电子邮件（E-mail）是 Internet 的一个基本服务。通过 Internet 和电子邮件地址，通信双方可以快速、方便和经济地收发电子邮件，几乎没有时间上的延迟且不受地理位置限制。除了普通的文本外，电子邮件还可以传递非文本的文件，如图形、文字、声音、图像、视频等多种形式的数据。正因为它具有省时、省钱、方便和不受地理位置限制的优点，所以，它是 Internet 上使用最广的一种服务。

（3）文件传输服务。文件传输协议（File Transfer Protocol，FTP）是 Internet 上文件传输的基础，通常所说的 FTP 是基于该协议的一种服务。FTP 是 Internet 的基本服务之一，它主要为 Internet 用户提供在网上传输各种类型的文件的功能。用户连接上远程的 FTP 服务器后，可以查看服务器上的各类文件，可以将需要的文件下载（Download）到本地计算机，也可以把本地计算机的文件上传（Upload）到 FTP 服务器上。除此之外，FTP 还提供登录、目录查询、文件操作及其他会话控制功能。

（4）远程登录服务。远程登录（Telnet）是 Internet 提供的基本信息服务之一，它为某个 Internet 主机中的用户提供与其他 Internet 主机建立远程连接的功能，为用户提供在本地计算机上完成远程主机工作的功能。

此外，Internet 还提供了电子公告板（BBS）、新闻（Usenet）、文件查询（Archie）、关键字检索（WAIS）、网络论坛（Net News）、聊天室（IRC）、电子商务、网上购物等多种服务功能。

2. TCP/IP 协议

Internet 是通过路由器或者网关将不同类型的物理网络互联在一起的虚拟网络，将这些局域网连接起来后各网之间通过什么样的规则来传输数据？Internet 正是采用 TCP/IP 协议控制各网络之间的数据传输，采用分组交换技术传输数据的。

TCP/IP 协议是用于计算机通信的一组协议，是众多协议中最重要的两个协议。

1）IP

IP（Internet Protocol）位于网络层，主要将不同格式的物理地址转换为统一的 IP 地址，将不同格式的帧转换为"IP 数据报"，向 TCP 所在的传输层提供 IP 数据报，实现无连接数据报传送；IP 的另一个功能是数据报的路由选择。简单地说，路由选择就是在网上从一端点到另一端点的传输路径的选择，将数据从一端传输到另一端。

2）TCP

TCP（Transmission Control Protocol）位于传输层。TCP 向应用层提供面向连接的服务，确保网上所发送的数据报可以完整地被接收，一旦数据报丢失或破坏，则由 TCP 负责将被丢失或破坏的数据报重新传输一次，实现数据的可靠传输。

3. IP 地址和域名系统

1）IP 地址

（1）IP 地址的定义。Internet 是由许多个物理网络互联而成的虚拟网络，要能正确地访问每台计算机，就必须有唯一可以识别的地址，这个编号就是 IP 地址。它是用 Internet 协议语言表示的地址，如同现实生活中通过住址找到某个人一样。

IP 地址由网络号和主机号两部分组成，主机号用来识别主机本身，网络号用来识别主机所在的网络。IP 地址的结构如图 6-8 所示。

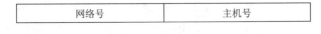

网络号	主机号

图 6-8　IP 地址的结构

（2）IP 地址的格式。在 Internet 中，IP 地址用 32 位的二进制地址（4 个字节）表示，为了便于管理，将每个 IP 地址分为 4 段，每个字节一段，用 3 个圆点隔开的十进制整数表示。可见，每个十进制整数的范围是 0～255。例如，202.112.128.50 和 202.204.85.1 都是合法的 IP 地址。

（3）IP 地址的类型。在 Internet 中，由于网络中 IP 地址很多，所以又根据网络规模的大小将 IP 地址的第一段进一步划分为 5 类：0～127 为 A 类，128～191 为 B 类，192～233 为 C 类，D 类和 E 类留作特殊用途。其中，A、B、C 类网络地址为基本地址。

　　A 类：A 类地址是为非常大型的网络而提供的。A 类网络的 IP 地址的第一个字节介于 1 和 126 之间，表示网络号，其余 3 个字节则标识了该网络中的主机号。全世界总共只有 126 个可用的 A 类地址，每个 A 类网络在其每个具体的网络内，可有 16777216（2^{24}）多台计算机。例如，18.128.38.188 即一个 A 类地址，其中 18 为网络号，128.38.188 为主机号。

　　B 类：B 类地址用于大中型规模网络中。B 类地址用两个字节表示网络号，第一个字节是一个位于 128 和 191 之间的数字，该类地址以 IP 地址的第 1、2 两个 8 位数组作为网络号，后两个 8 位数组作为主机号。因此，B 类地址共有 16386 个网络号，每个网络中最多可以容纳 65536 个主机，即能表示 16256 个网络地址，64576 个主机地址。B 类地址通常用于各地区的网管中心。例如，168.254.119.188 就是一个 B 类地址，其中 168.254 为网络号，119.188 为主机号。

　　C 类：C 类地址用于小型网络。在 C 类网络的 IP 地址中，第一个 8 位数组介于 192 和 223 之间，第 2 和第 3 个 8 位数组进一步定义了网络地址，即第 1、2、3 个 8 位数组作为网络号，最后一个 8 位数组标识该网络上的计算机，作为主机号。C 类地址共有 2097152 个网络号，并且每个网络中都可以有 256 台计算机，即能表示 2064512 个网络地址，254 个主机地址。C 类地址通常用于校园网或企业网。例如，198.168.119.188 就是一个 B 类地址，其中 198.168.119 为网络号，188 为主机号。

　　D 类：D 类地址用于多路广播组用户。这些组可以有一台或多台主机。D 类地址的高 4 位被设置为 1110，因此第一个 8 位数组介于 224 和 239 之间。其余位用于指明客户机所属的组。在多路广播操作中没有表示网络或主机的位。

　　E 类：E 类地址是一种供实验地址，还没有实际的应用。它的高 4 位被设置为 1111，因此第一个 8 位数组介于 240 和 255 之间。

　　（4）特殊 IP 地址。不是所有的 IP 地址都能分配给主机，有些 IP 地址具有特殊含义，不能作为主机地址。

　　① 回送地址。A 类地址 127.0.0.1 用于网络软件测试和本机进程间的通信。

　　② 子网地址。主机号全为 0 的 IP 地址代表当前主机所在的子网。例如，150.24.0.0 指的是整个子网，不能分配给网络中的任何一台主机。

　　③ 广播地址。主机地址全为 1 的 IP 地址为广播地址，向广播地址发送信息就是向子网中的每个成员发送信息。例如，在 A 类网络 16.0.0.0 中向地址 16.255.255.255 发信息时，该子网中的每台计算机都将接收到此信息。

　　④ 子网掩码。子网掩码是一个 32 位的 IP 地址，它的作用有 3 点：一是用于屏蔽 IP 地址的一部分，以区别网络号和主机号；二是用来将网络分割成多个子网；三是判断目的主机的 IP 地址是在本地局域网还是在远程网络。表 6-1 为不同地址类型 IP 地址默认的子网掩码，其中值为 1 的位用来确定网络号，值为 0 的位用来确定主机号。

表 6-1　不同地址类型 IP 地址默认的子网掩码

地址类型	子网掩码（十进制）	子网掩码（二进制）
A	255.0.0.0	11111111 00000000 00000000 00000000
B	255.255.0.0	11111111 11111111 00000000 00000000
C	255.255.255.0	11111111 11111111 11111111 00000000

由于 IP 地址的数量是有限的，为了节省地址资源，拨号上网的用户没有固定的 IP 地址，当用户在某一时刻上网时，网络临时分配给用户一个 IP 地址，当用户不使用这个 IP 地址时，此地址可以分配给其他用户，这种地址称为动态地址。要获得静态 IP 地址（也称为固定 IP 地址），要向专门的管理机构申请，由各级 Internet 管理组织分配给网络上的计算机。这样的用户除了可以访问 Internet 资源外，不定期可以利用 Internet 来发布信息，供全球访问。

2）域名系统

对于非计算机和网络专业人员来说，用毫无意义的数字表示各主机的 IP 地址不形象、没有规律而且很难记忆。为此，Internet 引入了一种字符型的主机命名机制，这就是域名系统，用来表示主机地址。这是 IP 地址的一种友好的替代方案。

（1）域名。域名（Domain Name）的实质就是用一组具有助记功能的英文简写名代替 IP 地址。主机的域名采用层次结构，各层次的子域名之间用圆点"."隔开，从右到左（即由高到低）分别为顶级域名（也称第一级域名）、二级域名、三级域名等。典型的域名结构如：主机名.单位名.机构名.国家名。

域名命名有以下几点：

① 只能以字母字符开头，以字母字符或数字字符结尾，其他位置可用字符、数字、连字符或下划线。

② 域名中大、小写字母视为相同。

③ 各子域名之间以圆点分开。

④ 域名中最左边的子域名通常代表机器所在单位名，中间各子域名代表相应层次的区域，第一级子域名是标准化的代码。

域名和 IP 地址都是表示主机的地址，实际上是一件事物的不同表示。从域名到 IP 地址或者从 IP 地址到域名的转换由域名服务器（Domain Name Server，DNS）完成。

（2）顶级域名。国际上，顶级域名采用通用的标准代码，它分组织机构和地理模式两类。由于 Internet 诞生在美国，所以其顶级域名采用组织机构域名，美国以外的其他国家都用主机所在的地区的名称（由两个字母组成）作为第一级域名，如表 6-2 和表 6-3 所示。

表 6-2　机构性域名的含义

域名代码	表示的机构或组织类型
COM	商业组织

续表

域名代码	表示的机构或组织类型
EDU	教育机构
GOV	政府机关
ORG	其他组织
MIL	军事机构或设施
NET	网络资源或组织

表 6-3　地理域名的含义

域名代码	表示的国家和地区
CN	中国
HK	中国香港
TW	中国台湾
UK	英国
JP	日本
FR	法国
DE	德国

（3）中国互联网域名体系。根据《中国互联网络域名注册暂行管理办法》的规定，我国的第一级域名是 CN，次级域名也分类别域名和地区域名，共计 40 个。类别域名有 6 个，如表 6-4 所示。

表 6-4　中国互联网二级类别域名

域名代码	含义
AC	科研机构
GOV	政府部门
EDU	教育机构
NET	网络机构
COM	工商金融
ORG	非营利组织

地区域名有 34 个"行政区域名"，例如，BJ（北京市）、SH（上海市）、TJ（天津市）等。例如，pku.edu.cn 是北京大学的一个域名，其中 pku 是该大学的英文缩写，edu 表示教育机构，cn 表示中国。

在 Internet 中，每个域都有自己的域名服务器，由它负责注册该域内的所有主机，即建立本域中的主机名与 IP 地址的对照表。当该服务器收到域名请求时，将域名解释为对应的 IP 地址，对于本域内未知的域名则回复没有找到相应域名项信息；而对于不属于本域的域名则转发给上级域名服务器去查找对应的 IP 地址。正是由于域名服务器的存在，才多了一种访问一台主机的途径，即域名方式。

在 Internet 中，域名和 IP 地址的关系并非一一对应，注册了域名的主机一定有 IP 地址，但不一定每个 IP 地址都在域名服务器中注册域名。在使用上，IP 地址和域名是等效的。IP 地址和域名在 Internet 的使用中经常遇到。

■■强化训练■■■■■■■■

一、选择题

1. 计算机网络最基本的功能是（　　　）。
   A. 降低成本　　　　B. 打印文件　　　　C. 资源共享　　　　D. 文件调用
2. 最早出现的计算机网络是（　　　）。
   A. Internet　　　　B. Bitnet　　　　C. ARPAnet　　　　D. Ethernet
3. 局域网常用的基本拓扑结构有（　　　）、环形和星形。
   A. 层次形　　　　B. 总线型　　　　C. 交换形　　　　D. 分组形
4. 一座办公大楼内各个办公室中的微型计算机进行联网，这个网络属于（　　　）。
   A. WAN　　　　B. LAN　　　　C. MAN　　　　D. GAN
5. 计算机传输介质中传输速度最快的是（　　　）。
   A. 同轴电缆　　　B. 光缆　　　　C. 双绞线　　　　D. 铜质电缆
6. 数据通信中的信道传输速率单位用 b/s 表示（　　　）。
   A. 字节/秒　　　B. 位/秒　　　　C. 千位/秒　　　　D. 千字节/秒
7. （　　　）是实现数字信号和模拟信号转换的设备。
   A. 网卡　　　　　　　　　　　B. 调制解调器
   C. 网络线　　　　　　　　　　D. 以上选项都不是
8. 在计算机网络中，为了使计算机或终端之间能够正确传送信息，必须按照（　　　）来相互通信。
   A. 信息交换方式　　　　　　　B. 网卡
   C. 传输装置　　　　　　　　　D. 网络协议
9. 关于计算机网络，以下说法正确的是（　　　）。
   A. 网络就是计算机的集合
   B. 网络可提供远程用户共享网络资源，但可靠性很差
   C. 网络是通信、计算机和微电子技术相结合的产物
   D. 当今世界规模最大的网络是 Internet
10. 接入 Internet 的计算机必须共同遵守（　　　）。
    A. CPI/IP 协议　　　　　　　B. PCT/IP 协议
    C. PTC/IP 协议　　　　　　　D. TCP/IP 协议

二、填空题

1. 计算机网络是计算机技术与_____结合的产物。

2．在计算机网络术语中，WAN 的中文含义是_____。

3．根据网络的网络规模和覆盖范围，计算机网络可分类为_____、_____、_____；Novell 网属于_____，Internet 属于_____。

4．网络的主要拓扑结构有_____、_____、_____、_____。

5．在 Internet 中，根据网络规模的大小，18.128.38.188 属于_____类地址。

项目 2 　使用浏览器和电子邮件

◎ 项目背景 ◎

　　通过网络获取信息、交流信息是信息时代人类必备的技能之一。要想在网络上浏览信息，就要用到浏览器；要远距离与他人交流信息，学会使用电子邮件会方便很多。

任务 1 　使用浏览器

■任务目标■

　　（1）了解万维网、超文本及超链接的基本概念、URL 的格式。
　　（2）能够熟练使用浏览器。

■任务实现■

　　1. 浏览网页

　　浏览器是一个软件程序，用于与 WWW 建立连接并与之通信。目前比较流行的是美国 Microsoft 公司全新的 Edge 浏览器，常见的浏览器还包括 Firefox、360、Sogou、QQ 等，这里以 Edge 浏览器为例介绍。

　　要浏览网页信息，在 Edge 浏览器地址栏输入相应的网址，按 Enter 键即可打开所要浏览的网站。单击网页中的超链接，就可转入相应页面浏览页面信息。例如，在地址栏输入郑州旅游职业学院网址 "http://www.zztrc.edu.cn"，按 Enter 键则打开郑州旅游职业学院网站主页，如图 6-9 所示。

　　2. 网页资源的保存

　　1）保存网页
　　用户如果要保存浏览的网页，在 Edge 浏览器窗口中选择"更多"→"使用 Internet Explorer 打开"命令，如图 6-10 所示，在 IE 浏览器中选择"文件"→"另存为"命令，在打开的"保存网页"对话框中设置网页的保存路径、文件名和保存类型，单击"保存"按钮后即可保存浏览网页及相关显示信息。

图 6-9　Edge 浏览器窗口

图 6-10　选择"使用 Internet Explorer 打开"命令

2）保存图片

用户如果想要保存网页中的图片，在浏览器窗口中右击要保存的图片，在弹出的快捷菜单中选择"将图片另存为"命令，如图 6-11 所示。在打开的"另存为"对话框中设定保存路径、文件名和文件类型，单击"保存"按钮即可保存选定图片。但要注意，很多网页为了不影响用户的使用体验，对网页的图片设置了缩略显示，对这类图片保存前应该先单击图片显示原图，再对原图执行保存命令，这样可以保存完整的图片信息。

图 6-11　保存图片

3）保存网页文本

如果用户只保存当前网页中的部分文本，可先拖动鼠标选定要保存的文本内容，然后右击所选文本，在弹出的快捷菜单中选择"复制"命令，然后粘贴在目标文档（如记事本、Word 等）并保存即可。

3．设置浏览器

1）设置默认主页

在浏览器窗口选择"更多"→"设置"命令，在"特定页"下拉列表中选择"自定义"选项，在下方地址栏输入网址并单击右侧的"+"按钮即可。双击启动 Edge 浏览器窗口时即可访问该主页，如图 6-12 所示，设置郑州旅游职业学院网址为主页地址。

2）收藏网页与历史记录

要收藏当前网页，单击网页工具栏上的"添加到收藏夹或阅读列表"按钮 ，单击"收藏夹"内的"添加"按钮即可，如图 6-13 所示。选择"中心"→"收藏夹"命令，可查看收藏夹中的网页信息。如果发现一些好的网页，可以将它们保存在"收藏夹"内（其实保存的是网页网址），这样当需要再次浏览这些网页时可以直接在收藏夹中打开，省去输入网址和查找关键字的麻烦。选择"中心"→"历史记录"命令可以查看最近浏览过的网页信息。

图 6-12　设置默认主页

图 6-13　收藏网页

3）删除历史记录

用户如果希望删除浏览过的历史记录，可在浏览器中，选择"中心"→"历史记录"命令，再单击清除某条历史记录或选择"清除所有历史记录"选项，如图 6-14 所示，在打开的界面中勾选需要删除的部分，单击"清除"按钮即可。

图 6-14　删除浏览的历史记录

知识链接

1. 万维网的基本概念

万维网是一种建立在 Internet 上的全球性的、交互的、动态的、多平台的、分布式的超文本超媒体信息查询系统。它也是建立在 Internet 上的一种网络服务。它是一种基于超文本（Hypertext）的信息发布工具，遵循超文本传输协议（Hyper Text Transmission Protocol，HTTP）。

Web 采用客户机/服务器工作方式，客户机是连接到 Internet 上的计算机，服务器是 Internet 中发布 Web 信息、运行 WWW 服务程序的计算机，用 HTML 语言编写的超文本文档就存放在服务器上。客户程序向服务程序发出请求，服务程序响应客户程序的请求，把 Internet 上的 HTML 文档传送到客户机，客户程序以 Web 页面的形式在客户机上显示文档。

在客户机上使用的程序称为 Web 浏览器，如 Internet Explorer。在浏览器中所看到的页面就是网页，也称为 Web 页。一个网站的第一个 Web 页称为主页，它主要体现此网站的特点和服务项目，每一个 Web 页都由唯一的地址（URL）来表示。

2. 超文本和超链接

Web 页采用超文本的格式，超文本中不仅含有文本、图形、声音、图像和视频等多媒体信息，最主要的是还包含指向其他 Web 页或网页自身某个特定位置的超链接

（Hyperlink）。在一个超文本文件中可以含有多个超链接，它们把分布在本地或远地服务器中的各种形式的超文本链接在一起，形成一个纵横交错的链接网。当鼠标指针移到含有超链接的文字或图形时，指针会变成一手形指针，单击它就可进入该超链接指向的位置。可以认为超文本是实现浏览的基础。

3．统一资源定位符

为了使客户程序能够找到位于 Internet 范围的某个信息资源，WWW 采用统一的资源定位规范——统一资源定位符（Uniform Resource Locator，URL）来描述 Web 页的地址和访问它时所用的协议。

URL 的格式如下：

协议：//IP 地址或域名/路径/文件名

其中：

（1）协议是服务方式或获取数据的方法，如 HTTP、FTP 等。

（2）IP 地址或域名是指存放该资源的主机的 IP 地址或域名。

（3）路径和文件名是用路径的形式表示 Web 页在主机中的具体位置（如文件夹、文件名等）。

例如，http://www.zztrc.edu.cn/zhaosheng/default.asp 就是一个 Web 页的 URL。它表示：使用超文本传输协议（HTTP），资源是域名为 www.zztrc.edu.cn 的主机上文件夹 zhaosheng 下的一个 ASP 网页文件 default.asp。

任务 2　申请与使用 Outlook 2013

■**任务目标**

（1）了解电子邮件服务。

（2）能够使用 Outlook 2013 收发邮件。

■**任务实现**

本书以 Microsoft Outlook 2013 为例详细介绍电子邮件的撰写、收发、阅读、回复和转发等基本操作。

步骤 1：设置账号。

在使用 Outlook 2013 收发电子邮件前，必须对 Outlook 设置账号，把 ISP 提供的 POP3 和 SMTP 服务器域名、电子邮箱地址、用户名和邮箱密码等与电子邮件有关的信息填入并保存在 Outlook 2013 中。

设置账号的具体步骤如下：

（1）选择"开始"→"所有应用"→"Outlook 2013"命令，打开 Outlook 2013 窗口，如图 6-15 所示。

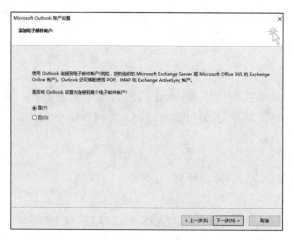

图 6-15　Outlook 2013 窗口

（2）进入添加电子邮件账户界面，点选"是"单选按钮，然后单击"下一步"按钮。如图 6-16 所示，点选"手动设置或其他服务器类型"单选按钮，再选择"POP 或 IMAP"，按提示逐一填写姓名、电子邮件地址、用户名和登录邮箱的密码等与邮件相关的信息，即可完成设置。注意，一定要把 POP3 服务器和 SMTP 服务器的地址填写正确，这个信息可以在注册邮箱时的网站查找到。

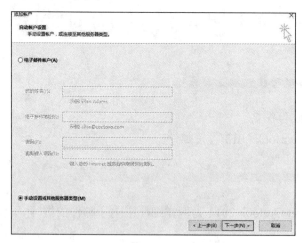

图 6-16　设置电子邮件详细信息

要注意的是，在接收邮件时，POP3 服务器需要对用户名和密码进行验证，在发送邮件时，Internet 上提供的 SMTP 服务器一般也要求验证，因此，单击"其他设置…"按钮，打开"Internet 电子邮件设置"对话框，在"发送服务器"选项卡中，设置 SMTP

服务器的验证方式，如图 6-17 所示。设置完成后，单击"确定"按钮，再单击"下一步"按钮完成注册即可。

图 6-17　设置发送服务器的验证方式

步骤 2：撰写与发送电子邮件。账号设置完成后，就可以收发电子邮件了，具体操作步骤如下。

（1）启动 Outlook 2013。

（2）选择工具栏中的"新建电子邮件"命令，弹出撰写新邮件窗口。窗口上半部为信头，下半部为信体。在信头相应位置，填写如下各项，如图 6-18 所示。

收件人：ceshi1230@sohu.com（假设给自己发邮件，这里用发件人的 E-mail 地址）。

主题：测试邮件。

在信体部分，输入邮件内容。

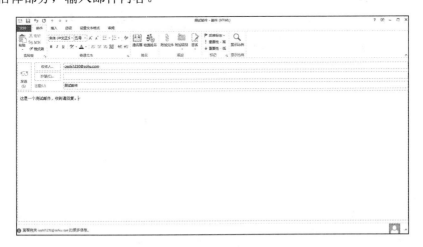

图 6-18　撰写新邮件窗口

（3）单击"发送"按钮，即可发送电子邮件到上述收件人。

如果脱机撰写电子邮件，电子邮件保存在"发件箱"中，待下次连接时会自动发出。
提示：邮件信体部分可以像编辑 Word 文档一样编辑，如设置字体颜色、大小，调整对齐方式，插入表格、图形、图片等。

步骤 3：在电子邮件中添加附件。

如果要通过电子邮件发送计算机中保存的文件，如 Word 文档、图片文件等，当撰写完简短的电子邮件后，可按下列操作添加指定的计算机中的文件。

（1）选择"插入"选项卡→"附加文件"命令，或直接单击工具栏上的"附加文件"按钮 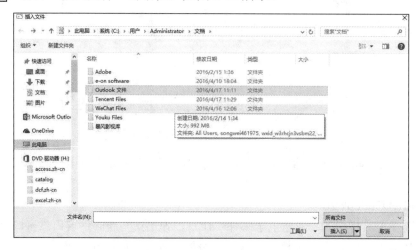 ，打开"插入文件"对话框，如图 6-19 所示。

图 6-19　"插入文件"对话框

（2）在对话框中选定要插入的文件，然后单击"插入"按钮。

（3）在新撰写邮件中就会列出所附加的文件名，如图 6-20 所示。

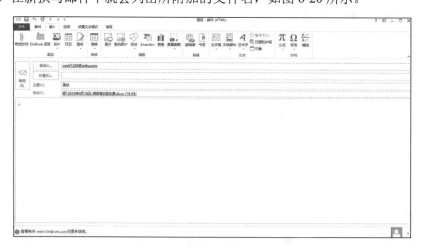

图 6-20　添加附件的邮件

步骤 4：接收和阅读电子邮件。

一般情况下，要先连接 Internet，然后启动 Outlook 2013。如果要查看是否有电子邮件，选择工具栏上的"发送/接收"选项卡→"更新文件夹"命令，会出现一个邮件发送和接收的对话框，当下载完信件后，就可以阅读了。

阅读电子邮件的操作如下：

（1）单击 Outlook 2013 窗口左侧的"Outlook 数据文件"选项组中的对应电子邮箱地址，便在右侧列出预览电子邮件窗口及电子邮件内容窗口，收到的所有信件都在此列出，如图 6-21 所示。

（2）若要简单地浏览某个电子邮件，单击列表区中的某个邮件即可。若要仔细阅读，尤其是打算复信时，则必须双击它。

图 6-21　阅读邮件窗口

当阅读完一封电子邮件后，可直接单击 "关闭"按钮，结束此电子邮件的阅读。

步骤 5：阅读和保存附件。

如果电子邮件中含有附件，在电子邮件列表框中可以看到附件名称，单击附件的文件名就可以阅读了。

如果要保存附件到另外的文件夹中，右击附件，在弹出的快捷菜单中选择"另存为"命令，如图 6-22 所示。打开"保存附件"对话框，指定文件夹名，单击"保存"按钮。

步骤 6：复信与转发。

（1）回复电子邮件。看完电子邮件需要回复时，可在如图 6-21 所示的阅读邮件窗口中单击"答复"或"全部答复"图标，打开如图 6-23 所示的复信窗口。

这里的发件人和收件人的地址已由系统自动填好，原信件的内容也都显示出来。编写复信，这里允许原信内容和复信内容交叉，以便引用原信语句。复信内容就绪后，单击"发送"按钮，就完成复信任务。

（2）转发。如果觉得有必要让更多的人也阅览自己收到的这封信，可转发该电子邮件。操作如下：

① 对于刚阅读过的电子邮件，直接在"开始"选项卡中单击"转发"按钮。对于收信箱中的电子邮件，可以先选中要转发的电子邮件，然后单击"转发"按钮。之后，均可进入类似复信窗口那样的转发邮件窗口。

② 填入收件人地址，多个地址之间用逗号或分号隔开。

③ 必要时，在待转发的电子邮件之下撰写附加信息。最后，单击"发送"按钮，完成转发。

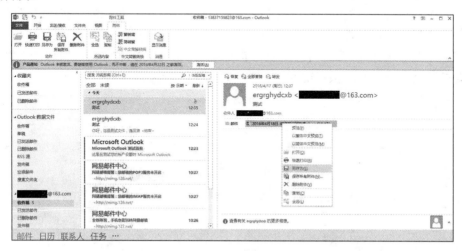

图 6-22　另存附件

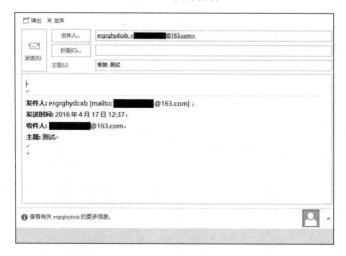

图 6-23　复信窗口

知识链接

电子邮件是 Internet 上使用最广泛的一种基本服务。

1．电子邮件概述

电子邮件类似普通邮件的传递方式，而且可以将文字、图像、语音等多媒体信息集成在一个邮件里传送，采用存储转发方式传递。根据电子邮件地址（E-mail Address）由网上多个主机合作实现存储转发，从发信源结点出发，经过路径上若干个网络结点的存储和转发，最终使电子邮件传送到目的信箱。由于电子邮件通过网络传送，所以具有速度快、费用低等特点。

2．电子邮件地址的格式

类似普通邮件寄送需要写明收信地址一样，使用 Internet 上的电子邮件系统的用户首先要有一个电子邮箱，电子邮箱实际上是在邮件服务器上为用户分配的一块存储空间，每个电子邮箱都要有唯一可识别的电子邮件地址。电子邮件地址的格式是：<用户标识>@<主机域名>。它由收件人用户标识（如姓名缩写等）、字符"@"（读作"at"）和电子邮箱所在计算机的域名三部分组成。地址中间不能有空格或逗号。例如，lilei123@sohu．com 就是一个电子邮件地址。

发送电子邮件时，电子邮件首先被送到收件人的邮件服务器，存放在属于收信人的电子邮箱里。发信人可以随时上网发送电子邮件，收件人也可以随时连接 Internet，打开自己的电子邮箱阅读信件。因此，在 Internet 上收发电子邮件不受地域或时间的限制，而且双方的计算机不需同时打开。

3．电子邮件的格式

电子邮件由信头和信体两部分组成。信头相当于信封，信体相当于信件内容。

（1）收件人：填入收件人电子邮箱地址，这是必须填的内容。多个收件人地址之间用分号（;）隔开。

（2）抄送：表示同时可以收到此信的其他人的电子邮箱地址。

（3）主题：概括描述信件内容的主题，可以是一句话或一个主题词。

（4）信体：就是希望收件人看到的内容，它还可以包含附件。

任务 3　申请与使用网易 163 邮箱

■任务目标■

能够申请免费邮箱并收发电子邮件。

■任务实现■

步骤 1：申请电子邮箱。

（1）打开浏览器，输入"http://mail.163.com"，进入 163 网易免费邮箱主界面，在页面右侧可看到如图 6-24 所示的页面。

（2）单击"注册"按钮，进入注册界面，如图 6-25 所示。按照界面提示完成相关信息的输入，直至出现注册成功界面，如图 6-26 所示。特别注意的是，要牢记所注册的电子邮箱的地址和密码。

图 6-24　163 邮箱注册页面

图 6-25　注册界面

图 6-26　注册成功

步骤 2：收发电子邮件。

（1）返回 163 邮箱主界面，输入刚申请的账号和密码，登录电子邮箱。

（2）发送电子邮件。单击"写信"按钮进入写信界面，如图 6-27 所示。在"收件人"文本框中输入收件人的电子邮箱地址；在"主题"文本框中输入信件的主题；在内容区域输入信件的内容；如果有其他文件需要通过电子邮件一起发送，可以单击"添加附件"按钮，在打开的对话框中选择要发送的附件；最后，检查无误单击"发送"按钮即可。

图 6-27　写信界面

（3）浏览电子邮件，单击"收件箱"按钮进入收件箱列表界面，如果想要查看某个邮件的详细内容，单击邮件即可。

■■强化训练■■■■■■■■■■■■■■■■■■■■■■■■■■■■■■

一、选择题

1．在 Internet 中，利用浏览器查看 Web 页面时，必须输入网址，下面网址中不正确的是（　　）。

  A．www.cei.gov.cn   B．http://www.cei.com.cn

  C．http://www.cei.gov.cn   D．http:@ .cei.gov.cn

2．Internet 利用浏览器查看某 Web 主页时，在地址栏中也可输入 IP 地址，下面为正确 IP 地址的是（　　）。

  A．210.37.40.54   B．198.4.135

  C．128.AA.5   D．210.37.AA.3

3．WWW 的作用是（　　）。

  A．信息浏览   B．文件传输

  C．收发电子邮件   D．远程登录

4．在 Outlook 2013 中不可以进行的操作是（　　）。

  A．撤销发送   B．接收   C．阅读   D．回复

二、填空题

1．Internet 上计算机的名字由许多域组成，域间用_____分隔。

2．根据 Internet 的域名代码规定，域名中的．com 表示_____网站，.gov 表示_____网站，.edu 表示_____网站。

参 考 文 献

陈承欢，2014．办公软件应用任务驱动式教程（Windows 7+Office 2010）．2 版．北京：人民邮电出版社．

廖承运，尚新闻，李奇，2015．Office 2013 从入门到精通案例教程．镇江：江苏大学出版社．

石国河，张钦，李春明，2014．计算机应用基础实用教程．2 版．北京：科学出版社．

于双元，2014．全国计算机等级考试二级教程：MS Office 高级应用．北京：高等教育出版社．